AF564247

LES APPLICATIONS NOUVELLES

DE LA SCIENCE

A L'INDUSTRIE ET AUX ARTS

EN 1855

OUVRAGES DU MÊME AUTEUR

EXPOSITION ET HISTOIRE

DES PRINCIPALES

DÉCOUVERTES SCIENTIFIQUES MODERNES

Le tome Ier renferme : La machine à vapeur. — Les bateaux à vapeur. — Les chemins de fer.

Le tome II : La photographie. — La télégraphie aérienne et la télégraphie électrique. — La galvanoplastie et la dorure chimique. — La planète Le Verrier.

Le tome III : Les aérostats. — L'éclairage au gaz. — L'éthérisation. — Les poudres de guerre et la poudre-coton.

3 vol. in-18, 4e édition. Paris, 1855. — Prix : 10 fr. 50.

L'ALCHIMIE ET LES ALCHIMISTES

ESSAI HISTORIQUE ET CRITIQUE SUR LA PHILOSOPHIE HERMÉTIQUE

Un vol. in-18, 2e édition. Paris, 1856. — Prix : 3 fr. 50.

DE L'IMPORTANCE ET DU ROLE DE LA CHIMIE

DANS LES SCIENCES MÉDICALES

In-8 de 106 pages. Paris, 1853. — Prix : 2 fr. 50.

Paris. — Imprimerie de L. Martinet, rue Mignon, 2.

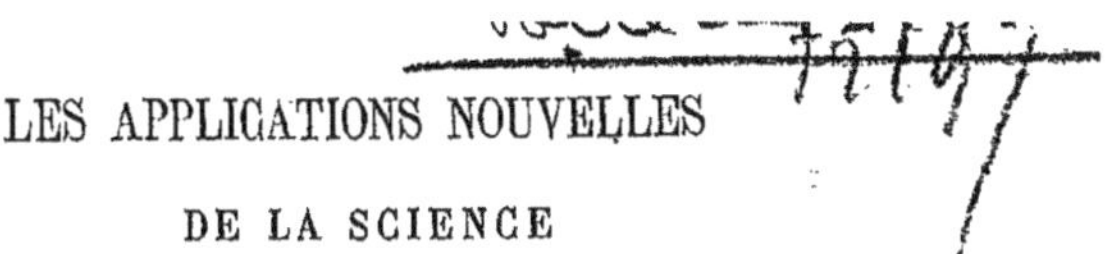

LES APPLICATIONS NOUVELLES

DE LA SCIENCE

A L'INDUSTRIE ET AUX ARTS

EN 1855

PAR

LOUIS FIGUIER

Docteur ès sciences, docteur en médecine, agrégé de chimie à l'École de pharmacie de Paris, rédacteur du bulletin scientifique de *la Presse*.

Machine à vapeur. Bateaux à vapeur.
Locomotives. Locomobiles. Moteurs électriques.
Horloges électriques. Tissage électrique.
L'électricité et les chemins de fer. Inflammation des mines.
Photographie. Gravure photographique. Galvanoplastie.
Lampes. Bougies stéariques. Éclairage électrique.
Chauffage par le gaz.
Conservation des viandes et des légumes.
Aluminium.

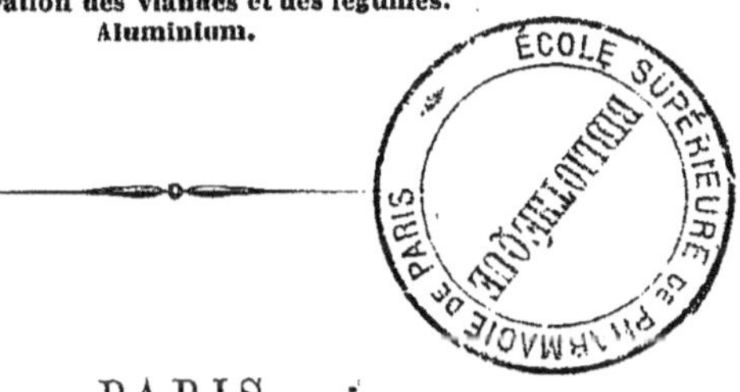

PARIS

VICTOR MASSON, PLACE DE L'ÉCOLE-DE-MÉDECINE, 17.

LANGLOIS ET LECLERCQ, RUE DES MATHURINS-SAINT-JACQUES, 10.

MDCCCLVI

Droit de traduction réservé par l'auteur.

L'année 1855 marquera une date ineffaçable dans l'histoire pacifique des nations. De tous les coins du monde, les peuples se sont levés pour apporter les tributs de leur industrie au concours universel ouvert dans la capitale de la France. Le génie de l'homme n'a jamais apparu avec autant d'éclat que dans cet imposant étalage de ses merveilles assemblées. C'était le génie humain que l'on allait contempler avec enthousiasme dans ces œuvres d'art et d'industrie, qui portaient le glorieux témoignage de sa force, de sa patience et de son étendue. L'importance et les résultats de ce grand événement de notre siècle apparaîtront avec plus d'évidence à mesure qu'on s'en éloignera davantage.

Chargé de rendre compte, dans le journal *la Presse*, de la

partie de l'Exposition universelle qui concernait les sciences appliquées, j'ai dû passer en revue, parmi les œuvres exposées, tout ce qui constituait, sous ce rapport, une acquisition nouvelle. La réunion des articles qui ont paru, à ce sujet, dans la *Presse*, pendant une durée de sept mois, compose le volume que je présente aujourd'hui au public, après l'avoir revu avec beaucoup de soin, et complété par des additions considérables.

On ne se méprendra pas, je l'espère, sur la nature de cet ouvrage. Il paraît juste une année après l'ouverture de l'Exposition, c'est dire assez qu'il ne faut pas y chercher une description, même partielle, de ce que l'on a pu admirer au palais des Champs-Elysées. Ce n'est donc pas un compte rendu de l'Exposition universelle que l'on va lire; c'est une revue des découvertes récentes, un exposé de l'état présent de certaines branches de l'industrie qui reposent sur l'application des sciences physiques ou chimiques. L'auteur s'est proposé de présenter un tableau exact des applications les plus récentes de la science à l'industrie et aux arts, en prenant généralement pour texte les produits qui figuraient à l'Exposition universelle, et considérant, par conséquent, ces découvertes à la date historique de cette année 1855, qui marquera une période si mémorable dans la marche du progrès scientifique et industriel.

Le titre de ce livre : *Les applications nouvelles de la science à l'industrie et aux arts en* 1855, paraîtra, sans doute, justifié par son contenu. On n'a pas voulu le grossir par un remplissage inutile, et tout ce qui ne se rapporte pas à une découverte vraiment nouvelle, vraiment utile et pratique, en a été banni. Les tentatives que l'on fait en ce moment, en France et dans diverses parties de l'Europe, pour changer les dispositions actuelles de la machine à vapeur, — les locomotives inventées en 1854 pour le service des marchandises, — les locomobiles, — les moteurs électro-magnétiques, — l'horlogerie électrique, — l'emploi de l'électricité pour la sécurité des chemins de fer, — la gravure photographique, — l'emploi industriel de la galvanoplastie, — la fabrication des bougies stéariques par la distillation et par l'action de l'eau, — l'éclairage électrique, — le chauffage par le gaz, — les moyens de conservation des matières végétales, — l'aluminium, etc., voilà assurément de véritables nouveautés scientifiques et qui justifient le titre de cet ouvrage. A ceux qui répètent avec complaisance cette éternelle banalité : « Il n'y a rien de nouveau sous le soleil, » on pourrait répondre par la simple énumération qui précède.

J'ai donné précédemment au public un livre qui a pour titre : *Exposition et histoire des principales découvertes scientifiques modernes* (1) ; l'ouvrage actuel peut en être considéré comme la suite et le complément. Dans le premier, je me suis surtout attaché à présenter l'histoire et les développements successifs des grandes inventions de notre époque. Je considère, dans celui-ci, l'état présent de ces mêmes inventions, et de quelques autres dont il n'était pas question dans le premier. N'ayant plus à m'occuper de l'histoire de ces découvertes, je

(1) 3 volumes in-18, 4e édition, 1855.

pénètre ici plus profondément dans chacune d'elles; je marque, avec plus de rigueur, son état actuel et les ressources qu'elle offre aujourd'hui aux besoins de l'industrie et des arts. Ainsi, ces deux ouvrages se rattachent l'un à l'autre, et se complètent mutuellement.

Paris, 15 mai 1856.

APPLICATIONS NOUVELLES
DE LA SCIENCE
A L'INDUSTRIE ET AUX ARTS
EN 1855.

APPLICATIONS MÉCANIQUES
DE LA VAPEUR.

Beaucoup de personnes se font un honneur de ne rien entendre aux mathématiques, et se déclarent, avec orgueil, incapables d'exécuter le plus simple calcul. Nous ne combattrons pas trop vivement ce travers, partagé par un grand nombre de gens d'esprit, qui savent pourtant fort bien que l'on peut avoir du mérite et estimer l'algèbre, et qui n'ignorent pas que sur la porte de son école philosophique Socrate avait écrit : *Nul n'entrera ici s'il n'est géomètre.* C'est à ce préjugé, issu du vicieux système de nos anciennes études classiques, qu'il faut attribuer l'espèce d'éloignement instinctif que l'on éprouve, en France, pour la mécanique, pour les machines et en général pour tout ce qui touche au calcul. Parmi les milliers de visiteurs qui parcouraient tous les jours la galerie des machines, au Palais de l'Industrie, combien en trouvait-on qui vissent dans ce magnifique ensemble d'appareils autre chose qu'un amas confus de fer et d'acier? Chacun se montrait beaucoup moins préoccupé d'en examiner le mécanisme que de se mettre en garde contre les dangers de leur approche. De ces visiteurs si attentifs à se tenir à une distance respectueuse de ces redoutables engins, la majeure partie appartenait aux classes instruites : c'étaient des gens d'affaires, des hommes du monde, des médecins ou des avocats. Or, pour s'élever aux connaissances spéciales qui les distinguent, toutes ces personnes avaient assurément consacré mille fois plus de patience et de temps qu'il ne leur en aurait fallu pour acquérir quelques notions générales des sciences physiques. Ce n'est jamais sans une certaine tristesse que nous voyons de quelle manière leste et dégagée les gens du monde s'accusent et semblent presque se parer de leur ignorance sur certaines matières. Dans beaucoup de cas, en effet, quelques moments d'attention leur auraient suffi pour acquérir un certain nombre de connaissances qui sont toujours utiles dans la pratique de la vie commune, et qui offrent à l'esprit une source de jouissances faciles. Rien, par exemple, ne paraît plus compliqué qu'une machine à vapeur. Ces innombrables organes métalliques, cette forêt de tiges de fer et d'acier, semblent constituer un système inabordable au commun des intelligences, et cacher des mystères qui ne sont accessibles qu'aux seuls initiés. Cependant, rien n'est plus simple à comprendre qu'une telle machine, non sans doute dans les détails minutieux des divers organes qui la composent, mais dans le principe qui régit son mécanisme, c'est-à-dire dans ce qu'il importe seulement de connaître pour se rendre compte de son mode d'action. Il est beaucoup plus facile, nous ne craignons pas de le dire, de comprendre le principe de la machine à vapeur que de saisir l'intrigue du *Mariage de Figaro*, ou de tel roman que nous pourrions citer. On sera peut-être de notre avis après la lecture des quelques lignes qui vont suivre, et dans lesquelles nous allons résumer le principe d'action de la machine à vapeur.

....

La vapeur qui provient de l'ébullition de l'eau jouit d'une puissance mécanique considérable. Il est assez connu qu'un vase aux parois les plus épaisses, rempli d'eau et hermétiquement fermé, éclate en mille pièces si l'on porte cette eau à l'ébullition sans ménager une issue à la vapeur. Pour tirer parti de la puissance mécanique qui réside dans la vapeur de l'eau bouillante, voici comment les choses sont disposées dans une machine à vapeur réduite à ses éléments les plus simples.

La vapeur qui provient de l'ébullition de l'eau dans la chaudière, est dirigée, à l'aide d'un tube qui surmonte cette chaudière, dans un cylindre métallique ou corps de pompe, parcouru, à frottement, par un piston. En arrivant au-dessous de ce piston, la vapeur le soulève par l'effet de sa pression ; sous l'influence de cette force, qui agit de bas en haut, le piston monte dans l'intérieur du corps de pompe et parvient à sa partie supérieure. Si l'on interrompt à ce moment l'arrivée de la vapeur au-dessous du piston, et que l'on donne au dehors une issue à la vapeur qui remplit le cylindre, en ouvrant un robinet qui lui permette de s'échapper dans l'air extérieur, le piston s'arrêtera dans sa course ascendante. Mais si, en même temps, à l'aide d'un autre tube, on fait arriver de nouvelle vapeur *au-dessus* du piston, la pression de cette vapeur, s'exerçant de haut en bas, précipitera le piston jusqu'au bas de sa course, puisqu'il n'existera plus, au-dessous de lui, de résistance capable de contrarier l'effort de la vapeur. Si l'on renouvelle continuellement cette arrivée successive de la vapeur au-dessous et au-dessus du piston, en donnant à chaque fois issue à la vapeur contenue dans la partie opposée du cylindre, le piston ainsi alternativement pressé sur ses deux faces, exécutera un mouvement continuel d'élévation et d'abaissement dans l'intérieur du corps de pompe. Or, si une tige attachée à ce piston par sa partie inférieure, est liée par sa partie supérieure à une manivelle qui fait tourner un arbre moteur, et que le jeu des deux robinets, destinés à donner accès à la vapeur, s'exécute seul au moyen de leviers liés à l'arbre tournant, on aura ainsi une machine fonctionnant seule et imprimant un mouvement continuel à l'arbre moteur auquel elle est attachée.

L'appareil que nous venons de décrire n'est pas une conception idéale, imaginée pour les besoins d'une description élémentaire. C'est la plus répandue de toutes les machines à vapeur ; elle porte le nom de *machine à haute pression*, parce que la vapeur s'y trouve nécessairement employée avec une tension de plusieurs atmosphères. Entrez dans le premier atelier mécanique venu, et vous reconnaîtrez sans peine les organes que nous venons d'analyser. Vous y verrez un cylindre métallique couché horizontalement ; ce cylindre reçoit la vapeur de la chaudière par un tube placé à l'une de ses extrémités, et il renvoie au dehors cette vapeur par un autre tube qui la rejette dans l'air ; le piston, alternativement pressé par la vapeur sur ses deux faces opposées, communique son mouvement à l'arbre moteur de l'atelier à l'aide d'une tige articulée et d'une manivelle.

Voilà à quoi se réduit une machine à vapeur considérée dans son principe essentiel. Il n'est pas nécessaire, on le voit, de grands efforts d'esprit pour la comprendre.

Ce premier principe posé, on peut aller plus loin dans la description des différentes formes de la machine à vapeur.

L'appareil mécanique dont nous venons de parler est la *machine à haute pression*, dans laquelle la vapeur est rejetée dans l'air après avoir produit son effet. Mais on ne rejette pas toujours la vapeur au dehors ; on en tire un parti plus utile en la condensant à l'intérieur même de la machine, et voici comment cette condensation peut donner naissance à un nouvel effet mécanique.

Si, au lieu de laisser perdre au dehors la vapeur d'une machine quand elle a produit son effet, on la dirige, au moyen d'un tube, dans un espace continuellement refroidi par un courant d'eau, la vapeur, en arrivant dans cet espace, se condensera et repassera immédiatement à l'état liquide : par suite de cette condensation, le vide existera à l'intérieur du corps de pompe. Dans la machine à haute pression que nous avons considérée plus haut, la vapeur, pour soulever le piston, devait nécessairement surmonter la résistance de l'air qui existe à l'intérieur du corps de pompe et presse de tout son poids sur la face opposée du piston. Ici, au contraire, le cylindre ne communique jamais avec l'atmosphère, puisque la vapeur, au lieu d'être rejetée dans l'air, vient se condenser dans un vase fermé. Ainsi le vide existe au-dessous du piston, et la vapeur qui vient le presser par-dessus ne rencontre plus la résistance d'une atmosphère comme dans le cas de machine à haute pression ; la puissance mécanique de l'appareil s'accroît donc de cette quantité. N'éprouvant plus de résistance au-dessous de lui, le piston obéit facilement à la pression que la vapeur exerce sur sa face supérieure, et il descend jusqu'au bas du cylindre. Si l'on répète continuellement ce jeu alternatif: l'arrivée de la vapeur sous le piston, — la condensation de cette vapeur dans un vase isolé, — l'arrivée de nouvelle vapeur au-dessus du piston, — la condensation de cette vapeur, etc., on produit une élévation et un abaissement continus du piston dans l'intérieur du cylindre. Ces effets se transmettent ensuite, comme à l'ordinaire, à l'arbre moteur par la tige du piston. Cette seconde machine, que nous venons de décrire, porte le nom de *machine à condenseur*.

La *machine à condenseur*, la première que l'on ait mise en usage dans notre siècle, fut le résultat du génie inventif de James Watt, qui la créa en perfectionnant l'ancienne machine à vapeur employée avant lui, et que l'on désignait alors sous le nom de *machine de Newcomen*. Quant à la *machine à haute pression*, d'une découverte plus récente, elle a été imaginée à la fin du siècle dernier par le constructeur américain Oliver Ewans.

Ces deux appareils résument l'immense majorité des machines à vapeur qui sont aujourd'hui en usage. Il faut ajouter seulement que de nos jours on réunit ces deux systèmes sur la même machine, et que dans un très grand nombre de machines à vapeur on se sert tout à la fois de la condensation de la vapeur et de la vapeur à haute pression.

Il existe, enfin, une disposition particulière des machines à vapeur qu'il importe beaucoup de bien connaître, parce que ce système est aujourd'hui d'un usage immense dans l'industrie ; nous voulons parler de la *machine de Wolf*, qui a été imaginée en Angleterre en 1804, par le constructeur Arthur Wolf, le rival de James Watt.

La machine de Wolf a pour objet de tirer le parti le plus efficace de la *détente de la vapeur*. Mais que faut-il entendre par la *détente de la vapeur*, et comment cet effet peut-il être mis à profit ?

Si on laisse la vapeur arrivant de la chaudière exercer son action sur le piston pendant toute la durée de sa course, en d'autres termes, si on laisse libre la communication entre la chaudière et le cylindre à vapeur pendant toute la course ascendante ou descendante du piston, ce dernier, soumis à l'action d'une force constante, accélère son mouvement sous l'influence de cette impulsion continuelle, et il arrive à l'extrémité de sa course animé d'une très grande vitesse. Cette vitesse a pour résultat de produire sur le fond du cylindre un choc nuisible à la solidité de l'appareil, et de faire perdre, en même temps, une partie de la force motrice.

C'est pour remédier à ce double inconvénient que Watt imagina, en 1769, de suspendre la communication entre la chaudière et le cylindre à vapeur à un certain moment de la course du piston. Si l'on interrompt l'entrée de la vapeur dans le corps de pompe, en fermant le robinet d'accès lorsque le piston est parvenu par exemple, au tiers ou au quart de sa course, le piston ne s'arrêtera pas pour cela dans son mouvement ; il continuera de s'élever ou de s'abaisser, en vertu de sa vitesse acquise, et en même temps aussi en vertu de la force élastique très considérable que possède la vapeur, bien qu'elle ne soit plus en communication avec la chaudière. En effet, en arrivant dans le vide qu'a provoqué dans le cylindre la marche du piston, la vapeur se dilate, *se détend*, comme le ferait un ressort comprimé, et elle exerce, par la force élastique qui lui est propre, une impulsion mécanique. L'effort produit par l'expansion de la vapeur dans le vide, suffit à pousser le piston, et à le faire parvenir à l'extrémité du cylindre, avec une vitesse moindre sans doute que si la vapeur agissait à pleine pression, mais toujours suffisante pour lui faire terminer sa course. Il résulte de là que, la vitesse du piston étant progressivement diminuée et devenant presque nulle au moment où il atteint le bas du cylindre, les chocs qui pouvaient compromettre le jeu de la machine se trouvent annulés. Il en résulte encore, et c'est là l'avantage principal, que la consommation du combustible est diminuée, puisque l'on envoie dans le cylindre une quantité de vapeur moindre que si l'on agissait à pleine pression.

Cette disposition, qui n'avait été adoptée par James Watt que pour adoucir les mouvements de la machine à vapeur, et remédier à des chocs trop violents, a été promptement généralisée après lui dans le but d'économiser le combustible. La détente fut d'abord produite en arrêtant l'entrée de la vapeur dans le cylindre à un certain moment de la course du piston, grâce au jeu du *tiroir*, c'est-à-dire d'une lame métallique qui vient fermer, à un moment donné, l'orifice d'entrée de la vapeur dans le corps de pompe. Mais le constructeur anglais Arthur Wolf, pour mettre plus largement en pratique l'emploi de la détente, changea complétement la disposition des cylindres à vapeur. A côté du cylindre ordinaire, il en disposa un second, plus petit. La vapeur arrive à pleine pression et avec une tension de 4 à 5 atmosphères dans ce premier corps de pompe, et elle agit sur le balancier avec cette intensité mécanique. Mais la partie inférieure du petit cylindre communique, par un tube, avec la partie supérieure du grand. Introduite dans cette seconde capacité, la vapeur s'y *détend*, c'est-à-dire pousse le piston en vertu de sa seule force élastique, et le chasse jusqu'à l'extrémité de sa course; d'où il résulte une seconde impulsion communiquée au balancier et qui vient s'ajouter à la première. Ce n'est qu'après avoir produit ce dernier effet que la vapeur s'écoule dans le condenseur pour s'y liquéfier.

Telle est la disposition de la *machine de Wolf*, ou *machine à double cylindre*, qui, en raison des nombreux avantages qu'elle présente sous le rapport de la régularité d'action et de l'économie, est devenue depuis quelques années d'un usage général dans l'industrie.

Après cette courte analyse des différents systèmes de machines à vapeur qui sont employés aujourd'hui, nous allons passer en revue les principales machines de ce genre qui ont figuré à l'Exposition universelle de 1855. Nous pourrons ainsi donner une idée fidèle de l'état actuel de la grande question économique de l'emploi de la vapeur, des ressources dont l'industrie dispose aujourd'hui grâce à ce moteur puissant, et des perfectionnements que l'on peut encore espérer dans la construction et l'emploi des appareils à vapeur.

La machine à vapeur étant aujourd'hui l'agent universel de la force industrielle, a reçu toutes les applications que l'on peut faire d'un agent mécanique. On peut cependant résumer ses applications sous trois ordres principaux. La machine à vapeur sert, comme machine fixe, à imprimer le mouvement dans les ateliers et les usines ; — elle sert à mettre en mouvement les bateaux de rivière et les navires ; — à traîner, à grande vitesse, sur les routes ferrées, les hommes et les marchandises ; — on peut ajouter enfin, comme application spéciale et nouvelle, son emploi dans les opérations agricoles. Ce dernier emploi de la vapeur a donné naissance à une catégorie toute nouvelle de machines, qui portent le nom de *machines locomobiles.*

Les machines à vapeur peuvent donc se diviser, au point de vue de leur application, en :

Machines fixes ;
Machines de navigation ;
Locomotives ;
Locomobiles.

Nous aurons à parcourir successivement chacune de ces divisions pour étudier les machines à vapeur de l'Exposition universelle. Nous commencerons cette étude par les machines fixes.

....

Mais avant d'aborder le fond même de notre sujet, qu'il nous soit permis de placer ici une réflexion générale, que nous avons hâte de présenter, parce qu'elle touche à notre intérêt national.

Quand la France a convié à un grand tournoi industriel toutes les nationalités du monde, quand elle a voulu mettre en parallèle, et sous les yeux de tous, les mille produits de l'intelligence des peuples, il était permis de craindre pour elle une infériorité dans l'une des parties les plus importantes de la haute industrie, c'est-à-dire dans la construction des machines à vapeur. C'est une tradition presque passée dans nos mœurs, que d'accorder à une nation voisine le monopole exclusif de ces machines, et de nous déclarer, sous ce rapport, les tributaires des ateliers britanniques. On pouvait donc redouter qu'il ne résultât de cette comparaison la trop visible preuve de l'infériorité de nos constructeurs. Or, on peut maintenant le déclarer avec orgueil, de l'examen approfondi des machines françaises, de leur perfection unanimement reconnue, il ressort avec évidence ce fait, désormais acquis, que, pour ce qui concerne la construction des appareils à vapeur, la France est parfaitement au niveau de toute nation de l'Europe, quelle qu'elle soit. En dépit de notre peu d'aptitude aux grandes entreprises industrielles, malgré le prix élevé du fer et la trop longue imperfection de notre outillage, le talent de nos constructeurs, l'intelligence de nos ouvriers ont fini par triompher de tous les obstacles, et, dès aujourd'hui, nos ateliers de construction n'ont plus rien à envier à ceux de nos voisins. Si l'Angleterre nous a depuis longtemps devancés dans cette voie, si elle a su, par son génie mécanique, et grâce à des capitaux immenses, créer cet outillage merveilleux qui forme la base de toute l'industrie de la construction des machines à vapeur, et si nous avons dû commencer par lui emprunter ce premier et essentiel élément du travail, il faut reconnaître que nous en avons promptement tiré un parti admirable. On peut déclarer avec confiance que, pour la mécanique à vapeur, nous sommes désormais en mesure de nous passer de tout secours étranger. Quand on songe qu'il y a dix ans à peine, en 1845, la France tirait encore presque toutes ses locomotives de l'Angleterre; que ce n'est que depuis l'année 1832 que l'on a commencé à construire parmi nous de grandes machines à vapeur, et qu'à l'Exposition de 1834 on n'en vit figurer qu'une seule, on peut éprouver quelque orgueil de nos progrès dans une voie si importante.

Mais ce n'est pas seulement par fierté nationale qu'il faut s'applaudir de l'état florissant où se trouve, dans notre pays, la construction des machines à vapeur. Quelle confiance ne devons-nous pas puiser, pour l'avenir, dans la certitude de pouvoir, à un moment donné et quelles que soient les circonstances extérieures, trouver sur notre sol toutes les ressources nécessaires pour créer et répandre partout ces formidables machines, qui sont à la fois le signe et les agents de la puissance industrielle? Nos usines du Creusot, de Rouen, de Lille, de Mulhouse, et les ateliers si nombreux de Paris, sont aujourd'hui en mesure de suffire à une production établie sur la plus vaste échelle.

Ce fait, si important à tant d'égards, porte encore avec lui une autre conséquence. Les partisans des vieilles théories économiques qui prétendent priver la société moderne du droit imprescriptible d'échanger librement les produits créés par le travail de chacun, se sont fait longtemps une arme de notre infériorité dans la construction économique des machines motrices. Cet argument, autrefois sérieux, est désormais évanoui, et nous pouvons, sur ce terrain nouveau, entamer sans aucun risque la grande lutte de la liberté universelle dans le commerce du monde. Pour tout ce qui se rapporte aux machines motrices et aux machines-outils qui font usage de la vapeur, la fabrication française n'a désormais rien à redouter de la concurrence extérieure. On peut donc, quand on le voudra, appeler sur nos marchés les produits de nos voisins, sans craindre de voir cette partie de l'industrie nationale souffrir de l'importation étrangère.

MACHINES FIXES.

On peut ramener à trois types principaux les machines à vapeur employées dans nos ateliers mécaniques : les *machines à cylindre vertical*, les *machines à cylindre horizontal* et les *machines oscillantes*.

On fut frappé, à l'Exposition française de 1839, de la profusion de machines oscillantes qui furent présentées par nos constructeurs. Imaginée en Angleterre par Manby et importée en France par M. Cavé, la machine oscillante, encore dans sa nouveauté, jouissait alors d'une faveur extraordinaire. Mais l'expérience est loin d'avoir répondu aux espérances qu'elle avait fait concevoir. Aussi, après un grand nombre d'essais faits en divers pays, la machine oscillante commence-t-elle à être abandonnée partout. Les machines qui sont employées aujourd'hui dans les ateliers d'une manière à peu près exclusive, sont les machines à cylindre vertical et les machines horizontales.

Les *machines à cylindre vertical* qui figuraient à l'Exposition universelle étaient construites presque toutes dans le système de Wolf, c'est-à-dire se composaient de deux cylindres d'inégale capacité, le premier recevant la vapeur à pleine pression avec une tension de quatre à cinq atmosphères, le second ne servant qu'à opérer la détente.

Le nombre considérable de machines de Wolf qui avait été envoyées à l'Exposition universelle par les constructeurs de toute nation, indique, d'une manière suffisante, le rôle important que cette dernière machine joue dans l'industrie actuelle, et la préférence que lui accordent sur toute autre les directeurs d'usines ou d'ateliers mécaniques. Cette préférence est d'ailleurs parfaitement fondée. Lorsque les ressources d'un établissement industriel permettent l'acquisition d'une de ces machines monumentales dont le prix est assez élevé, on trouve les plus grands avantages dans son emploi, tant en raison de la faible consommation de combustible qu'elle nécessite, que par la douceur et la constante égalité de son mouvement. Les machines de Wolf ont pris, depuis une dizaine d'années, domicile dans nos usines, et l'on persuaderait difficilement à nos industriels de les abandonner.

Une des machines de Wolf les mieux construites de toutes celles qui figuraient dans l'Annexe, était due à M. Lecouteux, de Rouen. Cette machine, de la force de 30 chevaux, présentait une disposition que l'on n'avait pas encore employée dans la machine de Wolf : la détente de la vapeur s'y trouvait appliquée au petit cylindre lui-même, ce qui permettait de pousser plus loin encore qu'on ne l'a fait jusqu'ici l'avantage de la détente. Suivant une disposition nouvelle, et dont l'utilité est bien reconnue, la détente de la vapeur était commandée, dans cette machine, par le *régulateur* même de la machine. Au lieu de faire agir, comme autrefois, le régulateur sur une valve destinée à rétrécir ou à élargir l'orifice d'entrée de la vapeur au sortir de la chaudière, on fait agir ce régulateur sur les tiroirs du cylindre pour produire la détente. Toutes les machines bien conçues emploient aujourd'hui cette disposition.

Une machine de Wolf, due à M. Th. Powel de Rouen, l'un de nos constructeurs les plus renommés, méritait également d'être citée avec éloge : c'était une machine de 30 chevaux, dont le régulateur était construit sur un système nouveau.

M. Thomas Scott, de Rouen, avait exposé une machine de Wolf, de la force de 40 chevaux, qui ne différait en rien, par sa disposition, des autres machines de ce genre, mais qui était d'une exécution remarquable. On doit à M. Casalis de Saint-Quentin, une machine semblable, de la force de 12 chevaux. Enfin, M. Lacroix, de Rouen, avait présenté une très belle machine de Wolf, de la force de 40 chevaux, et d'une exécution parfaite.

M. Legavrian, constructeur à Lille, est connu dans l'industrie de la construction des machines à vapeur, par les perfectionnements qu'il a apportés à ces machines, en ce qui concerne l'économie du combustible, perfectionnements constatés, d'une manière authentique, par la Société d'encouragement, qui, en 1849, lui accorda la moitié du prix de 10,000 francs qu'elle avait proposé à ce sujet. Ce constructeur a imaginé une disposition nouvelle de la machine de Wolf qui figurait à l'Exposition universelle. Sa machine est formée de trois cylindres à vapeur au lieu de deux. L'objet spécial de cette nouvelle disposition de la machine de Wolf, c'est de donner plus de douceur et plus de régularité à l'action du moteur, et de pouvoir dès lors servir avec beaucoup d'avantage au travail spécial de la filature, qui exige, comme on le sait, une régularité absolue de mouvement. C'est dans cette intention que M. Legavrian emploie trois cylindres à vapeur au lieu de deux. La machine qu'il avait présentée à l'Exposition était de la force de 40 chevaux, à détente et à condensateur. La relation qui existe, dans cette machine, entre les trois manivelles calées sous des angles différents, rend insensibles les passages au *point mort*, ce qui détermine la régularité constante du mouvement. Le piston du petit cylindre, placé au milieu, a une vitesse double de celle des deux grands cylindres, dans lesquels la vapeur agit par détente.

L'adjonction d'un troisième cylindre à vapeur à la machine de Wolf, qui est si généralement employée dans le nord de la France pour le travail des filatures, présente sur la machine ordinaire de Wolf à deux cylindres, l'avantage de diminuer des trois quarts de la masse du volant, de n'exiger qu'une pompe à air, de supprimer le parallélogramme, enfin d'éviter les dangers qui résultent de l'action de deux tiges de piston sur un même arbre. Sur cette machine, la détente de la vapeur est poussée plus loin que sur la machine ordinaire de Wolf; elle peut être portée au dixième au lieu du cinquième, que l'on ne dépasse guère dans les machines de Wolf.

La modification apportée par M. Legavrian à la machine de Wolf est destinée, sans aucun doute, à produire d'utiles résultats pour l'application spéciale de la vapeur au travail des filatures, et pour tous les cas où l'on demande au moteur une parfaite régularité d'action.

Les *machines à cylindre horizontal* sont, avons-nous dit, avec les machines de Wolf et les machines de Watt à un seul cylindre, presque les seules machines à vapeur qui soient généralement en usage aujourd'hui dans les ateliers et les usines. Le peu d'espace qu'elles occupent, la facilité qu'elles donnent à l'ouvrier, en raison de leur situation horizontale, de pouvoir s'assurer à chaque instant de l'état de leurs différentes pièces, et surtout leur prix généralement peu élevé, font depuis bien longtemps rechercher les machines à cylindre horizontal. Nous ne nous arrêterons pas à discuter ici la supériorité que peut offrir, selon les circonstances, la machine verticale de Wolf ou de Watt sur la machine horizontale, ni à décider si l'on peut établir un parallèle exact entre leurs effets réciproques. Contentons-nous de dire que ces deux genres d'appareils sont à peu près les seuls dont l'industrie fasse usage en ce moment. Nous avons vu que les machines de Wolf étaient en très grand nombre dans les galeries de l'Annexe ; les machines horizontales s'y trouvaient également représentées par un nombre considérable de modèles.

L'un des appareils de ce genre qui attirait le plus l'attention, c'était la belle machine de M. Farcot, l'une de celles qui servaient à mettre en mouvement le grand arbre moteur de l'Annexe.

Cette machine pouvait être présentée comme un type parfait de la machine à cylindre horizontal. On y trouvait, en effet, réunis, tous les organes qui composent cet appareil mécanique, et ces organes étaient mis en action par les moyens reconnus aujourd'hui les meilleurs. Elle était de la force de 50 chevaux, à haute pression et à condensation. Sa détente, variable, était commandée par le régulateur. La consommation du combustible était réduite, sur cette machine, à $1^{kil},25$ de houille par heure et par force de cheval, réduction bien remarquable, et qui semble la dernière limite que l'on puisse atteindre. La même machine offrait une application très heureuse du parallélogramme de Watt : c'est une tige horizontale qui sert à faire marcher à la fois le piston de la pompe alimentaire et celui de la pompe à air; le mouvement de cette tige est engendré par celui d'une bielle, suspendue de telle sorte que le point où elle pousse la tige décrit une ligne droite. Cette machine à vapeur, de M. Farcot, représentait une sorte d'encyclopédie dans laquelle le constructeur avait voulu réunir et faire figurer les nombreuses améliorations qui ont été sanctionnées par une longue expérience (1).

Les ateliers si justement renommés de MM. Derosne et Cail avaient envoyé à l'Exposition deux machines horizontales, l'une de 30 chevaux, l'autre de 20. Elles étaient à haute pression et à condenseur; la détente était commandée par le régulateur.

M. Bourdon, de Paris, mécanicien bien connu par l'invention du *manomètre métallique*, qui est aujourd'hui d'un usage universel, avait exposé une machine horizontale de la force de 25 chevaux, à haute pression et à condenseur. Cette machine, qui ne présente aucune disposition nouvelle, et qui est conçue suivant le type ordinaire, était d'une très belle exécution. On y voyait réunis les deux genres de régulateur dont on fait ordinairement usage d'une manière isolée dans les différentes machines: c'est le *régulateur à boule* et le *régulateur à air;* le premier sert à régler l'entrée de la vapeur dans le tuyau qui sort de la chaudière, l'autre commande le tiroir qui règle la détente à l'entrée du cylindre.

Nous pouvons enfin signaler une jolie machine de M. Rouffet, constructeur de Paris; elle est à haute pression et sans condenseur. On peut seulement lui reprocher de laisser quelque chose à désirer pour le jeu de la détente de la vapeur, qui n'est point réglée, comme on le voit aujourd'hui sur les machines bien conçues, par le régulateur, mais qui est simplement variable par la main de l'ouvrier.

A côté de la machine de M. Rouffet, on en voyait une autre assez semblable, construite par M. Révollier, de Saint-Étienne,

(1) M. Farcot a obtenu, de la part du jury de l'Exposition universelle, la seule grande médaille d'honneur qui ait été décernée aux machines fixes.

et parfaitement exécutée. Elle offre cette particularité qu'elle admet la vapeur dans le cylindre au moyen de soupapes, disposition renouvelée des machines du Cornouailles.

Nous n'abandonnerons pas ce qui concerne les machines horizontales, sans parler d'un essai curieux, sinon utile, dû à M. Farinaux, de Lille, qui a tenté de combiner les deux systèmes dont nous venons de parler. La machine de Wolf est toujours verticale; cette disposition est la conséquence des dimensions considérables qu'affectent les machines à deux cylindres. M. Farinaux a voulu modifier ce système, et, tout en conservant les deux cylindres de Wolf, les placer dans une situation horizontale. Dans la nouvelle machine du constructeur de Lille, les deux cylindres, dont les capacités sont dans le rapport de 1 à 4, sont donc disposés horizontalement ; ils sont fixés sur un grand bâtis longitudinal en fonte ; à l'autre extrémité de ce bâtis se trouve un palier qui reçoit l'arbre moteur sur lequel vient agir la manivelle, mise directement en mouvement par les pistons des deux cylindres à vapeur. Le conducteur, de forme rectangulaire, est placé au milieu du bâtis en avant des deux cylindres.

Nous ne comprenons pas très bien l'avantage que l'on peut trouver à donner au double cylindre de Wolf une disposition horizontale. Avec un seul cylindre placé horizontalement, on pourrait certainement réaliser la détente d'une manière tout aussi avantageuse que dans ce nouveau système. L'emploi des deux cylindres, qui offre tant d'utilité dans une machine verticale, nous semble une complication peu utile dans une machine horizontale.

Nous faisions remarquer la différence frappante qui existe entre le nombre des *machines oscillantes* qui furent présentées à l'Exposition de 1839 et celles que l'on trouve à l'Exposition actuelle. Parmi les machines des exposants français on en voyait très peu, en effet, qui fussent construites dans le système de l'oscillation.

Il importe cependant de signaler, à ce sujet, une belle machine de la force de 18 chevaux construite par M. Boyer, de Lille. C'est une machine intéressante, en ce qu'elle présente, réunies, deux dispositions qui semblent s'exclure. Elle est construite à la fois dans le système de Wolf, c'est-à-dire à deux cylindres, et dans le système de l'oscillation. L'oscillation s'opère, comme dans la machine de M. Cavé, autour du tube d'introduction de la vapeur, vers le milieu du cylindre. Tout l'appareil se trouve élevé sur un support triangulaire, qui lui donne un aspect tout particulier de stabilité et d'élégance.

Bien que d'une exécution irréprochable, la machine de M. Boyer doit cependant présenter dans la pratique des inconvénients énormes (1). Ces inconvénients résultent surtout de l'emploi de l'oscillation, et ils sont maintenant bien reconnus. Le mouvement continuel qui s'exécute autour du tourillon sur lequel repose le cylindre, toute la résistance de l'appareil concentrée sur ce point d'appui, ce sont là des conditions évidemment vicieuses, puisque, dans une machine bien construite, ce qu'il faut rechercher avant tout, c'est la solidité inébranlable du point d'appui. Aussi personne n'ignore que les machines oscillantes renferment des causes inévitables d'usure et de prompte destruction. On s'était engoué en France, pendant quelques années, de ce genre d'appareils qui n'offre cependant d'autre avantage que d'économiser un peu de fer et un peu d'espace. Mais les constructeurs étrangers avaient prudemment résisté à cet entraînement, qui ne fut chez nous qu'une affaire de mode. Heureu-

(1) En jugeant avec défaveur la tentative faite par M. Boyer pour la combinaison de la machine oscillante et de la machine de Wolf, nous n'entendons pas méconnaître les services qui ont été rendus à l'industrie par cet habile constructeur qui a beaucoup contribué, dans ces derniers temps, à favoriser le mouvement industriel du nord. M. Boyer est le fondateur du premier atelier de construction qui ait existé à Lille. A l'époque de cette fondation il n'y avait dans toute la ville de Lille que deux machines à vapeur, et elles étaient anglaises. M. Boyer se mit à l'œuvre, et il a successivement construit, pour le nord de la France, un nombre considérable de machines à vapeur, dans le système de Wolf. L'importance de ses ateliers et la bonne exécution de ses machines sont bien connues dans le nord de la France.

sement, la mode d'oscillation en fait de machines à vapeur est aujourd'hui passée, et l'on ne peut qu'en féliciter l'industrie.

Avec les machines verticales et les machines à cylindre horizontal, nous avons passé en revue les machines fixes, qui sont d'un usage général dans les ateliers, celles dont la supériorité, partout reconnue, a rendu aujourd'hui l'usage universel. Il nous reste à examiner deux autres genres de machines, qui reposent sur des principes dont les applications sont plus récentes, et qui se distinguent des précédentes par un caractère sinon de progrès, du moins de nouveauté; nous voulons parler des *machines rotatives* et des *machines à grande vitesse*.

La *machine rotative*, dont l'idée primitive appartient à James Watt, a pour but de supprimer, dans la machine à vapeur, tous les organes intermédiaires qui servent au renvoi du mouvement, tels que tige du piston, manivelle, balancier, etc., qui font perdre nécessairement une partie de la force totale de la machine. Pour supprimer tout engrenage et tout organe mécanique accessoire, il faut faire agir la puissance de la vapeur sur l'arbre même de la machine, et voici comment on parvient à ce résultat.

L'arbre moteur est enveloppé par un cylindre annulaire creux, dans lequel se meut un piston fixé à l'arbre. La vapeur arrive d'un côté du piston, et toujours du même côté, elle le soulève par sa pression et, par le moyen d'un tiroir, s'échappe du côté opposé. Ainsi refoulé par l'action directe de la vapeur, le piston reçoit un mouvement circulaire continu, qu'il transmet nécessairement à l'arbre moteur auquel il est fixé.

Un de nos illustres mécaniciens, Pecqueur, est le premier qui ait exécuté, en France, une machine rotative susceptible d'application. Plusieurs machines construites par Pecqueur ont fonctionné dans divers ateliers de Paris; mais la dépense considérable de combustible qu'elles entraînaient a fait presque partout renoncer à leur emploi. Cependant la machine rotative repose sur des principes d'une incontestable vérité, et, malgré le peu de succès qu'elle a obtenu jusqu'ici dans la pratique, il serait bien téméraire de la condamner d'une manière absolue. Il est permis d'espérer, au contraire, que l'art fera un jour des progrès importants dans cette direction. Avec les moyens de précision dans le travail que possèdent aujourd'hui nos ateliers, avec la perfection que l'on apporte à l'exécution et l'ajustage des pièces mécaniques, il serait bien difficile que la construction des machines rotatives ne fît pas, avant peu de temps, de sérieux progrès. On doit donc accueillir avec intérêt les tentatives qui ont pour effet de perfectionner ce curieux appareil.

C'est à ce travail que s'est consacré M. Moret, constructeur de Paris. M. Moret était contre-maître des ateliers de Pecqœur : il a obtenu de ses héritiers l'autorisation de se consacrer à perfectionner la machine rotative et d'essayer de terminer l'œuvre que la mort de l'inventeur a laissée inachevée. Le perfectionnement apporté par M. Moret à la machine de Pecqœur consiste surtout à avoir modifié le mode d'admission de la vapeur dans le cylindre et à l'avoir disposé de manière à pouvoir changer la direction du mouvement au moyen d'un simple tiroir. Cette dernière disposition, qui permet de faire varier à volonté la direction du mouvement, donnerait le moyen d'appliquer la machine rotative aux locomotives, résultat qui n'avait pu être obtenu jusqu'ici.

M. Moret qui se livre d'une manière spéciale à la fabrication des machines rotatives, en a déjà placé un certain nombre dans divers ateliers de Paris. Mais il serait important de connaître exactement la dépense de combustible qu'exigent ces appareils, car la consommation excessive de charbon qu'occasionnent les machines rotatives est l'inconvénient qui les a jusqu'ici empêchées de se répandre.

M. Montferrier avait également exposé une très petite machine rotative de la force de 10 chevaux, mais elle n'a pas été mise en mouvement sous les yeux du public, ce qui empêche de rien dire sur les effets qu'elle peut produire.

Nous passons aux machines dites à *grande vitesse*.

Dans ce genre d'appareils, dont la création est récente, on se propose de remplacer les machines d'un grand volume et d'une force considérable, par des machines de dimension plus faible, mais marchant avec une vitesse infiniment plus grande. La quantité de mouvement que produit une force quelconque, peut se représenter par l'intensité de cette force multipliée par la vitesse avec laquelle elle agit. Si donc, on accroît la vitesse des mouvements d'une machine à vapeur (et il suffit pour cela d'emprunter à la chaudière une quantité de vapeur plus considérable), on peut, sans rien changer aux dimensions de la machine, et par conséquent sans lui faire occuper plus d'espace, obtenir des effets mécaniques d'une remarquable intensité. En marchant à grande vitesse, une machine à vapeur peut produire les mêmes effets mécaniques qu'une autre machine de dimensions cinq à six fois supérieures.

De tous les constructeurs qui se sont occupés des machines à grande vitesse, M. Flaud, à Paris, est celui qui a obtenu les succès les plus marqués, et sa spécialité dans ce genre est bien connue. On voyait dans l'Annexe une très élégante machine de ce constructeur. Elle était de la force de 20 chevaux, à haute pression et sans condensation. Ses mouvements se succédaient avec une rapidité prodigieuse ; elle donnait en effet, 250 coups de piston par minute, en marchant à la pression de quatre atmosphères, sa pression normale.

La machine de M. Flaud fonctionnait à l'Exposition, sous les yeux du public, car elle était du nombre de celles qui servaient à mettre en action l'arbre moteur de l'Annexe. Mais il suffisait de considérer sa marche pour reconnaître les inconvénients qui résultent de l'emploi des machines à grande vitesse. A voir, en effet, la prodigieuse rapidité avec laquelle sautillent les deux boules du régulateur sous les coups répétés du piston, on comprend qu'il est impossible que les pièces d'une telle machine soient de longue durée; elles doivent, nécessairement, exiger des réparations fréquentes. La succession trop rapide des mouvements du régulateur fait voir, en même temps, que cet appareil ne peut fonctionner que d'une manière très incomplète, ce qui doit nuire à la régularité du mouvement. Enfin, par suite de la même rapidité d'action, on ne peut appliquer commodément au cylindre la détente variable; dans la machine de M. Flaud, qui fonctionnait dans l'Annexe, la détente est fixe, et cette dernière circonstance explique et justifie le reproche que l'on adresse à ce genre d'appareils de nécessiter une grande dépense de combustible.

Cependant, ces critiques ne doivent point faire perdre de vue les services que peut nous rendre l'application du principe des grandes vitesses. Dans beaucoup de circonstances, on a trouvé de grands avantages à diminuer les dimensions des cylindres à vapeur, et à communiquer au piston une vitesse considérable par l'afflux d'une grande quantité de vapeur. Dans beaucoup d'industries spéciales, les machines à grande vitesse sont aujourd'hui très utilement employées, et, sous ce rapport, la science a réalisé un progrès incontestable, en permettant de réduire le poids d'une machine et l'espace qu'elle occupe sans rien ôter à l'intensité de ses effets. Pour ne citer qu'un exemple, on voyait à côté de la grande machine de M. Flaud, dont nous venons de parler, une machine horizontale à grande vitesse de la force d'un cheval. Le volume de cette machine était si faible, que l'on aurait pu facilement porter tout l'appareil sous son bras. Il y a dans nos diverses industries, nombre de cas où cette réduction du poids de l'appareil moteur est d'une grande importance. Ajoutons que les machines ainsi construites se vendent à très bas prix, ce qui n'implique rien sans doute sur le mérite intrinsèque de ce genre d'appareil et sur l'avenir qui lui est réservé, mais ce qui doit lui assurer dans certains cas la préférence des industriels. Les machines à grande vitesse ont déjà exercé une très heureuse influence pour multiplier, étendre et populariser l'emploi de la vapeur; on ne peut donc qu'applaudir à la pensée qui les fit introduire dans l'industrie.

Après cet examen des machines fixes qui appartenaient aux constructeurs français, il nous reste à parler des mêmes appareils qui avaient été envoyés par les nations étrangères, et à déduire les conséquences qui résultent de cette revue.

Les machines à vapeur qui avaient été présentées à l'Exposition universelle par les constructeurs étrangers montrent que les idées qui règnent aujourd'hui en France relativement au meilleur système de construction de ces machines, sont également en faveur chez nos voisins. Ce qui dominait en effet dans les appareils exposés par l'Autriche, la Belgique, la Hollande, la Suède et la Norwége, c'étaient les machines de Wolf à double cylindre, et les machines à cylindre horizontal avec ou sans condenseur. On ne pourrait guère citer comme exception sous ce rapport, qu'une machine oscillante venue de la Belgique et une machine rotative envoyée de New-York.

Les machines à vapeur de la Grande-Bretagne étaient représentées, dans le palais des Champs-Élysées, par une puissante machine de M. Faibairn, l'un des constructeurs les plus célèbres et les plus estimés, non-seulement de l'Angleterre, mais dans tout le monde industriel. Elle montrait ce fait, assez connu d'ailleurs, que dans la Grande-Bretagne, on demeure fidèle au système primitif de machine à vapeur, c'est-à-dire, à la machine ordinaire de Watt, ou machine à basse pression, qui continue, chez les Anglais, à être toujours la machine type. La machine de M. Faibairn ne présentait d'ailleurs aucune innovation particulière, et ne servait guère qu'à prouver l'emploi général que l'on fait encore, de l'autre côté du détroit, de la machine primitive de Watt.

M. Schmid, constructeur de Vienne, avait exposé une très jolie machine de Wolf de la force de 25 chevaux, d'une exécution remarquable, mais qui n'offrait aucune disposition nouvelle. On pouvait regretter que l'on n'eût pas mis à profit, dans cette machine si bien construite, la disposition qui commence à être généralement adoptée en France, et qui consiste à faire marcher l'appareil à détente par le régulateur. Dans la machine de M. Schmid, le régulateur n'agit, en effet, que d'après l'ancienne disposition de Watt; il fait varier seulement la valve d'introduction de la vapeur dans le tuyau partant de la chaudière, moyen reconnu aujourd'hui insuffisant. Le tiroir destiné à opérer la détente est manœuvré par l'arbre de la machine d'après un système connu des mécaniciens sous le nom de *distribution d'Ewards*. A cela près, cette machine de M. Schmid peut être citée comme un modèle complet et parfaitement exécuté de la machine de Wolf.

Le même constructeur avait aussi exposé une belle machine à cylindre horizontal sans condensation, et de forme ordinaire.

La Belgique ne semble pas avoir renoncé aussi facilement que les autres nations à l'emploi des machines oscillantes. M. Lestor Stordeur, constructeur à Houdeng-Aimeries, avait exécuté une machine de ce genre qui diffère toutefois du système ancien, puisque l'on a réuni au principe de l'oscillation l'emploi des deux cylindres. Mais cette machine ne peut offrir que bien peu d'avantages en regard d'inconvénients fort graves. La position du point de suspension étant défectueuse, l'usure des supports doit être prompte, et la pression se trouvant toute entière portée d'un seul côté, la tige du piston tendra constamment à être faussée. En résumé, cette tentative paraît mal inspirée.

De la Hollande, l'Exposition universelle avait reçu une machine à vapeur destinée à opérer des épuisements. Sortie des ateliers de MM. Van Vlissingen et Van Hel, associés de MM. Derosne-Cail, à Amsterdam, cette machine était à un seul cylindre vertical, à haute pression et à condenseur.

La Norwége, représentée par M. Bolinder de Stockholm, exposait également une machine à cylindre vertical, mais sans condensation, de la force de 18 chevaux; le piston est guidé dans sa marche par des glissières le long d'une coulisse, selon le système employé par M. Farcot, et que ce dernier constructeur a appliqué en France à un si grand nombre de machines. L'appareil de M. Bolinder paraît destiné à être fixé contre un mur sans autre appui latéral.

De Christiania, en Norwége, nous était arrivée une petite machine à cylindre horizontal, pourvue d'un régulateur à boules n'agissant que sur la valve d'introduction de la vapeur dans la chaudière.

Bien que les États-Unis soient le siége d'une immense fabrication de machines à vapeur, et que l'on trouve à New-York et à Philadelphie un nombre considérable d'ateliers de construction mécanique, l'Amérique n'avait envoyé à l'Exposition universelle aucune de ces machines à vapeur qu'elle produit en si grand nombre. Suivant le génie positif de leur nation, les constructeurs américains ont sans doute pensé que l'envoi de leurs machines ne suffirait pas pour leur attirer des commandes d'Europe, et ils se sont dispensés de faire figurer leurs produits à notre Exposition. Tout ce que l'Amérique nous avait envoyé en fait de machines fixes à vapeur, se réduisait à deux petites machines oscillantes exécutées par MM. Tousley et Reed, de New-York, et d'une disposition fort ingénieuse d'ailleurs.

La machine oscillante de MM. Tousley et Reed se compose de deux cylindres accouplés dont les pistons viennent agir sur le même arbre moteur, disposition empruntée aux locomotives et qui a été déjà appliquée bien des fois avec succès aux machines fixes. La distribution de la vapeur se fait par les faces latérales du cylindre, et la vapeur s'introduit à la fois par deux orifices pratiqués dans le même cylindre, ce qui distingue cet appareil de la machine oscillante ordinaire de M. Cavé, dans laquelle la vapeur n'est introduite que par un seul tourillon mobile. La détente s'opère à l'intérieur des cylindres par un artifice assez singulier : c'est un arc de cercle qui, s'inclinant plus ou moins vers les deux cylindres, selon la rapidité de leur marche, vient pousser avec plus ou moins d'obliquité, une tige qui fait mouvoir des soupapes fermant les orifices des tiroirs.

La seconde machine rotative exposée par les deux constructeurs américains était tout à fait conforme à la précédente ; seulement, sa force n'était que de 3 chevaux, et elle portait un régulateur à boules.

....

Après avoir passé en revue les principales machines fixes qui avaient été présentées à l'Exposition universelle, tant par les constructeurs étrangers que par nos nationaux, nous devons exposer brièvement les conséquences qui résultent de cet examen général, et le jugement qu'il permet de porter sur l'état présent de la mécanique à vapeur.

La première réflexion qu'amenait l'examen des nombreuses machines à vapeur réunies dans l'Annexe, c'est que la construction de ce genre d'appareils mécaniques n'a pas subi, depuis plusieurs années, de changements notables. On construit aujourd'hui les machines à vapeur à peu près comme on le faisait il y a dix ans; aucune modification importante, dont l'expérience ait démontré l'utilité, n'a été apportée, depuis cette époque, à leurs formes, ni à leur disposition. Le progrès que l'on peut constater réside seulement dans la perfection de la construction des différentes pièces, dans une manière plus ingénieuse d'appliquer la détente de la vapeur, et surtout dans la tendance à généraliser l'emploi de ce dernier moyen et à en tirer, dans un but d'économie, le plus grand parti possible.

Un autre résultat que mettait en évidence l'étude des machines à vapeur de l'Exposition, c'est la tendance à varier de toutes manières la disposition de ces machines pour les approprier à l'espèce particulière de travail qu'elles doivent accomplir. La machine à vapeur ne consiste plus, comme autrefois, en un type unique, que l'on consacrait, sous la même forme, aux usages les plus opposés; elle reçoit aujourd'hui les dispositions les plus diverses, afin de se plier à toutes les spécialités de travail qu'on lui demande. Dans les ateliers de nos jours, la vapeur est devenue une sorte d'outil que l'on met en œuvre de mille manières, en l'accommodant aux conditions que nécessitent les besoins si variés du travail mécanique. Ici elle est employée directement pour soulever le formidable poids du *mouton;* là elle sert, sans aucun des appareils compliqués qui étaient autrefois consacrés à cet usage, à faire agir directement le piston d'une machine soufflante; ailleurs, elle soulève, à l'aide d'un simple cylindre, des marteaux qui exécutent toutes sortes d'opérations ou servent à confectionner diverses pièces mécaniques, ou bien elle coupe, perce, emboutit le cuivre, le fer et la tôle. Dans tous ces cas, il faut construire des machines à dispositions extrêmement simples mais qui exigent une appropriation spéciale. On remarquait à l'Exposition un grand nombre de ces machines élémentaires qui montraient bien que la vapeur tend de plus en plus à jouer le rôle d'un simple instrument d'atelier.

C'est cette tendance de l'industrie actuelle à multiplier les emplois de la vapeur, qui a conduit à rechercher les formes qui permettent aux constructeurs de livrer cette machine au plus bas prix possible. C'est pour cela que les appareils à grande vitesse semblent appelés à un certain succès, et que l'on remarque en général, surtout dans les ateliers d'une importance secondaire, le désir de substituer aux machines verticales de Wolf, les machines horizontales qui sont d'un prix moins élevé.

Si nous voulions maintenant comparer entre elles les différentes nations de l'Europe, sous le rapport des genres particuliers d'appareils dont elles font usage, nous ne trouverions à signaler aucune différence bien appréciable. Les données économiques sur l'emploi de la vapeur étant aujourd'hui bien connues et partout uniformes, il en résulte que les mêmes modèles de machines sont adoptés partout. En Angleterre comme en France, c'est la machine de Wolf ou de Watt, ou bien la machine horizontale à haute pression, avec ou sans condenseur, qui sert d'une manière à peu près exclusive. La Belgique, les États du Nord et les États allemands font le même choix, et les appareils nouveaux, proposés dans ces derniers temps comme perfectionnement des dispositions actuelles, telles que les machines à oscillation et les machines rotatives, ne figurent nulle part d'une manière sérieuse dans le service quotidien. Partout on s'en tient au système de Wolf, à la machine simple de Watt à un seul cylindre, ou à la machine horizontale.

Que faut-il conclure de cette absence si générale d'innovation dans l'ensemble des machines à vapeur qui fonctionnent en ce moment en Europe? Faut-il s'en prendre au défaut de génie des constructeurs de notre temps? Non, sans doute, et c'est à une cause d'un ordre bien différent qu'il faut attribuer ce résultat. Les principes sur lesquels repose la construction des machines à vapeur actuelles, ont déjà exercé les efforts d'un si grand nombre d'hommes éminents, l'application de ces principes a été faite sous des formes si diverses et si multipliées, que l'on paraît avoir à peu près atteint aujourd'hui les limites assignées par la théorie, dans l'emploi des dispositions adoptées de nos jours. Pour tirer parti de la condensation de la vapeur, de sa force élastique dans les hautes tensions, de la détente, etc., on semble avoir épuisé les dispositions les plus avantageuses, si bien qu'on ne peut guère espérer de progrès bien notables en se renfermant dans les règles qui ont présidé jusqu'à ce jour à la construction des appareils à vapeur.

Cependant, hâtons-nous de le dire, l'art de tirer parti de la puissance de la vapeur n'est point destiné à demeurer stationnaire, et son état présent est loin de marquer son dernier pas dans la carrière du progrès. Des perfectionnements importants dans la mécanique à vapeur se préparent pour un avenir prochain. Ils reposent sur des principes nouveaux et qui sont destinés à ouvrir une période toute spéciale dans l'histoire de la machine à vapeur. Dans un petit nombre d'appareils, l'Exposition universelle nous offrait les prémices de ces découvertes récentes, germes visibles de progrès que le temps doit féconder et mûrir. C'est l'examen de ces nouveaux appareils qui doit maintenant nous occuper. Mais les vues théoriques sur lesquelles ils sont fondés diffèrent sensiblement de celles que nous avons fait connaître au début de ce chapitre, il importe donc d'en donner ici un exposé spécial.

Dans la machine à vapeur à haute pression, aussi bien que dans la machine à condenseur, on perd une grande partie du calorique développé par la combustion du charbon. En effet, dans la machine à haute pression, la vapeur est rejetée dans l'air après avoir produit son effet. Or quand elle s'échappe du cylindre pour se perdre dans l'atmosphère, la vapeur conserve encore une grande quantité de chaleur qui se trouve ainsi non utilisée. De même, dans la machine à condensation, la vapeur qui vient se liquéfier dans le condenseur, échauffe en pure perte l'eau du condenseur qui est rejetée au dehors, emportant avec elle une quantité considérable de calorique. C'est en considérant ce résultat, et afin d'augmenter la puissance de la machine à vapeur actuelle, que les physiciens modernes se sont posé ce problème : *Comment tirer parti du calorique que la vapeur possède encore après avoir exercé son effet mécanique sur le piston du cylindre?*

Cette question est devenue depuis quelques années l'objet d'études persévérantes. A la suite des travaux nombreux entrepris dans cette direction, trois solutions différentes ont été proposées pour ce problème, et elles ont donné naissance à trois genres d'appareils : *la machine à éther*, *les machines à air chaud*, et *les machines à vapeur réchauffée ou surchauffée*. Examinons rapidement ces divers appareils.

Pour tirer parti du calorique de la vapeur qui se trouve perdu dans les machines actuelles, M. Du Tremblay, ingénieur français, a eu l'heureuse idée d'employer la vapeur sortant du cylindre à volatiliser un liquide, tel que l'éther sulfurique, entrant en ébullition à une température inférieure à celle de l'ébullition de l'eau. La vapeur de ce nouveau liquide, obtenue de cette manière sans aucun frais, puisqu'elle se forme aux dépens du calorique de la vapeur qui est perdue dans les machines ordinaires, sert à faire marcher le piston d'un second cylindre semblable au premier, et qui vient ajouter son effet mécanique à celui qui résulte de l'action du premier piston. Cette pensée ingénieuse, qui n'était qu'une déduction de la théorie, a été réalisée dans la pratique avec un complet bonheur.

Dans la *machine à éther* de M. Du Tremblay, la vapeur à haute pression, en sortant d'un premier cylindre où elle a exercé, avec détente, son action sur le piston, traverse un grand nombre de petits tubes métalliques placés dans une boîte de métal qui renferme une certaine quantité d'éther sulfurique. A l'intérieur de ces tubes, la vapeur d'eau se refroidit, se condense et retourne à la chaudière, qui se trouve ainsi alimentée, à partir de ce moment, avec de l'eau distillée. Cette circonstance, pour le dire en passant, est déjà fort avantageuse, puisqu'elle empêche les incrustations terreuses qui se font à l'intérieur des générateurs alimentés avec de l'eau ordinaire, et qu'elle diminue l'abondance des dépôts de sel qui se font dans les chaudières alimentées avec l'eau de la mer. Échauffé par la condensation de la vapeur d'eau, l'éther, contenu dans les petits tubes métalliques, entre en ébullition, et sa vapeur passe dans un second cylindre, dont elle met en mouvement le piston à la manière ordinaire. La condensation de la vapeur d'éther s'opère en dirigeant cette vapeur à travers plusieurs petits tubes placés dans une boîte métallique, traversée incessamment par un courant d'eau froide. Revenu à l'état liquide, l'éther est ensuite repris par une pompe qui le ramène au vaporisateur, d'où il doit être de nouveau volatilisé par la condensation de la vapeur d'eau de la machine, et ainsi de suite.

On assure avoir constaté, avec la machine à éther de M. Du Tremblay, une réduction de 50 pour 100 sur le combustible pour produire le même effet qu'une machine ordinaire à haute pression et à condenseur.

La machine à *vapeur d'éther*, que l'on désigne quelquefois sous le nom impropre de machine à *vapeurs combinées*, est depuis quelque temps sortie du domaine de la théorie, pour entrer, avec éclat, dans celui de la pratique. Quatre navires à vapeur qui sont consacrés à un service régulier des transports de Marseille à Alger et Oran, sont pourvus de machines à vapeur dans le système Du Tremblay. Ces quatre navires appartiennent à la société Arnaud Touache frères et compagnie. L'un d'eux, *le Du Tremblay*, est de la force de 70 chevaux, *le Kabyle*, *le Brésil* et *la France*, sont de 350 chevaux. Il existe depuis sept ans à Lyon, à la cristallerie de M. Billaz, une machine à vapeur d'éther de la force de 50 chevaux qui fonctionne parfaitement. En Alsace, M. Stehélin, constructeur à Bittschwiller, a construit une machine du même genre de la force de 50 chevaux. A Blackwall, en Angleterre, on construit en ce moment un navire du port de 1200 tonneaux, *l'Orinocoo*, dont les machines seront du système à éther. Enfin, la compagnie franco-américaine Gauthier frères, de Lyon, a appliqué le même système au *Jacquard*, navire de la force de 600 chevaux, qui vient de commencer le service du Havre à New-York.

La vapeur d'éther, employée comme force motrice, présente cependant quelques dangers en raison de son inflammabilité. Le chloroforme, composé non inflammable et qui jouit d'une force élastique supérieure encore à celle de l'éther, a été substitué avec avantage à ce dernier liquide. M. Lafont, officier de la marine impériale, a eu le mérite d'employer, dans une machine de ce genre, le chloroforme que M. Du Tremblay avait lui-même recommandé pour cet usage. La machine à chloroforme de M. Lafont, d'une force de 20 chevaux, a fonctionné pendant quatre ans pour les travaux du port de Lorient. A la suite des résultats satisfaisants constatés pendant ce long service, le gouvernement a fait établir un appareil tout semblable, à bord du navire *le Galilée*, de la force de 125 chevaux. Le *Galilée* continue en ce moment à Lorient les intéressants essais de cette machine nouvelle, qui est certainement appelée à un grand avenir.

C'est par des dispositions fort différentes de celles que nous venons d'examiner que l'ingénieur Ericsson avait essayé de créer le moteur nouveau dont il a été si souvent question depuis trois ans dans les journaux américains et français. Dans l'appareil qu'il a construit, M. Ericsson supprime complétement la vapeur d'eau, qu'il remplace par de l'air alternativement échauffé et refroidi. La dilatation et la contraction successive qu'éprouve une masse d'air contenue dans un espace limité, par suite de l'addition et de la soustraction du calorique à cette masse d'air, telle est la source de la puissance mécanique qui se trouve mise en jeu dans la *machine Ericsson*, dont voici, en peu de mots, les dispositions.

Un grand nombre de toiles métalliques, à mailles très serrées, sont chauffées jusqu'à la température de 250 degrés. Une masse d'air froid traversant rapidement ces toiles métalliques, s'y échauffe instantanément, et se dilate aussitôt; l'impulsion produite par la dilatation de cet air est mise à profit pour agir sur un piston qui joue dans un corps de pompe. Après avoir produit ce premier effet, la même masse d'air repasse à travers les mêmes toiles métalliques; dans ce retour, le métal reprend à l'air la chaleur qu'il lui avait un moment communiquée, de telle manière qu'en sortant de cette partie de l'appareil, l'air est presque aussi froid qu'à son premier départ. C'est la répétition de ces effets de dilatation et de contraction alternative de l'air échauffé et refroidi qui détermine le jeu de l'appareil moteur.

La pensée de produire un mouvement mécanique par de brusques alternatives de chaud et de froid qui se succèdent avec une rapidité surprenante, grâce à la promptitude extraordinaire avec laquelle les toiles métalliques peuvent se refroidir ou s'échauffer, était en elle-même fort remarquable. Cependant l'exécution n'a point répondu jusqu'ici aux espérances ni aux promesses de l'inventeur, par suite probablement des difficultés considérables qui naissent dans la pratique, lorsqu'il s'agit d'exposer des surfaces métalliques à l'action de températures très élevées : l'oxydation s'empare du cylindre, les surfaces métalliques se *grippent*, et l'ajustage du piston et autres pièces ne tarde pas à devenir incomplet. Aussi la machine Ericsson, qui continue d'être à l'étude en Amérique, ne brillait-elle à l'Exposition universelle que par son absence. Toutefois, ce ne peut être là un motif suffisant pour condamner l'invention de l'ingénieur américain. Cet appareil repose sur un principe des plus féconds et dont on saura tirer certainement un grand parti dans l'avenir.

A côté de la machine Ericsson vient naturellement se placer la *machine à air chaud* de M. Franchot, dont l'inventeur n'a encore exécuté aucun modèle de grande dimension, mais dont il poursuit l'idée depuis quinze ans avec autant de persévérance que de talent.

Depuis l'année 1840, en effet, M. Franchot, avait indiqué le parti avantageux que l'on peut retirer des toiles métalliques pour la construction de machines à air chaud (1). Le modèle définitif qu'il a présenté en 1855 à l'Exposition, doit être exécuté en grand, à la demande du département de la marine, de ceux de l'agriculture et des travaux publics. Voici quelles sont les dispositions principales de cette *machine à air chaud*, qui constitue une excellente expression pratique des moyens par lesquels on peut appliquer au travail mécanique les gaz ou les vapeurs alternativement échauffés ou refroidis.

La machine de M. Franchot se compose de quatre cylindres dont le bas est chauffé par un foyer, et la partie supérieure maintenue à une température peu élevée. Les deux capacités, chaude et froide, sont séparées par un piston qui joue en même temps le rôle de déplaceur. Les quatre cylindres forment une *série circulaire*, dans laquelle le bas de chacun est en communication permanente avec le haut du suivant, au moyen d'un canal qui renferme des toiles ou lames métalliques présentant une très grande surface. Le système entier se compose donc de quatre masses d'air isolées par les pistons déplaceurs. Chacune de ces masses d'air va et vient entre les capacités chaude et froide qui communiquent entre elles. Dans ces passages, l'air abandonne et reprend alternativement de la chaleur aux toiles métalliques, dont il touche la surface étendue, et dont la température décroît graduellement d'un bout du canal à l'autre. Ces variations alternatives de température, qui provoquent nécessairement des contractions et des dilatations dans le volume de l'air emprisonné, donnent lieu à un travail moteur continu, lequel est transmis à un arbre tournant par les tiges des pistons déplaceurs, par des bielles et des manivelles convenablement disposées. La puissance de la machine, pour des dimensions d'ailleurs égales, est susceptible de varier, si l'on fait usage d'un air que l'on ait préalablement plus ou moins comprimé.

(1) *Comptes rendus de l'Académie des sciences*, 10 août 1840. — *Le Technologiste*, t. II, octobre 1840.

Une difficulté qui jusqu'à ce jour est demeurée insurmontable, a fait échouer la machine à air chaud de l'inventeur américain Ericsson, et voici en quoi consiste cette difficulté. Les parois métalliques du cylindre dans lequel agit le piston ne peuvent supporter, sans être altérées physiquement, une très haute température. Un métal que l'on entretient constamment à une température élevée, supérieure à 200 degrés par exemple, subit, dans sa contexture physique, des altérations particulières qui rendent, au bout de peu de temps, l'ajustage du piston défectueux ou mettent le cylindre hors de service. On est donc obligé, pour éviter cet inconvénient, de n'admettre dans le cylindre que de l'air à une température médiocre et par conséquent à une pression utile très bornée. Pour obtenir un effet mécanique un peu considérable, il faudrait donner à toutes les pièces de l'appareil des dimensions gigantesques. Cette difficulté capitale, qui a arrêté jusqu'à ce moment les progrès de la machine Ericsson, serait-elle aussi une cause d'insuccès pour la *machine à air chaud* de notre habile compatriote, M. Franchot? L'avenir prononcera sur cette question.

Au lieu d'échauffer et de refroidir alternativement une même masse d'air, on peut, abordant le problème par un autre moyen, réchauffer la vapeur qui sort du cylindre après avoir exercé son action sur le piston, et la renvoyer ensuite dans ce même cylindre. Au lieu de laisser perdre la vapeur dans l'air ou dans le condenseur, on peut lui restituer, au moyen d'un foyer, la chaleur qu'elle a perdue, de manière à la ramener à la tension qu'elle possédait lorsqu'elle opérait dans le cylindre le refoulement du piston. La force élastique de la vapeur d'eau croît très rapidement avec la température, de telle sorte que, lorsqu'elle est portée au-dessus de 100 degrés, elle n'a plus besoin que d'un petit nombre de degrés de chaleur pour acquérir une tension très considérable. On réaliserait donc une grande économie si l'on pouvait conserver toujours dans une machine la même vapeur, en lui restituant le calorique qu'elle a perdu après chaque coup de piston, et la rendant ainsi propre à recommencer continuellement ce même effet. C'est en cela que réside le principe des nouvelles machines à vapeur dite *régénérée*.

La pensée de restituer à la vapeur le calorique qu'elle a perdu pendant qu'elle exerçait sur le piston son action mécanique, préoccupe depuis bien longtemps les physiciens. C'est sur un principe tout à fait analogue que Montgolfier, à la fin du dernier siècle, avait essayé de construire une machine qu'il désignait sous le nom de *pyro-bélier*. Un volume d'air, limité, était dilaté par l'action de la chaleur; par sa pression, cet air dilaté soulevait une colonne d'eau; on rendait ensuite à cette même masse d'air refroidie le calorique qu'elle avait perdu; de nouveau dilatée par la chaleur, elle soulevait encore la colonne d'eau, et ainsi indéfiniment. En 1806, Joseph Niepce, le créateur de la photographie, avait construit, avec l'aide de son frère, un appareil qu'ils désignaient sous le nom de *pyréolophore*, et dans lequel l'air brusquement chauffé devait produire les effets de la vapeur. De son côté, l'illustre inventeur des chaudières tubulaires, M. Séguin aîné, neveu de Montgolfier, n'a jamais cessé de suivre la même pensée. Dès l'année 1838, M. Séguin s'était occupé d'employer la vapeur dans ces conditions, et, le 3 janvier 1855, il a présenté à l'Académie des sciences son curieux projet de *machine à vapeur pulmonaire*, par laquelle il espère parvenir à restituer à la vapeur, avec d'immenses avantages, la chaleur qu'elle a perdue après chaque expansion périodique. Enfin un ingénieur prussien établi en Angleterre, M. Siemens, construisit, il y a peu d'années, un appareil fondé sur le principe du réchauffement de la vapeur refroidie et détendue. Comme ce dernier système avait réalisé une économie de près des deux tiers du combustible, le modèle de M. Siemens fut exécuté en Angleterre par MM. Fox et Henderson sur une machine de la force de 100 chevaux.

C'est un appareil de ce genre que l'on voyait à l'Exposition universelle, parmi les machines anglaises.

La machine à *vapeur régénérée* de M. Siemens, de la force

nominale de 40 chevaux, avait été construite par MM. Hick et fils à Bolton. A côté du cylindre à vapeur se trouvent disposés deux autres cylindres plus petits. En sortant du grand cylindre où elle a exercé son action sur le piston, la vapeur est ramenée, en traversant des toiles métalliques, au fond de deux cylindres plus petits directement échauffés par la flamme de deux foyers. La vapeur détendue dans le grand cylindre, dont le piston a un diamètre double de celui des pistons travailleurs, revient dans l'un ou l'autre des cylindres réchauffeurs, selon qu'elle a agi au-dessus ou au-dessous du grand piston. Dans cette machine, la vapeur passe successivement de cinq atmosphères, tension qu'elle atteint dans le fond des cylindres, à une atmosphère, tension à laquelle elle est réduite dans le grand cylindre, d'abord par son refroidissement à travers les toiles métalliques, et ensuite par l'augmentation de volume due au diamètre du cylindre régénérateur. Les tiges des trois pistons viennent s'articuler sur une même manivelle

On voit tout de suite l'extrême analogie qui existe entre la tentative de M. Siemens et celle de MM. Franchot et Ericsson. Ces derniers emploient toujours la même masse d'air alternativement échauffée et refroidie; M. Siemens emploie toujours la même vapeur alternativement réchauffée et refroidie. Dans ces deux genres de machines, on obtient donc le mouvement par le changement successif de température et de volume d'un même gaz qu'on échauffe et qu'on refroidit tour à tour, et le moyen employé pour soustraire le calorique est le même dans les deux appareils, puisqu'il consiste dans l'interposition de toiles métalliques que traverse le gaz échauffé.

La remarque critique que nous avons faite à propos des machines à air chaud de MM. Ericsson et Franchot, s'applique évidemment à l'appareil de M. Siemens. Dans la machine à *vapeur régénérée* de M. Siemens, on expose des cylindres métalliques à des températures élevées. Il est à craindre que le métal ainsi exposé directement et à nu à l'action du feu, ne subisse au bout de peu de temps de sérieuses avaries, une altération de structure qui dérange l'ajustage et mette le cylindre hors de service. L'espace considérable occupée par la machine de M. Siemens, qui est fort *encombrante*, comme celle d'Éricsson, est une difficulté secondaire qui se rapporte à son emploi. Nous le répétons, c'est à l'avenir à prononcer sur la destinée de tous ces nouveaux et curieux mécanismes. Nous devons dire toutefois que, jusqu'à ce moment, la pratique ne paraît pas avoir justifié l'espoir qu'avait fait concevoir la machine de M. Siemens, pendant qu'elle fonctionnait dans la galerie de l'Annexe.

Après les machines à *vapeur réchauffée*, nous pouvons dire quelques mots des machines à vapeur *surchauffée*, c'est-à-dire dirigée, après sa formation, à travers un foyer pour y acquérir une tension considérable par l'accumulation du calorique.

L'idée des machines à *vapeur surchauffée* qui sont aujourd'hui tout à fait à leurs débuts, est venue pour la première fois à la suite des belles expériences de M. Boutigny sur l'état sphéroïdal de l'eau. Ses idées furent développées et appliquées d'abord par M. Testud de Beauregard, qui n'obtint pourtant aucun succès pratique. Plus tard, MM. Galy-Cazalat et Isoard, se sont surtout distingués dans cette voie. Ce dernier mécanicien paraît à la veille d'obtenir d'importants résultats dans l'emploi pratique de la vapeur d'eau portée à des tensions énormes. On peut encore citer comme s'étant occupés avec succès de la même question, MM. Séguin jeune, Belleville de Nancy, Hédiard et Clavière.

Deux Américains, MM. Wathered, avaient présenté à l'Exposition une machine à vapeur surchauffée qui a été peu remarquée et qui méritait pourtant l'attention. Cette machine doit présenter une certaine importance pratique, puisque la marine anglaise en a commandé quelques-unes à l'inventeur pour en faire l'essai.

Dans la machine à *vapeur surchauffée* de MM. Wathered, la vapeur engendrée dans un générateur qui est tubulaire comme celui des locomotives, mais placé verticalement, se divise en deux parties : l'une se rend directement comme à l'ordinaire dans une chambre à vapeur qui précède le cylindre, l'autre est dirigée par un tuyau, dans un serpentin installé dans le *carneau* et dans le dôme de la cheminée. En circulant à travers les spires du serpentin, cette vapeur s'échauffe considérablement et atteint une température de 300 à 400 degrés. Ainsi surchauffée, elle vient se réunir, dans la chambre à vapeur qui précède le cylindre, à la vapeur ordinaire qui est venue directement du générateur. Il résulte de ce mélange de deux vapeurs, que la vapeur surchauffée cède à la vapeur ordinaire une partie de son excès de température; qu'elle vaporise l'eau que cette dernière contenait à l'état liquide, et lui donne une grande tension. Le mélange de ces deux vapeurs entre alors dans le tiroir de distribution et pénètre de là dans les cylindres où elle produit son effet mécanique.

C'est à l'expérience à prononcer sur le point de savoir si les dispositions adoptées par MM. Wathered l'emportent, au point de vue de la pratique, sur celles qui ont été depuis assez longtemps mises en pratique ou proposées par MM. Isoard, Galy-Cazalat, Séguin jeune, Belleville de Nancy, etc.

Les dispositions nouvelles que l'on tend aujourd'hui à donner à la machine à vapeur, et que nous avons exposées avec quelques détails, parce qu'elles représentent le côté véritablement neuf et original de cette question, résultent de vues théoriques d'un ordre élevé, auxquelles les physiciens ont été conduits dans ces derniers temps. D'après une théorie adoptée aujourd'hui par nos savants les plus distingués, la force mécanique propre à un fluide élastique ou à une vapeur, ne serait que la conséquence de la perte de calorique occasionnée par l'expansion de ce gaz ou de cette vapeur. Si un piston s'élève sous l'impulsion de la vapeur d'eau, cet effet mécanique est dû, selon la doctrine nouvelle, à la perte de calorique que la vapeur subit en se dilatant : de telle sorte que la chaleur semblerait se métamorphoser en travail mécanique. Il est certain que quand la vapeur agit sur un piston pour le soulever, elle éprouve un refroidissement considérable, et qu'à sa sortie du cylindre, elle ne contient plus qu'une partie du calorique qu'elle y avait apporté. Le travail mécanique exécuté par la vapeur peut donc être considéré comme la différence entre le calorique que la vapeur présentait à son entrée dans le cylindre et celui qu'elle conserve à sa sortie; ainsi la chaleur semble s'être métamorphosée en mouvement au sein de la machine. *Rien ne se perd, rien ne se crée dans la nature*, cette grande vérité issue des découvertes de la chimie, semble trouver dans les faits empruntés à la physique une confirmation nouvelle. En effet, dans le cas que nous considérons, le calorique de la vapeur n'a point péri, il a seulement changé de nature, il s'est transformé en mouvement.

On remarquera, à l'appui de cette belle explication de l'action mécanique des gaz et des vapeurs, que, si l'on comprime vivement de l'air ou un gaz dans un tube, il se produit de la chaleur et de la lumière. C'est l'effet inverse de ce qui se passe lorsqu'une vapeur échauffée exerce une action mécanique : la vapeur se dilate et elle se refroidit. Dans le premier cas, le calorique prend naissance par la condensation du gaz; dans le second, le calorique se perd par la dilatation de la vapeur.

C'est Montgolfier qui a, le premier, émis cette haute pensée, que la force mécanique développée par les machines à vapeur, dépend de la perte de calorique que la vapeur subit en se dilatant dans le vide. Repoussée d'abord par les physiciens, cette théorie fut exposée d'une manière très nette par son illustre neveu, M. Séguin aîné, qui, convaincu que l'effort mécanique produit par la pression d'un gaz peut être représenté par la chaleur qu'il perd en se dilatant, arriva à mesurer tout effet mécanique par une quantité de chaleur correspondante. Partant de ce principe que l'abaissement de température qu'un gaz subit en se dilatant et en faisant effort contre les parois qui le renferment ou le piston qu'il pousse, devait être représenté (sauf les pertes résultant du contact, du rayonnement ou d'autres causes), par l'effort mécanique produit, et que cet effort devait pouvoir servir de mesure à la chaleur perdue, comme la chaleur perdue à l'effort mécanique, M. Séguin compara, dans une série d'expériences, les abaissements de température, ou pertes de chaleur avec les quantités correspondantes de travail produit. Il arriva ainsi à déterminer expérimentalement l'équivalent mécanique de la chaleur, et à établir que le calorique qui élève d'un degré la température de 1 gramme d'eau, est représenté par un poids de 440 grammes environ élevés à la hauteur d'un mètre.

La théorie mécanique de la chaleur a été confirmée, depuis les travaux de M. Séguin, par les calculs d'un grand nombre de physiciens éminents, en particulier par MM. Regnault, Joule, Thomson et Renkine. Le chiffre de l'équivalent mécanique de la chaleur donné par M. Séguin (440 grammes) s'accorde même, autant qu'on peut l'espérer, avec les chiffres donnés plus tard par MM. Mayer, Joule et Hirn. Aussi paraît-il bien difficile de révoquer en doute la vérité de cette séduisante théorie. Seulement, si on l'admet comme rigoureusement exacte, on est conduit à une conclusion véritablement désespérante en ce qui concerne la valeur pratique de nos machines à vapeur actuelles. Il résulterait, en effet, des calculs exécutés par M. Regnault, en partant de cette théorie de l'assimilation de la chaleur au travail mécanique, que nos meilleures machines à vapeur n'utiliseraient que le *quarantième* de la chaleur transmise à l'eau par le foyer quand il s'agit de machines sans condenseur, et le *vingtième* quand il s'agit de machines à condenseur. Ainsi nos machines à vapeur actuelles ne représenteraient guère que l'enfance de l'art. Voici, en effet, en quels termes M. Regnault exprime lui-même ces résultats : « Dans une machine à détente » sans condensation, où la vapeur pénètre à 5 atmosphères et » sort sous la pression d'une atmosphère, la quantité de chaleur » utilisée par le travail mécanique est seulement *un quarantième de la chaleur donnée à la chaudière*..... Dans une » machine à condensation, recevant de la vapeur à 5 atmosphères, et dont le condenseur présenterait une force élastique de 55 millimètres de mercure, l'action mécanique est un » peu plus du *vingtième* de la chaleur donnée à la chaudière. »

Nous devons ajouter cependant que M. Siemens, dans son Mémoire sur la *conversion de la chaleur en effet mécanique*, donne un chiffre beaucoup moins affligeant que celui de M. Regnault, puisqu'il admet que nos machines utilisent le *sixième* du calorique dégagé par le foyer. Quoi qu'il en soit de ces divergences sur le chiffre, tous nos physiciens s'accordent aujourd'hui à reconnaître, en fait, que l'on n'utilise dans les machines à vapeur actuelles qu'une très faible partie de la force vive produite par le combustible du foyer dans nos machines à vapeur. Il y a donc de grands perfectionnements à réaliser pour tirer un plus utile parti du calorique, et l'on ne peut qu'applaudir à la tendance qui existe aujourd'hui à créer des machines nouvelles où la vapeur reprendrait, après chacune de ses impulsions périodiques, le calorique qu'elle a perdu. Là est donc le progrès dans cette grande question de l'emploi économique de la vapeur, et il est heureux que l'industrie se montre disposée à entrer dans la voie même qu'ont signalée les travaux de nos savants.

MACHINES DE NAVIGATION.

Les machines de navigation qui figuraient à l'Exposition universelle étaient de beaucoup inférieures en nombre aux machines fixes, circonstance d'ailleurs facile à expliquer, puisqu'il ne s'agit ici que d'une application spéciale de la vapeur. Cependant, elles étaient toutes dignes d'être mentionnées, et malgré leur petit nombre, elles avaient l'avantage de représenter presque tous les types de machines employées pour cet usage. Elles pourront donc nous permettre de signaler ici les principes qui sont adoptés en ce moment pour appliquer la puissance de la vapeur à la navigation.

Les détails dans lesquels nous sommes précédemment entré relativement aux machines à vapeur en général, nous permettront d'être bref sur le sujet particulier qui va nous occuper. Il n'existe pas, en effet, et il ne peut exister de différence importante entre les machines fixes des ateliers et celles qui servent à la navigation. Les premières machines à vapeur qui furent placées à bord des bateaux, n'offraient aucune différence essentielle avec celles qui servaient à la même époque comme machines fixes dans les usines : c'était la machine ordinaire de Watt à double effet et à condensation. Seulement, on employait sur chaque bateau deux machines, chacune d'elles étant consacrée à agir sur l'une des roues du bâtiment au moyen de l'arbre moteur. Comme le balancier qui fait partie de la machine de Watt aurait gêné à bord des bateaux, en raison de sa hauteur et de ses dimensions, on le plaçait à la partie inférieure de l'appareil, grâce à un renvoi de mouvement. Ainsi disposée, la machine de Watt a suffi pendant un temps considérable, aux besoins de la navigation fluviale et maritime. La chaudière seule présentait dans son installation et dans ses dispositions intérieures une différence avec les chaudières des machines fixes. Mais une révolution importante s'est opérée de nos jours dans le système moteur des navires de mer : l'hélice a remplacé les roues à aubes, et ce changement apporté au moteur qui agit au sein du liquide, a amené des modifications correspondantes dans la manière d'appliquer la vapeur à bord des navires. En examinant les différents appareils présentés à l'Exposition par les constructeurs français et étrangers, nous pourrons faire connaître les dispositions qui sont actuellement en usage pour les machines de navigation.

Il suffisait, par exemple, d'examiner la belle machine à hélice exposée par M. Gâche aîné, habile et très ancien constructeur de Nantes, pour comprendre le système qui est aujourd'hui adopté dans les machines à vapeur destinées à la navigation. L'énorme balancier, qui servait à transmettre le mouvement sur les bateaux mis en action par des roues, est supprimé depuis qu'il ne s'agit que de mettre en mouvement une hélice fixée à l'extrémité de l'arbre moteur.

Le système adopté par M. Gâche, et qui est d'ailleurs assez généralement employé depuis quatre ou cinq ans par les constructeurs des divers pays, est le résultat d'un emprunt heureux fait au type mécanique des locomotives. On sait que, pour mettre en action les roues d'une locomotive, on se sert simplement de la tige du piston, qui vient agir, au moyen d'une bielle, sur la manivelle de l'arbre moteur qui fait tourner les roues; avec deux machines agissant alternativement sur chacune des roues opposées, on met en mouvement la locomotive. Cette disposition, où tout engrenage est supprimé, et où la roue de la locomotive fait elle-même fonction de volant, a été plusieurs fois appliquée avec de grands avantages aux machines à vapeur. Mais l'une des applications les plus précieuses que l'on ait faites du type des locomotives, est assurément celle qui a été réalisée sur les bâtiments à hélice.

Dans la belle machine qui avait été envoyée à l'Exposition par M. Gâche, et qui représentait le modèle des machines de navigation qui sortent en si grand nombre de ses ateliers, on fait usage de deux cylindres à vapeur inclinés l'un vis-à-vis de l'autre, sous un angle d'environ 45 degrés; les deux pistons de ces cylindres transmettent ensemble le mouvement à l'arbre moteur coudé qui porte l'hélice à son extrémité. Rien de plus simple et de mieux entendu que cette disposition qui, en économisant l'espace, si précieux à bord des navires, offre encore l'avantage d'une grande régularité dans le mouvement.

La machine de M. Gâche, de la force de 60 chevaux, est à condensation, comme l'immense majorité des machines de navigation. Les pompes destinées à l'alimentation de la chaudière, celles qui dirigent l'eau dans le condenseur, et le condenseur lui-même, sont placés verticalement au milieu de l'appareil, au-dessus des manivelles de l'arbre moteur.

En raison du faible volume de l'appareil entier, la machine de M. Gâche se place presque à l'extrémité du navire, dans l'espace rétréci que forme en s'évidant l'arrière de la coque. L'excès de poids qui résulte de la situation de la machine dans cette partie du navire, est compensé par le chargement des marchandises qui répartit le poids d'une manière égale sur toute la coque, et empêche le navire de plonger par l'arrière, ce qui ne manquerait pas d'arriver, si le navire était vide.

A côté de la belle machine à condenseur que nous venons de décrire, M. Gâche avait placé une machine plus petite et d'une autre construction. C'était une machine de 25 chevaux à haute pression et sans condenseur, pour les bateaux de rivière. On sait que les machines à haute pression ne sont que d'un emploi fort rare pour la navigation, où l'eau nécessaire à la condensation ne fait, naturellement, jamais défaut. L'emploi d'une machine à haute pression ne peut avoir d'autre avantage, dans ce cas, que de diminuer le poids de l'appareil moteur; mais il est difficile que cette circonstance offre assez d'importance pour faire renoncer à la perte de force qu'amène la suppression du condenseur.

Les deux machines de M. Gâche dont nous venons de parler étaient remarquables par le soin et le fini de leur exécution. Au reste, l'expérience a depuis longtemps prononcé sur le mérite de cet habile constructeur, qui a puissamment contribué à perfectionner, en France, la navigation par la vapeur. L'établissement de M. Gâche date de 1832, et occupe l'un des premiers rangs dans notre pays. Le Rhône, l'Allier, la Moselle, la Meurthe, le Necker (Wurtemberg), le Weser, le Danube, le Mein, sont desservis par des bateaux sortis de ses chantiers. Depuis 1844, M. Gâche a construit 85 bateaux à vapeur pour la navigation fluviale et 42 machines marines. Des ateliers de cet habile constructeur sont sortis les trois bateaux *Paris et Londres*, nos 1, 2 et 3, de la force de 26 chevaux, qui, avec des machines du système dont nous avons donné la description plus haut, ont résolu, après des essais si longtemps infructueux, le problème de la navigation maritime jusqu'à Paris.

On reproche au système adopté par M. Gâche et par les constructeurs qui en font également usage, de faire porter tout le poids de la machine sur une seule partie du navire, et d'exposer ainsi la coque à de graves déformations. Bien que l'expérience semble avoir fait justice de ces appréhensions, elles continuent néanmoins à être invoquées, et si l'on en doutait, il suffirait d'examiner la grande machine destinée à la navigation sur l'Èbre, et qui avait été amenée à l'Exposition des magnifiques ateliers de M. Schneider, du Creusot. Dans cette machine, tout a été calculé pour répartir le poids de l'appareil à vapeur sur la plus grande étendue possible; toutes les pièces, toutes les bielles, tiges et renvois de mouvement, s'allongent afin de disséminer la charge sur la coque du bateau. Pour accorder volontairement un tel espace à l'installation d'une machine, il faut obéir à des raisons bien déterminantes; nous n'oserions donc prendre parti dans cette question, et combattre, sur ce point très controversé, les ingénieurs du Creusot. C'est à l'expérience ultérieure à prononcer sur ce grave désaccord. Contentons-nous de dire ici que la machine exposée par M. Schneider n'offrait rien de neuf dans ses dispositions. Elle représentait une sorte de type des machines pour la navigation fluviale que le Creusot construit depuis 1840.

Comme la plupart des machines qui mettent en mouvement les bateaux de nos rivières, la machine du Creusot est à condenseur. Deux cylindres horizontaux agissent directement sur une bielle qui met en action l'arbre des roues. De la force de 30 chevaux, elle est cependant susceptible d'augmenter de puissance pour franchir les courants rapides qui se rencontrent, particularité utile, et qui fait trop souvent défaut aux machines ordinaires de rivières.

La machine du Creusot était destinée, comme nous l'avons dit plus haut, à un service de voyageurs sur l'Ebre en Espagne. L'œil était presque effrayé de la légèreté de tout l'appareil mécanique, mais on se rassurait en lisant sur l'inscription que c'était la 193e machine du même système de construction sortie des ateliers du Creusot.

Nous ne nous étendrons pas sur la parfaite exécution de tous les détails de la machine envoyée à l'Exposition par M. Schneider; les ateliers du Creusot n'ont pas besoin d'un tel éloge (1).

Ce qui frappe dans les machines françaises que nous venons d'examiner, c'est leur simplicité admirable. Si précieuse en toute occasion, cette qualité est plus à rechercher encore lorsqu'il s'agit d'appareils mécaniques livrés à tous les hasards des navigations lointaines, et qui ne doivent pas exiger des mains très habiles pour leur mise en train ou leurs réparations. Cette simplicité qui distingue les machines de nos constructeurs, faisait entièrement défaut dans les modèles qui avaient été adressés à l'Exposition par les constructeurs anglais, et particulièrement dans la machine du *Simla*, construite à Glasgow, par MM. Todd et Mac-Grégor. Il est impossible de voir un système plus compliqué : le nombre prodigieux d'organes secondaires qu'elle renferme, la font ressembler plutôt à un mécanisme d'horlogerie qu'à une machine à vapeur. L'appareil moteur du *Simla* est sans doute excellent et fonctionne avec une régularité parfaite, comme toutes machines construites avec beaucoup de soin, mais on ne peut s'empêcher, après en avoir admiré le jeu compliqué et savant, de reporter les yeux vers les simples et élégants appareils des constructeurs de notre pays; *sancta simplicitas!*

Le modèle précédent n'était qu'une réduction de la machine du grand steamer à hélice, le *Simla*, qui appartient à une compagnie de paquebots britanniques. Il se compose de deux

(1) L'établissement du Creusot est aujourd'hui la plus vaste usine à fer d'Europe et peut-être du monde, sans en excepter les célèbres ateliers belges de Seraing, près de Liége. Hauts fourneaux, fonderies, laminoirs, forges aux grosses pièces, houillières, fabrication de coke, ateliers pour la construction des machines, chantiers pour les navires de fer : tout est réuni au Creusot dans des proportions gigantesques. L'usine possède 94 machines à vapeur d'une puissance collective de 3,500 chevaux. Le nombre des employés dans les ateliers dépasse 5,000, et autour des usines une ville de 14,000 âmes a remplacé le hameau ignoré qui seul occupait, il y a un siècle, le fond de la vallée. Les affaires annuelles de l'usine représentent une valeur de 25 millions, et occupent 7,000 ouvriers.

cylindres verticaux placés au-dessous de l'arbre moteur. Le piston de chacun de ces cylindres porte à sa partie supérieure quatre tiges qui se réunissent en haut pour s'articuler avec une bielle qui, elle-même, transmet le mouvement à l'arbre de l'hélice. Cette disposition a été imaginée afin de diminuer l'espace occupé par cette partie de l'appareil. Cette machine est à condenseur, et sa détente est réglée par la main de l'ouvrier, comme dans toutes les machines de navigation où la variation trop grande dans l'intensité de la force ne permet point de faire marcher la détente par la machine elle-même, comme dans les machines fixes.

Près de la machine du *Simla* on voyait le modèle d'une autre machine de bâtiment à hélice, le *Wonder*, construit par MM. Seaward et Capel, de Londres; ce modèle était d'une force de 30 chevaux, mais la machine réelle est de la puissance de 1,000 chevaux-vapeur.

La machine employée à bord du *Wonder* montre bien quelle singulière variété de dispositions on peut adopter pour mettre en pratique l'action mécanique de la vapeur; elle jetterait dans un grand embarras les personnes qui voudraient soumettre à une classification rigoureuse les machines à vapeur actuellement en usage. L'appareil mécanique du *Wonder* n'est, en effet, rien autre chose que l'ancienne machine de Newcomen, ou la machine à simple effet, qui était employée au siècle dernier, en Angleterre, pour l'épuisement de l'eau dans les mines, et qui, après avoir été perfectionnée d'une manière étonnante par les ingénieurs anglais, fonctionne aujourd'hui avec un si remarquable succès pour l'épuisement des eaux dans les mines de houille, sous le nom de *machine du Cornouailles*.

La machine du *Wonder* n'est donc qu'un machine à simple effet, fort peu différente de celle qui était en usage il y a plus d'un siècle; seulement, au lieu d'un cylindre unique, il y a trois cylindres à vapeur qui sont placés au-dessous de l'arbre moteur de l'hélice. Les pistons de ces trois cylindres agissent alternativement sur l'arbre au moyen de manivelles. Ces trois cylindres, ainsi que le système à simple effet, ont été adoptés pour réduire l'espace occupé par la machine. Mais ce retour aux machines à vapeur à simple effet peut être signalé comme une singularité mécanique, nullement comme un progrès ou un exemple à suivre.

L'Exposition universelle avait reçu de la Hollande une petite machine de navigation construite dans le système adopté par M. Gâche, mais beaucoup moins soignée, dans son exécution, que celles que nous devons à ce dernier constructeur. C'est une machine à hélice exécutée par MM. P. Van Wlissingen et Dudok Van Heel, à Amsterdam, associés de MM. Derosne et Cail, de Paris. Elle appartient complétement au type des locomotives, et l'analogie est même poussée bien plus loin que dans les machines de M. Gâche, car si l'appareil n'était pas vu en place, au-dessus de son hélice, on pourrait, jusqu'à un certain point, le prendre pour l'appareil moteur d'une locomotive, ou du moins d'une locomobile. L'inclinaison des cylindres, le mode de renversement de la vapeur par deux excentriques agissant l'un ou l'autre pour changer la distribution de la vapeur dans les cylindres, et par conséquent pour faire varier la direction du mouvement, tout concourt à rappeler le type complet de la locomotive, emprunt fort heureux d'ailleurs dans ce cas spécial, puisqu'il permet de réduire aux plus faibles dimensions un système mécanique qui occupait autrefois sur les navires une espace si considérable.

La machine à vapeur hollandaise se compose de deux cylindres placés du même côté, et inclinés sur l'arbre à environ 30 degrés; les pistons agissent directement sur un arbre moteur par un levier coudé; cet arbre, mis directement en mouvement, par les pistons à vapeur, porte une roue qui met en mouvement, par une seconde roue dentée, l'hélice placée au sein du liquide.

Ce système diffère peu, comme on le voit, de celui qui est employé par M. Gâche, de Nantes. Dans les bateaux construits par ce dernier, les deux cylindres sont placés en regard l'un de l'autre et inclinés sur l'arbre moteur à un angle de 45 degrés. Ici les deux cylindres sont placés du même côté et agissent, comme dans les machines de M. Gâche, pour mettre en action, par un levier coudé, l'arbre moteur. La disposition employée par M. Gâche est plus élégante, mais elle nécessite plus d'espace. Dans l'appareil hollandais, la machine est, au contraire, réduite au volume le plus faible que puisse occuper sur un navire le mécanisme à vapeur. Nous ne croyons pas cependant que cette considération doive suffire pour assurer la supériorité à ce dernier système. L'appareil n'étant pas exactement symétrique, son centre de gravité doit difficilement coïncider avec la ligne médiane, ou l'axe du navire, d'où résulte la nécessité de charger le côté opposé par des poids convenables, afin de remédier au défaut d'équilibre de tout le système; ou bien, comme on le voit sur le modèle de l'Exposition, d'employer un ensemble de roues dentées, addition vicieuse en elle-même, et qui n'est destinée qu'à ramener à un point convenable le centre de gravité de l'appareil. Tout considéré, les dispositions adoptées par M. Gâche nous paraissent bien supérieures à celles employées par le constructeur hollandais pour l'application du type des locomotives aux machines de navigation.

Tout à l'extrémité de l'Annexe, près de la porte de sortie, on a pu admirer le chef-d'œuvre de l'Exposition universelle en ce qui concerne la mécanique à vapeur appliquée à la navigation. C'était une machine à hélice de la force de 30 chevaux, construite par M. Carslund, dans l'usine de Motala, en Suède. Cette vaste usine, récemment créée en Suède, fabrique une grande quantité de machines pour les bateaux à vapeur, et vingt machines pareilles à celle de l'Exposition sont en ce moment en construction dans ses chantiers.

Rien n'est plus simple, plus élégant et mieux approprié à son usage que cette machine des ateliers suédois. Comme sur les bateaux de M. Gâche, l'appareil est installé à l'extrémité arrière du navire, dans la partie inférieure et rétrécie de la carène, car le précepte de répartir sur la coque le poids de l'appareil mécanique ne préoccupe pas aussi vivement les constructeurs du Nord que nos ingénieurs du Creusot. Il est probable qu'ils savent prévenir par des moyens de consolidation et des armatures convenables, la déformation de la coque surchargée sur un seul point. L'appareil moteur se compose de deux cylindres inclinés l'un sur l'autre à environ 45 degrés, comme dans les machines de M. Gâche. Les pistons de ces cylindres transmettent leur mouvement par deux bielles à l'arbre porte-hélice. La machine est à haute pression, à condenseur et à détente variable par la main de l'ouvrier. Le système de condensation est d'une élégance et d'une simplicité toutes particulières. Voici comment il est disposé. Aux quatre coins des paliers de l'arbre moteur, se trouvent quatre petites pompes d'un diamètre égal et placées symétriquement. Deux de ces pompes sont destinées à refouler l'eau dans le condenseur, les deux autres servent à l'alimentation de la chaudière. Par une idée fort ingénieuse, les plongeurs de deux de ces pompes servent eux-mêmes de guides à la tige du piston à vapeur, ce qui dispense d'employer des glissières pour diriger le piston dans son mouvement. Quant au condenseur lui-même, c'est une mince caisse rectangulaire, se pliant, par sa forme, à la partie inférieure du navire, et servant même de plaque de fondation à la machine. On remarque aussi, dans ce modèle, un système très ingénieux pour admettre la vapeur et régler la détente dans le cylindre; c'est un double tiroir mû par l'ouvrier à l'aide d'une tige : l'un de ces tiroirs sert à introduire la vapeur, l'autre à régler sa détente.

En résumé, les machines de navigation construites dans le système Carlsund diffèrent des machines du même genre construites jusqu'ici par les particularités suivantes :

1° Leur forme, qui est à peu près la même que celle du fond du vaisseau;

2° Le peu d'espace qu'elles occupent sur la longueur du vaisseau;

3° Leur légèreté;

4° La construction nouvelle de leurs pistons qui offre à la fois une grande résistance et beaucoup de légèreté;

5° La construction des quatre plongeurs, servant en même temps de pompes à air, de guides aux pistons, et, si on le veut, de pompes alimentaires à la chaudière;

6° La manière de changer la marche de la machine;

7° Celle de varier le degré de la détente.

Telles sont les particularités nouvelles que présente la belle machine sortie des ateliers suédois. On peut ajouter que, pour la perfection et le fini, ces différentes pièces ne laissent absolument rien à désirer. « Examinée avec soin, dit le Rapport » officiel du Jury de l'Exposition, elle fourmille de détails aussi » ingénieux que bien exécutés. » Enfin son prix, singulièrement modéré (1000 francs par force de cheval), doit entrer comme élément sérieux dans son appréciation. A tous ces titres, la machine de Motala tenait le premier rang à l'Exposition universelle parmi les machines de navigation. Aussi a-t-elle obtenu du Jury international de l'Exposition la *grande médaille d'honneur*. Les constructeurs anglais et français trouveront dans cette décision du Jury, d'ailleurs hautement justifiée, un motif sérieux de réflexions, et leur émulation en sera fructueusement excitée.

LOCOMOTIVES.

Rien n'est plus digne d'intérêt et d'attention que l'histoire des progrès qu'a réalisés, depuis ses débuts jusqu'à l'heure actuelle, la science des chemins de fer. Ce récit offre, d'ailleurs, une utilité particulière en ce qu'il nous montre, mieux que tout autre peut-être, la puissance de l'esprit d'invention qui caractérise notre époque. Cette fabuleuse vitesse avec laquelle sont emportés les convois de voyageurs, cette énorme puissance de traction qui permet à une seule machine de remorquer, dans les trains de marchandises, des poids d'un effrayant tonnage, et, avec tout cela, l'étonnante souplesse de ce merveilleux moteur, qui, malgré sa puissance, ne cesse jamais d'obéir, comme un coursier docile, à la main qui le guide, et de se plier avec une singulière douceur aux mouvements les plus délicats qui lui sont commandés, toutes ces merveilles réunies de la science, de l'industrie et de l'art, ont été accomplies dans le court espace de vingt-cinq ans. C'est, en effet, dans le seul intervalle qui s'étend de l'année 1830 à l'époque actuelle que la locomotive a été créée et qu'elle a reçu les perfectionnements successifs dont nous admirons aujourd'hui les résultats.

En disant que l'invention de la locomotive actuelle ne remonte pas au delà de l'année 1830, nous nous écartons sans doute des notions généralement reçues. Tout le monde a lu, dans divers ouvrages, la liste, maintenue par l'incurie des écrivains qui se copient les uns les autres, des nombreux mécaniciens qui semblent avoir des droits aux honneurs de l'invention ou du perfectionnement de la locomotive. On invoque à ce sujet les travaux de tous les ingénieurs qui ont touché, avec plus de maladresse que de bonheur, à cette matière importante, depuis ce pauvre Cugnot, qui prétendait appliquer à la locomotion la machine à vapeur, qui n'était pas encore entièrement créée, jusqu'à M. Brunton qui adaptait aux rails un système mécanique destiné à triompher d'un obstacle qui n'existait pas. On tomberait dans une grave erreur de critique historique en accordant la moindre importance à ces premiers essais. Sans doute, avant l'année 1829 ou 1830, on avait tenté de résoudre le problème, posé depuis longtemps, d'appliquer la puissance de la vapeur aux transports sur les voies ferrées. Les rails disposés le long des chemins pour faciliter le tirage en diminuant le frottement des roues, étaient en usage depuis deux siècles dans les mines de la Grande-Bretagne, et, d'un autre côté, la machine à vapeur constituait le moteur le plus puissant que l'on eût connu jusqu'à cette époque. La pensée de consacrer la machine à vapeur à traîner les fardeaux sur les chemins de fer, était donc naturellement et depuis longtemps l'objet des préoccupations des mécaniciens. Mais, jusqu'à l'année 1829, rien de sérieux n'avait encore été obtenu dans cette direction, et les premières tenta tives faites avant cette époque étaient demeurées absolument sans résultat, et peuvent à peine être considérées comme un prélude efficace à cette grande découverte. C'est ainsi qu'en 1815 on se servait, pour traîner les convois de charbon sur un chemin de fer de sept lieues d'étendue, établi entre Darlington et Stockton, d'une sorte de locomotive construite par George Stephenson et Dodd. Mais cet appareil n'était qu'une très imparfaite ébauche, car il ne marchait qu'avec la vitesse d'une lieue et demie à l'heure, et il pouvait à peine lutter contre le roulage.

La cause de l'insuffisance absolue des locomotives que l'on avait essayé de construire jusqu'à l'année 1830 est facile à comprendre. La puissance d'une machine à vapeur dépend de la quantité de vapeur que peut fournir la chaudière. Or, par les dispositions que l'on donnait alors aux chaudières, il était impossible d'obtenir, avec un générateur d'un faible volume, la quantité de vapeur suffisante pour produire l'effet mécanique nécessaire dans ce cas spécial. La locomotive n'a été véritablement créée que le jour où l'on a trouvé le moyen de former, avec une chaudière de dimensions médiocres, une masse prodigieuse de vapeur. C'est dans l'année 1829 que cette découverte capitale a été faite, ou, si l'on veut, appliquée aux locomotives. C'est donc à cette époque qu'il faut rapporter la création de la locomotive actuelle.

C'est le 6 octobre 1829, sur le plateau de Rainhill, aux environs de Liverpool, que l'on vit pour la première fois fonctionner un appareil de locomotion par la vapeur, offrant les conditions que l'on trouve réalisées dans les machines actuelles. On venait de terminer la construction du chemin de fer de Liverpool à Manchester, le premier railway qui ait été consacré en Europe au service des voyageurs. Comme on ne l'avait construit, dans l'origine, qu'en vue de le consacrer au transport des marchandises, il devait être desservi par des machines fixes, à l'instar de celles qui étaient employées à traîner, dans les mines, les wagons chargés de houille. Mais, au moment de le mettre en activité, on eut la pensée de substituer aux machines fixes des machines locomotives. Seulement, comme on était peu satisfait des machines de ce genre qui existaient à cette époque, les directeurs du chemin de fer de Liverpool prirent le parti d'ouvrir un concours public, où les constructeurs de tous les pays furent appelés à présenter des modèles nouveaux de locomotives applicables au futur railway.

A la suite des épreuves auxquelles furent soumises cinq locomotives présentées par des constructeurs anglais, le prix fut décerné à la *Fusée* de Stephenson, qui, sur un plan horizontal, avait remorqué, avec une vitesse de près de six lieues à l'heure, un poids de douze tonnes quinze quintaux (12,942 kilogrammes) et qui, sans aucune charge, avait réalisé une vitesse de près de dix lieues à l'heure.

A quelles dispositions nouvelles Stephenson avait-il dû un si remarquable résultat, et comment les machines locomotives qui, peu d'années auparavant, parvenaient à peine à traîner un convoi en faisant deux lieues à l'heure, purent-elles atteindre à une telle vitesse ? La puissance d'une machine à vapeur dépend, avons-nous dit, de la quantité de vapeur fournie dans un temps donné par la chaudière. La locomotive de Stephenson marchait avec une rapidité prodigieuse, parce que sa chaudière fournissait une quantité prodigieuse de vapeur.

Mais, par quel artifice, inconnu jusque-là, la locomotive de Stephenson pouvait-elle former cette masse de vapeur? Il importe de le bien expliquer, car là est tout le secret de la puissance de la locomotive actuelle.

La quantité de vapeur fournie par une chaudière est proportionnelle à l'étendue de la surface que la chaudière présente à l'action du feu. Dans la disposition anciennement adoptée pour la construction des générateurs, la surface du métal exposée à l'action du calorique était très faible relativement à la masse de l'eau échauffée; cette surface était insuffisante pour donner la quantité de vapeur nécessaire à la puissante action mécanique

que l'on devait produire pour traîner de lourds convois sur une route ferrée.

C'est pour résoudre ce problème capital d'augmenter la quantité de vapeur fournie par une chaudière sans trop accroître ses dimensions, que M. Séguin aîné, alors directeur du chemin de fer de Saint-Étienne à Lyon, imagina, en 1827, la *chaudière tubulaire*. Après de nombreuses expériences sur les moyens propres à augmenter la puissance de vaporisation d'une chaudière à vapeur, M. Séguin s'était arrêté à l'idée de faire traverser le générateur contenant l'eau à vaporiser par un grand nombre de tubes de petit diamètre et de faible épaisseur. On parvenait, par cette simple et élégante disposition, à augmenter, dans une proportion considérable, la surface exposée à l'action du calorique. En effet, les gaz qui proviennent de la combustion, dans le foyer, en traversant ces tubes, vaporisent rapidement l'eau qui remplit leurs intervalles, et provoquent, dans un temps très court, la formation d'une énorme quantité de vapeur. Stephenson avait adopté pour sa locomotive la chaudière tubulaire, découverte, deux années auparavant, par M. Séguin; la chaudière de la *Fusée*, de 1^{m},73 de longueur, était traversée par vingt-cinq tubes de 7 centimètres de diamètre. Là était la première et la principale cause de la puissance mécanique de la locomotive de Stephenson.

Mais la *Fusée* de Stephenson offrait une seconde disposition nouvelle qui concourait, presque à l'égal de la précédente, à sa puissance mécanique : c'était le *tuyau soufflant*. La vapeur sortant des cylindres, au lieu d'être perdue dans l'air comme dans les machines ordinaires à haute pression, était lancée dans la cheminée. Cet artifice a pour résultat d'augmenter l'activité de la combustion du foyer en déterminant un tirage extrêmement énergique. En effet, le courant de vapeur qui sort des cylindres est animé d'une vitesse considérable ; lancé dans la cheminée, il en chasse l'air, et ce mouvement rapide de la vapeur dans la cheminée provoque dans le foyer un appel, c'est-à-dire un tirage excessivement énergique. L'injection, de la vapeur dans la cheminée est un moyen qui contribue tout aussi activement que la forme de la chaudière à la puissance mécanique des locomotives.

Il est impossible de connaître exactement l'auteur de cette idée remarquable dont on a tiré un si grand parti de nos jours. Comme toutes les grandes inventions familières, telles que la balance, le moulin à vent, la charrue, le cadran solaire, le cabestan, la navette du tisserand, les lampes, les phares, le rouet, la manivelle du rémouleur, etc., cette idée semble se perdre dans la nuit des âges écoulés. L'architecte romain, Vitruve, signale dans son ouvrage l'emploi d'un jet de vapeur pour produire un courant d'air, et, d'après lui, Philibert de Lorme, dans son *Architecture*, recommande, pour pousser la fumée dans les cheminées, de placer à quatre ou cinq pieds du foyer un vase sphérique contenant de l'eau en ébullition, lequel, dit-il, « par l'évaporation de l'eau, causera un tel vent qu'il n'y » a si grande fumée qui n'en soit chassée par le dessus (1). »

C'est à un ingénieur français, nommé Mannoury-Dectot, que sont dues les premières notions exactes que l'on ait eues de nos jours sur cet important objet. Après avoir reconnu les propriétés d'*entraînement* que possède un jet rapide d'un fluide quelconque, tel que de l'eau, de l'air ou de la vapeur, cet

(1) Voici le texte de Philibert de Lorme, au chapitre VIII du livre IX de son *Architecture :*

« *Autre remède et invention contre les fumées.* — Par une autre in- » vention, il serait très bon de prendre une pomme de cuivre ou deux, de » la grosseur de 5 à 6 pouces de diamètre, ou plus, et ayant fait un petit » trou par le dessus, les remplir d'eau, puis les mettre dans la cheminée, » à la hauteur de 4 ou 5 pieds ou environ, afin qu'elles se puissent » échauffer quand la chaleur du foyer parviendra jusqu'à elles, et par » l'évaporation de l'eau causera un tel vent qu'il n'y a si grande fumée » qui n'en soit chassée par le dessus. Ladite chose aidera aussi à faire » flamber et allumer le bois étant au feu, ainsi que Vitruve le montre au » sixième chapitre de son premier livre. » (Page 270 bis de l'édition de 1597.) La petite *pomme de cuivre* dont parle ici Philibert de Lorme, n'était autre chose que l'*éolipyle*, instrument de physique amusante, et qui n'a jamais reçu, sous cette forme, aucune application sérieuse.

ingénieur construisit diverses machines qui devaient leur mouvement à un courant d'air rapide, déterminé par l'injection d'un jet de vapeur à haute pression dans un tube d'un plus grand diamètre.

Une de ces machines de Mannoury-Dectot consistait dans une *danaïde* ou sorte de turbine, dont les palettes étaient sollicitées par un rapide courant d'air déterminé par l'injection d'un jet de vapeur à haute pression dans un tube d'un diamètre plus considérable. Cet ingénieur décrit même, dans sa spécification, un *soufflet à vapeur*, formé d'un faisceau de tubes soudés à l'extrémité extérieure d'une buse de forge, et dans chacun desquels s'engage, d'une petite quantité, un tube effilé lançant un jet de vapeur très rapide; les jets de vapeur déterminent un courant d'air dans chaque tube et font entrer une très grande quantité d'air dans la buse, de telle sorte que, suivant l'auteur, « avec sept ajutages à vapeur ayant un orifice d'une demi-ligne » de diamètre, correspondant à un même nombre de tubes de » six lignes de diamètre et un pied de longueur, on formerait » un appareil qui fournirait abondamment le vent à un fourneau » capable de fondre deux mille livres de fonte de fer par » heure. » On peut faire remarquer ici que la disposition des tubes dans lesquels le jet de vapeur détermine la production d'un courant, est exactement celle que l'on emploie encore aujourd'hui pour brûler, par un courant d'air forcé, certains combustibles maigres et très menus sur les grilles des machines fixes (1).

Nous devons ajouter que le physicien Pelletan employa, en 1830, l'injection de la vapeur dans la cheminée pour activer le tirage sur différentes machines à vapeur, et notamment sur le bateau à vapeur *la Ville-de-Sens*, qui faisait le service de la Haute-Seine. Enfin, la même idée était depuis bien longtemps connue en Angleterre; mais personne n'avait encore songé à en tirer parti.

(1) *Guide du mécanicien constructeur de machines locomotives*, par Lechâtellier, Flachat, Petiet et Polonceau, page 12.

L'emploi du jet de vapeur dans la cheminée pour activer le tirage était donc connu de temps presque immémorial; mais George Stephenson eut le mérite de l'appliquer aux locomotives (1). Cette disposition, qui a été depuis cette époque universellement adoptée, constituait la seconde cause de la puissance mécanique et de la vitesse de sa locomotive, la *Fusée*.

Ainsi George Stephenson composa par une suite d'emprunts heureux la machine locomotive. A la France il avait demandé la chaudière tubulaire qui seule pouvait rendre possible l'emploi d'une machine à vapeur sur les chemins de fer; dans le domaine public, en Angleterre, il avait trouvé l'idée du *tuyau soufflant*, le seul mode de tirage qui pût rendre très efficace l'emploi de la chaudière tubulaire. Pour le reste des dispositions, il conserva les organes principaux qui figuraient dans la machine de Trevithick et Vivian, c'est-à-dire dans le premier modèle connu de locomotive que M. Hackworth avait perfectionné avec quelques avantages. Comme Molière, Stephenson prenait son bien où il le trouvait.

En disant que George Stephenson composa, par une suite d'emprunts heureux, la machine locomotive, nous ne prétendons point diminuer sa gloire, ni porter atteinte à la juste reconnaissance que lui devra la postérité. La cité de Liverpool lui a élevé une statue; elle a voulu, par cet imposant hommage, consacrer à jamais le souvenir des services rendus à l'Angleterre par l'un de ses plus illustres enfants. George Stephenson n'était, dans sa jeunesse, qu'un simple ouvrier des mines; mais sous la veste du mineur, il y avait un homme de génie. A force de

(1) Il faut cependant faire remarquer que ce moyen se trouvait aussi employé sur une autre des locomotives présentées au concours de Liverpool, sur la *Sans-Pareille*, de M. Hackworth. Ce constructeur avait même établi deux jets de vapeur dans la cheminée, l'un alternatif, qui provenait de la vapeur sortant des cylindres à chaque oscillation du piston, l'autre continu, qui était pris directement à la chaudière au moyen d'un tube en communication continuelle avec le tuyau de la cheminée. Ce fait montre bien d'ailleurs que l'emploi de ce procédé existait dans le domaine public.

mérite et d'application, il finit par attirer sur lui l'attention de ses chefs, et sans aucune instruction première, par la seule puissance de son intelligence, il réussit à s'élever, dans la hiérarchie industrielle, à des positions de plus en plus importantes. Seulement, il avait compris, en se heurtant aux mille difficultés d'une carrière si épineuse, combien lui avait été nuisible le défaut de certaines connaissances scientifiques qui sont la base de toute carrière industrielle, et pour aplanir à son jeune fils Robert les obstacles qui avaient retardé et attristé son chemin, il passait les nuits à raccommoder des montres pour payer les leçons qu'il faisait donner à son fils. C'est George Stephenson qui avait établi le chemin de fer de Darlington à Stockton, et construit les locomotives qui servaient au transport de la houille sur cette première voie ferrée. Il avait aussi adopté, le premier, le fer malléable au lieu de la fonte pour la confection des rails. Ingénieur de la compagnie du chemin de fer de Manchester à Liverpool, c'est à lui que revient la gloire d'avoir créé, à travers des difficultés sans nombre et des obstacles inouïs, le premier chemin de fer qui transporta des voyageurs, et qui servit ensuite de modèle pour l'exécution de tous les autres chemins de fer de l'Europe. Parvenu, par ses immenses travaux, aux positions les plus élevées du royaume, il obtint encore la plus douce des récompenses. Ces leçons qu'il faisait donner à son fils, grâce au travail de ses nuits, avaient porté tous leurs fruits. Robert Stephenson prit part aux travaux de son père et le remplaça après sa mort. Il avait participé aux recherches de George Stephenson concernant les locomotives, et c'est lui-même qui avait construit l'admirable locomotive qui obtint le prix au concours de Liverpool. Aujourd'hui, Robert Stephenson est le premier des ingénieurs de chemins de fer, et le premier constructeur de locomotives de l'Angleterre. Il a attaché son nom à la création d'un grand nombre de lignes de chemins de fer, non-seulement en Angleterre, mais dans divers pays étrangers, tant en Europe qu'en Asie et en Afrique. Membre du Parlement, placé parmi les sommités du pays, il dispose du crédit immense dû à sa position et à son mérite. Mais au milieu des honneurs qui l'environnent, ce dont il se glorifie avant tout, c'est d'être fils de George Stephenson, le pauvre ouvrier, qui passait ses journées dans le travail des mines, et consacrait ses nuits à réparer des montres, afin de pourvoir à l'instruction de son fils (1).

Depuis que Robert Stephenson construisit, en 1829, la locomotive qui obtint le prix au concours de Liverpool, les dispositions de cette machine n'ont subi que bien peu de modifications, et il est remarquable qu'elle conserve aujourd'hui presque en entier le système mécanique qui fut employé dès sa création.

(1) Quelques personnes ont exprimé le regret que, dans le court historique qui précède, sur la découverte des chaudières tubulaires des locomotives, nous ayons passé sous silence le nom de Charles Dallery. Nous allons répondre aux observations qui nous ont été adressées à ce sujet.

Aucun ingénieur ne peut ignorer qu'il existe deux espèces de chaudières tubulaires. Dans l'une, l'eau se trouve placée à l'intérieur des tubes, et le combustible en dehors ; dans l'autre, l'eau est placée, au contraire, dans l'intervalle des tubes, et ces derniers sont traversés par le courant d'air chaud qui s'échappe du foyer pour se rendre dans la cheminée. Avec les premières, on ne peut obtenir tout au plus que 300 kilogrammes de vapeur par heure, ce qui fait que l'on a toujours inutilement essayé de les appliquer à la locomotion sur les chemins de fer à voyageurs. Avec les secondes, on a pu obtenir immédiatement 1,200 kilogrammes de vapeur par heure ; aussi leur emploi sur les locomotives eut-il pour résultat la subite création des chemins de fer à voyageurs, car elle permit de réaliser immédiatement des vitesses de dix lieues à l'heure.

Il se peut que l'idée des chaudières de la première espèce revienne à Charles Dallery. Mais ce que personne ne peut contester, c'est que la découverte des chaudières où les tubes donnent passage au feu et à l'air chaud, appartienne à M. Séguin aîné. M. Séguin mit le foyer là où l'on avait songé à placer le liquide, et l'eau à l'endroit où l'on voulait placer le combustible. On peut trouver toute simple cette substitution ; à nos yeux, c'est un trait de génie.

Personne n'a jamais voulu attribuer à M. Séguin la découverte de la *chaudière tubulaire en général*, dont il avait été fait dans notre siècle diverses applications, telles que la *chaudière de Perkins*, si bien décrite dans le *Traité de la chaleur* de M. Péclet, celle du baron Séguier, et diverses dispositions de générateurs qui ont été employées par des constructeurs anglais pour les locomotives, dans les premières années de notre siècle. Seulement, M. Séguin a perfectionné cette invention de la manière la plus heureuse ; lui-même ne réclame pas autre chose. « Lorsque je con-

Peu de mots vont suffire pour faire comprendre en quoi consiste cet appareil si remarquable et si simple.

Une locomotive est une machine à vapeur à haute pression, qui se traîne elle-même, et qui dispose de son excès de puissance pour remorquer des convois. Introduite dans deux cylindres, la vapeur met en action, par une bielle attachée à la tige du piston, l'arbre ou l'essieu auquel sont fixées les roues motrices; elle s'échappe hors des cylindres après avoir produit cet effet. Quant à la destination des divers organes qui com-

» sultai, nous dit le célèbre ingénieur dans son livre sur l'*Influence des » chemins de fer et l'art de les construire*, des constructeurs de machines, » sur le projet que j'avais conçu d'essayer un système inverse de tous » ceux que l'on tentait alors, c'est-à-dire de faire circuler de l'air chaud » dans des tubes isolés, de petites dimensions, et immergés dans l'eau, » au lieu d'échauffer dans un foyer commun une grande quantité de » tuyaux remplis de ce liquide, chacun me reproduisit l'objection, etc. » Ainsi, M. Séguin n'a jamais entendu réclamer que la transformation qu'il a opérée dans un appareil connu avant lui.

Si l'on considère maintenant que la chaudière tubulaire de Charles Dallery, destinée à un bateau à vapeur, ne fut point exécutée ; — que sa description ne figure que dans un brevet d'invention de cinq ans, décerné à l'auteur, en 1803 ; — que le texte même de ce brevet est resté inconnu de tous, puisque dans la *Collection des brevets d'invention expirés* on n'en rapporte que le titre sous l'annonce de *Mobile perfectionné appliqué aux voies de transport* ;— enfin, que cette invention de Dallery n'a été rendue publique que dans ces dernières années, grâce aux démarches actives et à la sollicitude ardente de sa famille ; — on comprendra qu'il soit impossible d'admettre que le brevet de Dallery ait exercé la moindre influence sur la construction de la chaudière à *tubes à feu*, qui a amené en Europe la création des chemins de fer actuels. Faire intervenir le nom de Dallery dans une histoire sérieuse des chemins de fer, ce serait s'élever contre l'unanimité des témoignages contemporains, porter atteinte aux droits les plus justement acquis, à l'une de nos gloires nationales ; ce serait venir en aide aux écrivains anglais qui combattent encore pour faire attribuer à Stephenson la découverte des chaudières tubulaires des locomotives ; ce serait, en un mot, contredire l'histoire.

C'est pour ces motifs, qu'à l'exemple de tous ceux qui se sont occupés jusqu'à ce jour de l'histoire des chemins de fer, nous avons dû passer sous silence, à propos de cette question, le nom de Dallery, inventeur peu connu, mais digne des sympathies publiques, et auquel nous n'avons pas manqué de rendre justice dans l'occasion.

posent une locomotive, un simple coup d'œil jeté sur cette élégante machine, permet de s'en rendre compte.

Dans une locomotive, la chaudière occupe l'espace cylindrique allongé qui se trouve au milieu du véhicule. Cette chaudière, dont le foyer est de cuivre, est formée d'une enveloppe cylindrique de tôle de fer, traversée à l'intérieur par 80 à 100 tubes de cuivre par lesquels se dégagent les gaz provenant du foyer, et qui ont pour effet d'échauffer très rapidement l'eau contenue entre leurs intervalles. La vapeur, formée dans la chaudière, se rend dans les deux cylindres qui sont placés tantôt à l'extérieur, c'est-à-dire en dehors des roues, tantôt à l'intérieur. Les pistons des deux cylindres à vapeur agissent sur une bielle articulée, et font tourner l'arbre sur lequel sont fixées les deux roues motrices. La progression de ces deux roues entraîne la progression de la locomotive entière. En sortant des cylindres, la vapeur est dirigée dans l'intérieur de la cheminée; elle s'élance dans cet espace par le *tuyau soufflant*, que l'on désigne dans les ateliers sous le nom d'*échappement;* son injection continuelle provoque, par sa propriété d'*entraînement*, un tirage des plus actifs dans le foyer.

L'immense développement des chemins de fer en Europe a amené divers perfectionnements dans la construction des locomotives, sans introduire pourtant de modification fondamentale dans l'ensemble de leur mécanisme. En 1830, sur les locomotives de Robert Stephenson, la surface que la chaudière présentait à l'action du feu ne dépassait guère 5 à 6 mètres carrés. Vers 1835, la surface de chauffe était portée à 40 ou 45 mètres, et par conséquent, la puissance de traction s'augmentait dans une proportion correspondante. Elle s'éleva, en 1845, à 70 ou 75 mètres, et atteignit en 1850 jusqu'à 100 et 130 mètres. Nous verrons enfin que, dans un autre système, on a pu, en 1855, atteindre le chiffre énorme de 190 à 200 mètres carrés de surface de chauffe.

Depuis 1830, la pression de la vapeur a été portée de trois à sept, à huit, et jusqu'à neuf atmosphères.

Le poids des locomotives et par conséquent leur adhérence sur les rails et leur effort de traction, a subi une progression tout aussi rapide. La *Fusée* de Robert Stephenson, locomotive à quatre roues, ne pesait que 4 tonnes et demie. En 1835, les locomotives pesaient de 12 à 13 tonnes, avec six roues; 22 tonnes en 1840; 30 tonnes en 1845, et 36 tonnes en 1850, toujours avec six roues; enfin, les locomotives du système nouveau, dont nous allons avoir à parler, et qui, portées sur douze roues, doivent développer une puissance de traction très considérable, ont pu atteindre le poids énorme de 65 tonnes.

Jusqu'à l'année 1851, les locomotives n'avaient donc présenté dans leurs dispositions aucune modification essentielle. Mais un changement d'une haute importance a été introduit, à cette époque, dans le système de leur construction. Pour réaliser sur les chemins de fer des vitesses de plus en plus grandes, on n'avait eu d'autre moyen, jusqu'à l'année 1851, que d'augmenter le diamètre de la grande roue motrice. On ne pouvait néanmoins pousser cette augmentation au delà de certaines limites, et voici pour quel motif : La chaudière d'une locomotive est placée au-dessus des essieux des roues; en augmentant le diamètre des roues on donnait nécessairement à la chaudière, et par conséquent à la locomotive elle-même, une hauteur de plus en plus considérable. On avait atteint, en 1851, la limite extrême d'élévation de la chaudière, que l'on ne pouvait dépasser sans compromettre l'équilibre et la stabilité de tout le système; il semblait, par conséquent, impossible de dépasser la vitesse obtenue jusque-là. Mais un ingénieur anglais fit faire un pas immense à cette importante question en imaginant *de placer les roues motrices à l'arrière de la chaudière*, ce qui permit de donner au diamètre de ces roues une hauteur illimitée, et par conséquent d'augmenter dans la même proportion la vitesse des convois. C'est dans les ateliers de Stephenson que M. Crampton fit construire, en 1851, la première locomotive de ce genre, la *Folkstone*, qui, avec des roues de 1m,85, put immédiatement atteindre jusqu'à une vitesse de 40 lieues à l'heure. On donne le nom de *machines Crampton* à ce système de locomotives, nom qu'il importe de conserver pour consacrer le souvenir du service capital que nous devons à l'ingénieur anglais. C'est par l'emploi des *locomotives Crampton*, qui ont été adoptées pour la première fois en France sur les chemins du Nord et de l'Est, que l'on a pu obtenir, dès l'année 1852, des vitesses normales de 75 à 80 kilomètres par heure, et qui peuvent atteindre jusqu'à 110 à 120 kilomètres.

Enfin, en 1854, un dernier perfectionnement, tout aussi important que le précédent, a été apporté au système des locomotives par deux ingénieurs autrichiens.

Une grande vitesse n'est pas la seule condition à laquelle doive satisfaire un chemin de fer. Le transport des marchandises joue dans ces exploitations un rôle de la plus haute importance, et ce service exige des locomotives d'une construction spéciale. Il importe, en effet, à la sécurité de la voie de diminuer autant que possible le nombre de convois circulant sur la même ligne; de là la nécessité de former des trains de marchandises d'une grande longueur et d'un poids très considérable. Il fallait donc aborder ce problème, jusque-là très imparfaitement résolu, de créer des locomotives particulières, réunissant à la longueur, au poids et à la stabilité des trains, toute la flexibilité nécessaire pour tourner dans les courbes du plus petit rayon.

Sur le chemin de fer de Vienne à Trieste, le long de la montagne de Sömmering, il existe des pentes d'une inclinaison considérable qu'il a été impossible d'éviter (1). Avec le système de locomotives employé jusque dans ces derniers temps, on ne pouvait parvenir à faire surmonter ces rampes par les convois de marchandises pesamment chargés. C'est pour parer à cette grave difficulté que le gouvernement autrichien, en 1851, ouvrit un concours pour la construction de locomotives à petite vitesse, pouvant remonter des pentes avec des convois très pesants, et sur

(1) Ce chemin de fer offre une pente continue de 25 millimètres par mètre, et forme un lacet très sinueux, dont le rayon de courbure descend fréquemment à 180 mètres.

une voie offrant des courbes d'un assez petit rayon. Le prix fut remporté par la *Bavaria*, locomotive construite à Munich, dans les ateliers de Maffei.

La modification apportée par le constructeur aux dispositions de la locomotive ordinaire, consistait à réunir la locomotive proprement dite avec le tender, ou wagon d'approvisionnement. Des chaînes sans fin, partant de l'essieu des roues de la locomotive, venaient agir sur un système de roues dentées fixées sur l'un des essieux du tender. De cette manière, le tender, faisant corps avec la locomotive, deux de ses roues participaient à la traction, et le tender ajoutait une partie de son poids à celui de la machine pour augmenter l'adhérence sur les rails, renforcer ainsi le point d'appui de la puissance de la vapeur, et par conséquent accroître de beaucoup l'énergie totale de l'action motrice de l'appareil.

Bien qu'il eût obtenu le prix au concours ouvert par le gouvernement autrichien, le système adopté sur la *Bavaria* ne répondait pas complétement aux conditions requises pour les locomotives à petite vitesse. On employait, pour ce mécanisme, les chaînes sans fin dont on avait fait usage à l'époque de la création des premières locomotives, avant la découverte des chaudières tubulaires. Mais les inconvénients qui étaient résultés, à cette époque de l'emploi des chaînes, ne manquèrent pas de se reproduire; ces chaînes se brisaient fréquemment par les brusques variations dans l'intensité de la force motrice, ou dans la résistance à surmonter, et cette circonstance rendait très difficile l'emploi des locomotives de Maffei.

Ce n'est qu'en 1853, que l'important problème de la construction des locomotives à petite vitesse, a été résolu par l'ingénieur Engerth, *conseiller technique* à la direction générale des chemins de fer de l'État, en Autriche, qui a modifié d'une manière très avantageuse le système de Maffei. On admirait à l'Exposition une très belle locomotive, le *Duc-de-Brabant*, construite par la société Cockerill, propriétaire des magnifiques ateliers de Seraing, en Belgique. Cette locomotive offrait la réalisation complète du remarquable système adopté par M. Engerth, et elle en faisait comprendre les détails. Il importe donc d'en donner ici la description.

Dans les machines de M. Engerth, le tender fait corps avec la locomotive; cette dernière porte ainsi elle-même son approvisionnement d'eau et de combustible, ce qui lui a fait donner dans les ateliers le nom de *machine-tender*. Une partie de la chaudière vient reposer sur le tender en portant sur l'essieu de ses premières roues. La locomotive ou la machine proprement dite, repose sur quatre paires de roues. De ces quatre paires de roues, trois sont *couplées* entre elles, c'est-à-dire reçoivent, par des bielles, le mouvement imprimé à l'une des roues par le piston des cylindres à vapeur; elles agissent donc, à leur tour, comme roues motrices pour opérer la traction. La première paire de roues du tender reçoit également un mouvement de rotation qui lui est communiqué par la dernière roue de la locomotive. C'est au moyen de roues dentées placées au-dessous de la chaudière, que s'exécute ce renvoi de mouvement, qui fait ainsi concourir une partie du tender à l'adhérence de tout le système. Ajoutons que, d'après une disposition empruntée aux locomotives américaines, le tender est pourvu d'un système d'articulation, d'une sorte de cheville ouvrière analogue à celle qui sert à rendre mobile l'avant-train de nos voitures. Cette articulation a pour résultat de permettre à la machine de tourner indépendamment du tender, et de pouvoir ainsi se plier, jusqu'à un certain point, aux sinuosités de la voie ferrée. Disons enfin que dans la *locomotive Engerth*, les cylindres à vapeur sont placés à l'extérieur des roues, ce qui offre l'avantage de laisser à découvert, sous les yeux du mécanicien, tout l'appareil d'introduction de la vapeur, et de faciliter beaucoup les réparations que demande souvent cet organe délicat.

Telle est, dans son ensemble, la disposition des locomotives du système Engerth. Elles ont pour avantage de développer une puissance de traction des plus considérables, qui leur permet de remonter de fortes pentes avec une assez grande charge, et de remonter des pentes énormes avec des charges plus faibles. Ce résultat tient au poids de la machine qui augmente l'adhérence sur les rails, multiplie les points d'appui et permet d'appliquer une grande puissance de vapeur. Un second avantage de ces nouvelles locomotives à petite vitesse, c'est de pouvoir tourner avec les plus longs convois dans des courbes d'un médiocre rayon ; elles peuvent se plier, à l'instar des machines américaines, aux sinuosités les plus prononcées de la voie.

Nous venons de retracer les perfectionnements principaux qui ont été apportés à la machine locomotive depuis sa création par les deux Stephenson. Pour résumer ce tableau, il nous reste à dire comment se divisent aujourd'hui les divers genres de locomotives qui servent à l'exploitation des chemins de fer.

Les locomotives se divisent en trois classes, selon leur forme et la nature de leur service : les *machines à grande vitesse* ou *machines à voyageurs ;* les *machines à petite vitesse* ou *machines à marchandises ;* et les *machines mixtes.*

Les machines affectées au transport des voyageurs marchent avec une vitesse moyenne de 45 kilomètres à l'heure, non compris les temps d'arrêt. Les locomotives de marchandises marchent seulement à la vitesse moyenne de 25 kilomètres à l'heure ; mais elles remorquent des convois très considérables. Sur des chemins d'une pente faible et moyennement accidentés, elles peuvent, en effet, traîner jusqu'à cinquante wagons chargés de dix tonnes de marchandises ; ce qui revient, avec le poids de la machine, à 700 ou 725 tonnes. Sur les chemins de niveau, le poids remorqué pourrait s'élever jusqu'à 1500 tonnes. Enfin, les machines mixtes, consacrées à remorquer les trains mixtes et omnibus, c'est-à-dire ceux qui s'arrêtent à toutes les stations et peuvent traîner à la fois des voyageurs et des marchandises, doivent réaliser, en moyenne, la vitesse de 35 kilomètres à l'heure.

Les locomotives à voyageurs, que l'on construit souvent aujourd'hui dans le système Crampton, sont montées sur six roues, la roue motrice se trouvant placée à l'arrière. Destinées à réaliser de grandes vitesses, elles se reconnaissent à leurs formes sveltes et élancées, qui rappellent celles du cheval de course. Au contraire, les machines à marchandises, destinées seulement à développer une grande puissance de traction, rappellent les caractères du cheval de trait; elles sont basses et comme ramassées; elles sont traînées par de petites roues, pour développer un effort puissant, plutôt que pour courir avec vitesse. Dans les machines à marchandises, les roues sont en général presque toutes égales et *couplées*, c'est-à-dire liées l'une à l'autre au moyen d'une tige de fer pour se communiquer réciproquement leur mouvement de rotation. Le nombre de ces roues est de six à huit, mais il est quelquefois de douze, et peut s'élever jusqu'à quatorze. Quant aux locomotives mixtes, elles participent, dans une proportion variable, des deux machines précédentes; elles inclinent vers l'un ou l'autre de ces types, selon les circonstances et les effets à produire. Elles sont ordinairement portées sur six roues, les grandes roues couplées se trouvant toujours placées à l'arrière, selon le système Crampton.

L'Exposition universelle offrait une représentation magnifique de l'état actuel des locomotives; plus de vingt de ces machines, envoyées par divers pays de l'Europe, permettaient de se rendre un compte fidèle de l'état présent de la science et de l'industrie en ce qui concerne la locomotion sur les voies ferrées. En passant en revue les locomotives qui se trouvaient rassemblées au palais des Champs-Élysées, nous donnerons donc une idée exacte de l'état présent de cette branche importante de l'industrie chez les principales nations.

Conformément à la division indiquée plus haut, nous examinerons successivement, pour la revue des locomotives qui se trouvaient réunies à l'Exposition universelle : 1° les machines à grande vitesse; 2° les machines à marchandises ou à petite vitesse; 3° les machines mixtes.

Machines à grande vitesse. — Les ateliers de M. Cail, à Paris, avaient envoyé à l'Exposition deux locomotives à grande vitesse; l'une d'elles était construite dans le système Crampton, et l'autre selon l'ancien système, c'est-à-dire avec les roues motrices placées au milieu et non à l'arrière de la chaudière. La première attirait avec raison l'attention des curieux. Le constructeur avait eu la pensée de manifester aux yeux l'excellence de ses machines, en présentant au public une de ses locomotives qui a fonctionné pendant six ans sur la voie où elle a effectué un parcours moyen de 40,000 kilomètres. On lisait sur un carton fixé sur la machine, le nombre et la durée des services qu'elle a exécutés, et qui se trouvaient attestés d'ailleurs d'une manière suffisante par l'usure extérieure, par les bosselures et les éraillures résultant des chocs qu'elle avait subis pendant ses voyages prolongés. Au milieu des autres locomotives qui sortaient brillantes et parées des ateliers de construction, l'œil s'arrêtait avec respect et satisfaction sur ce vétéran du service des chemins de fer, qui ne semblait pas encore disposé à terminer là sa carrière.

Les ateliers de M. Cail, d'où était sortie cette machine, peuvent produire de 80 à 100 locomotives par an; ils figurent, pour ce genre d'établissement, au premier rang de l'industrie française.

Il est juste de rappeler, à propos de cette locomotive Crampton, que le chemin de fer du Nord a eu le mérite d'adopter le premier ce genre de locomotive. En 1848, l'achèvement des embranchements du littoral, en imprimant une accélération nouvelle aux communications avec l'Angleterre, nécessitait l'établissement de *trains express*, réclamés d'ailleurs par l'administration des postes. La compagnie du chemin de fer du Nord n'hésita pas, pour satisfaire à cette nécessité, à créer un matériel de traction spécial et à remanier en entier le matériel qu'elle possédait alors. Elle commanda, sur les plans de M. Crampton, que personne n'avait encore adoptés pour un service régulier, des locomotives à grande vitesse. Le succès de ces locomotives, établies sur la ligne de Calais, détermina bientôt une accélération générale de la marche des voyageurs. C'est, en effet, de l'introduction de ces machines sur le chemin de fer du Nord que date, en France, l'établissement des *trains express* qui parcourent les distances de nos grandes lignes de chemins de fer, et qui permettront, sans doute bientôt, aux voyageurs partant de Paris en été d'atteindre, entre le lever et le coucher du soleil, les points les plus reculés des frontières.

. . . .

L'exposition anglaise présentait deux locomotives à grande vitesse; l'une, l'*Emperor*, sortait des ateliers de M. Robert Stephenson; l'autre, l'*Eugénie*, des ateliers de M. Fairbairn, à Manchester.

La locomotive de Robert Stephenson, l'*Emperor*, est portée sur six roues, la grande roue motrice se trouvant placée à l'arrière de la chaudière. Dans la locomotive de M. Stephenson, comme dans la plupart des locomotives anglaises, les cylindres à vapeur ne sont pas placés à l'extérieur comme dans le système Crampton; ils sont à l'intérieur, dans la boîte à fumée, ou plutôt un peu au-dessous de cet espace.

Cette circonstance n'est pas indifférente à noter. C'est, en effet, parmi les ingénieurs et les constructeurs de locomotives, un grand sujet de discussions et de controverse que la position à donner aux cylindres à vapeur. Si l'on place à l'intérieur, c'est-à-dire dans la boîte à fumée ou au-dessous, les cylindres à vapeur, on a l'avantage de les maintenir à une température plus élevée, d'empêcher leur refroidissement par suite du rayonnement à l'air libre, ce qui diminue la dépense de combustible, et permet d'éviter une partie de la condensation de la vapeur à l'intérieur des corps de pompes, cause de détériorations fréquentes pour cette partie délicate de l'appareil. Enfin la position intérieure des cylindres augmente la stabilité de la machine, permet le couplement des roues et diminue le *mouvement de lacet*, c'est-à-dire cette oscillation bien connue du wagon sur les rails, qui résulte de ce que la traction s'exerce sur des points inégaux et non par le milieu de la locomotive. Ce mouvement, si désagréable pour les voyageurs, est atténué lorsque les cylindres sont placés à l'intérieur, puisque la force motrice se trouve ainsi appliquée plus près du centre de gravité du système. Mais, d'un autre côté, avec les corps de pompes placés en dedans, il faut faire usage d'un essieu doublement coudé pour recevoir l'action du piston. Or, le travail de ces pièces de fer est, dans les ateliers, d'un prix fort élevé; de plus, par suite de la multiplicité des axes, elles sont sujettes à une rupture que rien ne peut faire prévoir ou empêcher, et dont la catastrophe du chemin de fer de Versailles offrit un déplorable exemple. Enfin, avec le mécanisme placé à l'intérieur et entre les roues, la surveillance et l'entretien de l'appareil sont très difficiles. Quand on veut donner aux cylindres un diamètre considérable, afin d'augmenter la puissance motrice, on est obligé de placer les tiroirs sur le côté ; or, ces tiroirs, organes très délicats qu'il est souvent nécessaire de démonter et de visiter, se trouvant placés tout à fait à la partie inférieure de la locomotive, leur accès devient extrêmement difficile et pénible pour l'ouvrier chargé de ce travail. Par toutes ces considérations réunies, il semble préférable d'adopter la disposition généralement suivie en France, qui consiste à placer hors des roues les cylindres à vapeur. Toutefois, M. Stephenson est toujours resté fidèle au cylindre placé à l'intérieur, et l'autorité de ce constructeur, qui jouit en Europe d'un si juste crédit, doit être prise en sérieuse considération dans une question sur laquelle les ingénieurs discutent depuis quinze ans, sans pouvoir s'accorder.

L'*Eugénie*, machine de M. Fairbairn, de Manchester, digne émule de Robert Stephenson, est portée sur six roues, la grande roue motrice se trouvant placée au milieu ; les cylindres à vapeur sont placés à l'intérieur. Les roues ont 2^{m},45 de diamètre, et les essieux sont de fer creux, innovation toute récente. Elle est suspendue sur des disques de caoutchouc qui remplacent les ressorts d'acier, selon le système Coleman ; sa vitesse peut atteindre jusqu'à 18 lieues à l'heure.

La chaudière de cette machine est conçue sur un système nouveau, et qui nous paraît d'une grande importance. Elle n'a en effet, que la moitié de la longueur ordinaire ; on est arrivé à ce résultat en diminuant le diamètre des *tubes à fumée*, ce qui a permis d'augmenter leur nombre dans une proportion vraiment remarquable. Ces tubes sont au nombre de 400, ce qui multiplie singulièrement la surface de chauffe. Ce qui a permis d'atteindre à ce résultat, c'est l'emploi d'une vaste *chambre de combustion*, où les produits gazeux sortant du foyer, et qui sont constitués surtout par de l'oxyde de carbone, sont brûlés par un courant d'air. Il résulte de là que tous les produits qui se dégagent du foyer, même quand on fait usage de houille, sont entièrement brûlés dans la chambre de combustion, et que les tubes de la chaudière ont pu dès lors être réduits dans leur diamètre intérieur sans nuire aucunement au tirage. Cette nouvelle construction du foyer nous paraît pleine d'importance et d'avenir : elle donne à la locomotive de M. Fairbairn un cachet tout spécial de nouveauté.

Deux locomotives Crampton avaient été envoyées par l'Allemagne : l'une nous venait du duché de Wurtemberg, c'était la *Triffels*, construite par M. Kessler, dans les ateliers d'Esslingen; l'autre de Carlsruhe, dans le duché de Bade.

La locomotive la *Triffels*, des ateliers d'Esslingen, est entièrement construite dans le système Crampton, c'est-à-dire avec la grande roue motrice à l'arrière et les cylindres placés à l'extérieur. C'est une machine d'une excellente construction, et qui fait honneur aux ateliers de Wurtemberg.

Comme la *Triffels*, la locomotive de Calsruhe appartient au système Crampton; mais elle présente une innovation qui mérite de nous arrêter : son avant-train est mobile. On a coutume de reprocher aux locomotives Crampton une trop grande longueur, résultant de ce que l'essieu de la plus grande des roues se trouve placé tout à fait à l'arrière. En raison de cette longueur, la locomotive éprouve plus de difficultés pour tourner dans les courbes, et elle use davantage les rails et le *boudin* des roues, c'est-à-dire le rebord saillant destiné à maintenir les roues invariablement fixées sur les rails. C'est pour éviter cet inconvénient que, sur la locomotive du duché de Bade, on a essayé de rendre l'avant-train mobile. A cet effet, cet avant-train est articulé, c'est-à-dire porté sur une cheville ouvrière; le châssis de la machine repose sur cet avant-train, et, supporté latéralement par deux points d'appui, il peut exécuter un certain mouvement de rotation autour de la cheville ouvrière. C'est à l'expérience qu'il appartient de prononcer sur la valeur de cette innovation, et de décider si le poids de la chaudière n'est pas trop considérable pour que l'articulation puisse jouer librement et le glissement s'opérer. Il reste encore à savoir si un tel système ne pourra pas devenir une cause de déraillement; il est à craindre que, si le mouvement de rotation de la partie articulée était trop étendu ou trop brusque, ce fâcheux résultat ne pût se produire.

Terminons l'examen des machines à grande vitesse en signalant deux locomotives belges, l'une de M. Régnier-Poncelet, de Liége; l'autre de M. Zaman-Sabatier, de Bruxelles, et une autre de M. Borsig, à Berlin. Ces trois locomotives sont construites dans le système qui a précédé celui de M. Crampton; la roue motrice est au milieu, seulement les cylindres sont placés à l'intérieur, ce qui n'est pas le cas ordinaire des machines à grande vitesse. Les deux locomotives belges sont d'une solide et excellente construction; celle de M. Régnier-Poncelet, digne d'une mention toute spéciale, se fait remarquer par l'emploi d'un système particulier pour la détente de la vapeur.

La locomotive exposée par M. Borsig, de Berlin, était la 600e construite dans son atelier. Cet établissement est, en effet, le plus important de tous ceux qui existent en Prusse; il suffit à peu près seul à tous les besoins des chemins de fer de ce pays. La locomotive de Berlin excitait à l'Exposition l'attention générale par la perfection de son exécution et par la bonne entente de ses détails et de son ensemble.

Machines à marchandises ou à petite vitesse. — Les détails dans lesquels nous sommes entré plus haut nous dispensent de toute description spéciale pour ce genre d'appareil. Nous avons déjà parlé de la belle machine construite dans le système Engerth, le *Duc-de-Brabant*, destinée au service du chemin de fer du Nord, et qui sort des ateliers de Seraing, en Belgique. C'était un modèle complet, admirablement exécuté, de ce nouveau système. Rappelons seulement que, dans ces puissants moteurs, le tender est lié à la locomotive proprement dite par une cheville ouvrière, ce qui lui donne une certaine mobilité. Toutes les roues motrices sont couplées, c'est-à-dire se communiquent réciproquement, par des bielles, leur mouvement de rotation : c'est l'essieu de la troisième roue qui transmet par ce moyen aux deux roues antérieures le mouvement que lui imprime la vapeur. La même roue transmet aussi son mouvement à l'un des essieux du tender au moyen de trois roues dentées, car les bielles employées pour communiquer le mouvement se seraient infailliblement brisées. L'adhérence de cette énorme locomotive sur les rails est représentée par un poids de 48 tonnes, avec un poids, pour tout l'appareil, d'environ 60 tonnes, résultat qui surpasse de beaucoup ce que l'on avait obtenu jusqu'ici, car, dans les machines à marchandises ordinaires, l'adhérence ne dépassait jamais le poids de 20 à 30 tonnes.

Un digne rival du remarquable appareil dont nous venons de parler figurait non loin de lui dans la galerie de l'Annexe. C'est une locomotive construite dans le même type d'Engerth, et qui n'en diffère que par quelques détails secondaires du mécanisme. Ce puissant moteur, d'une exécution merveilleuse, sort des ateliers du Creusot; il est destiné au chemin de fer de Paris à Lyon. Son mécanisme diffère de celui du *Duc-de-Brabant*, en ce que l'essieu du tender reçoit son mouvement de la locomotive, non par des roues dentées, mais par des bielles. Comme cette locomotive n'est pas destinée à surmonter des pentes aussi prononcées que celles qui existent sur le chemin du Nord, et qu'elle ne doit pas, par conséquent, développer une puissance aussi considérable, la machine du Creusot ne présente qu'une adhérence de 36 tonnes. Ses cylindres, de dimensions très considérables, sont placés à l'extérieur.

L'Autriche avait envoyé à l'Exposition universelle une machine à marchandises appartenant au système Engerth : c'était la *Vien-Raab* exposée par M. Haswel, directeur des ateliers de la compagnie du chemin de fer de Vienne à Raab et qui est destinée aux chemins de fer que le gouvernement autrichien vient de céder à une compagnie austro-française. Entièrement conforme au type imaginé par M. Engerth, elle était d'une exécution remarquable.

Puisque nous en sommes aux locomotives autrichiennes, disons un mot d'une particularité de construction qui distingue ces machines et qui frappe beaucoup par son étrangeté. Toutes les locomotives de l'Allemagne portent une cheminée d'une forme particulière, assez disgracieuse, et qui diffère beaucoup des nôtres. Au lieu du tuyau cylindrique allongé de nos locomotives, c'est une sorte de vaste entonnoir, ou de cône dont la grande ouverture regarde le ciel. Cette disposition qui, à l'Exposition, intriguait beaucoup le visiteur non prévenu, tient simplement à la nécessité de retenir à l'intérieur de l'appareil les cendres qui s'échappent du foyer. En effet, sur les chemins de fer de l'Autriche et de la plus grande partie de l'Allemagne, le bois, qui se rencontre partout à bas prix, remplace le coke pour le chauffage des locomotives. Mais la combustion du bois donne lieu à la formation d'une grande quantité de cendres, et c'est afin de retenir ces cendres, entraînées du foyer, que l'on entoure le tuyau de la cheminée d'une seconde enveloppe de tôle où elles s'accumulent pendant le trajet et sont rejetées après chaque voyage.

Machines mixtes. — Destinées à traîner indifféremment les convois de marchandises ou de voyageurs, les *locomotives mixtes* doivent présenter à la fois assez d'adhérence sur les rails pour remorquer des trains considérables de marchandises, et assez de hauteur dans les roues motrices pour imprimer une certaine vitesse aux convois de voyageurs. Pour satisfaire à cette double condition, les machines mixtes portent habituellement des roues d'un grand diamètre, et ces roues sont couplées entre elles comme dans les machines à marchandises. Comme dans ce dernier système, les cylindres sont placés à l'extérieur. Mais dans ce système mixte, le tender ne fait pas partie de la machine; ce wagon d'approvisionnement est simplement traîné à l'aide d'une chaîne, comme dans les locomotives à grande vitesse.

Il y avait deux locomotives mixtes à l'Exposition : l'une avait été envoyée du Hanovre par M. George Egestorff; l'autre, la *Ville-de-Genève*, sortait des ateliers de M. André Kœchlin, à Mulhouse. On pourrait y joindre une troisième locomotive, la *Gironde*, construite dans les ateliers de M. Ernest Gouin, à Paris, bien qu'elle portât son wagon d'approvisionnement réuni sur le même châssis que la locomotive. Ces trois machines étaient d'une très bonne construction ; mais l'une d'elles se distinguait par une innovation qui serait d'une grande utilité si l'on parvenait à la réaliser dans la pratique d'une manière entièrement satisfaisante. Sur la locomotive *la Ville-de-Genève*, M. André Kœchlin, à l'exemple de M. Regnier-Poncelet, de Liége, avait fait l'application d'un nouveau système de détente variable. On n'a pu parvenir encore, sur les locomotives, à faire un usage avantageux de la détente de la vapeur, ce qui est une des causes des dépenses considérables qu'entraîne l'exploitation des chemins de fer. Ce n'est qu'avec l'appareil connu sous le nom de *coulisse de Stephenson* que le chauffeur peut régler et graduer la détente. Pour perfectionner ce système et le rendre indépendant du reste de l'appareil, M. Kœchlin a adapté un double tiroir à l'entrée de la vapeur dans chacun des deux cylindres. Ce système est en usage dans beaucoup de machines fixes, mais il nous semble trop compliqué pour les locomotives. Il serait heureux néanmoins que la pratique détruisît les appréhensions que nous exprimons à ce sujet, car un bon système de détente variable serait, sous le rapport de l'économie, la plus belle acquisition que pût faire la locomotion sur les voies ferrées.

On peut ranger parmi les machines mixtes un appareil moteur d'une construction toute nouvelle, et que nous avons dû placer à la fin de cette revue pour en faire un examen spécial. C'est, on peut le dire, le géant des locomotives; les dimensions extraordinaires de ses divers organes, le diamètre de ses roues et sa gigantesque hauteur, excitaient, à l'Exposition, une surprise générale. Conçue sur un plan nouveau, dû à MM. Blavier, ingénieur du matériel au chemin de fer de l'Ouest, et Larpent, cette locomotive sortait des ateliers de M. Gouin.

Le but de ce gigantesque appareil de locomotion n'est pas seulement, comme le pensaient bien des personnes, de réaliser de grandes vitesses. Il a encore pour destination de servir comme machine à marchandises, lorsque la composition des trains ne dépasse pas le nombre de 28 à 30 wagons chargés de 6 tonnes. C'est donc une véritable machine mixte, mais pour des conditions spéciales. Le système de construction adopté par les auteurs pour satisfaire à ce double service, et parvenir ainsi à réduire à un seul type le matériel de traction des chemins de fer, mérite d'être décrit.

La locomotive l'*Aigle* est portée sur deux paires de roues couplées d'un très grand diamètre ($2^m,80$) et sur une paire de roues antérieures d'un diamètre plus petit, comme dans les machines mixtes. Elle présente, comme caractère distinctif, la séparation de la chaudière en deux parties : l'une, placée au-dessous des essieux des roues motrices, constitue l'appareil générateur de la vapeur ; l'autre est un récipent de vapeur qui se trouve placé au-dessus des essieux et en communication avec la précédente par deux tubulures semblables à celles qui existent dans les chaudières des machines fixes à bouilleurs. Cet immense réservoir a pour but d'empêcher la vapeur entrant dans les cylindres d'entraîner des particules d'eau à l'état liquide qui, dans les locomotives ordinaires, venant se réunir dans les corps de pompe, gênent le jeu des pistons et obligent fréquemment de *purger les cylindres*, c'est-à-dire de chasser, par un courant de vapeur, l'eau liquide accumulée dans cet espace. Cette disposition nouvelle, que les grandes dimensions de l'appareil ont permis d'employer, serait fort avantageuse, puisque dans les locomotives ordinaires, malgré le *dôme de vapeur*, ou plutôt, par suite de l'insuffisance des dimensions de ce dôme, la quantité d'eau liquide mécaniquement entraînée dans les cylindres est, dit-on, de plus de 25 pour 100. Ici, la vapeur doit arriver dans les corps de pompe à un état de sécheresse remarquable, ce qui est une condition excellente pour le jeu des cylindres et leur conservation.

Les résultats que l'on espère obtenir de cette nouvelle combinaison sont les suivants : Avec deux paires de roues couplées d'un grand diamètre, le centre de gravité de tout le système se trouve placé aussi bas que possible, puisqu'il est au-dessous des essieux des grandes roues ; de là doit résulter une grande stabilité dans la marche ; d'autre part, l'accouplement des deux essieux fournit une adhérence suffisante pour remorquer, aux vitesses ordinaires, les trains les plus lourds sur des profils accidentés.

La surface de chauffe de cette locomotive est de 130 mètres carrés, les cylindres ont 45 centimètres de diamètre et 80 de course, la charge sur les essieux couplés est de 29 tonnes ; en sorte que l'on a pu remorquer facilement sur la ligne de Paris à Chartres, qui présente des rampes de 6 et 8 millimètres, des trains de marchandises de 275 tonnes.

Ainsi, cette machine permettrait, selon les inventeurs, non seulement d'atteindre, pour les trains *express*, des vitesses effectives de 80 à 100 kilomètres, avec diminution des chances de déraillement par suite de l'abaissement de son centre de gravité, mais encore elle suffirait pour assurer le service des trains de marchandises sur la plupart des lignes de chemins de fer, lorsque la composition normale des trains ne dépasserait pas 250 tonnes, c'est-à-dire 28 à 30 wagons chargés de 6 tonnes.

Les différences à noter entre cette machine et celle du système Crampton sont donc : 1° le plus grand abaissement du centre de gravité ; 2° l'accouplement des roues de grand diamètre, ce qui fournit l'adhérence qui manque quelquefois à ces machines ; 3° la disposition favorable du foyer pour que tout l'oxyde de carbone formé soit brûlé dans la chambre de combustion.

La locomotive *l'Aigle* n'a pu encore être soumise à des essais définitifs sur la voie ; on ne peut donc rien avancer concernant les avantages que pourra offrir son application. Réduire à un seul type le système de construction des locomotives, est un problème impossible à résoudre pour le service des grandes lignes, et qui, d'ailleurs, n'offrirait aucun avantage dans ces exploitations. Pour les lignes d'un médiocre trafic, il y aurait peut-être utilité à simplifier ainsi le matériel du service. C'est à l'expérience seule à

7.

décider si les conditions nouvelles réalisées dans la locomotive de MM. Blavier et Larpent, permettent de considérer le problème comme résolu. Beaucoup de personnes mettent en doute que la chaudière de cette locomotive, dont la surface de chauffe n'est pas en rapport avec ses énormes dimensions, puisse fournir une quantité de vapeur suffisante pour une certaine durée de marche à grande vitesse. L'expérience, nous le répétons, permettra seule de prononcer sur tous ces points. La locomotive *l'Aigle* doit être consacrée à un service d'essai sur le chemin de fer de l'Ouest.

LOCOMOBILES.

Une exploitation rurale ne diffère en rien, par son objet essentiel, d'un établissement d'industrie. Dans une ferme, comme dans une manufacture, on se propose de faire subir à la matière, grâce au concours des forces naturelles, certaines transformations qui ont pour résultat d'augmenter la valeur première des produits mis en œuvre. Fabriquer ou tisser les étoffes, les teindre de couleurs variées; extraire de leurs gisements les produits métallurgiques; façonner, sous mille formes, le bois, la pierre et les métaux; préparer ou décorer le verre, les poteries, les porcelaines et les cristaux; fabriquer les machines et les outils employés dans les ateliers; en un mot, créer les innombrables produits de l'industrie manufacturière, ou bien diriger avec intelligence les forces naturelles du sol, des eaux, des amendements et des engrais, pour multiplier la semence confiée à la terre, tout cela revient, en définitive, à accroître la valeur primitive des matériaux employés. On a, de bonne heure, compris, dans l'industrie, tous les avantages que présente la substitution des machines au travail manuel, et l'introduction des appareils mécaniques dans les ateliers et les manufactures a imprimé à leur production une activité prodigieuse, qui a centuplé les forces, les ressources et les richesses de la société actuelle. Mais ces machines, qui ont amené dans l'industrie une telle transformation, ne peuvent-elles s'appliquer, avec les mêmes avantages, aux travaux des campagnes; et puisque ces deux exploitations ne diffèrent point dans leur objet essentiel, ne peut-on consacrer le même genre d'instrument à leur service? Le raisonnement conduit à admettre que les avantages qui ont été obtenus, dans l'industrie, de l'emploi des machines, doivent se reproduire dans l'agriculture, si l'on tient compte, avec discernement, des conditions spéciales de ce dernier genre de travail.

Le peuple américain a été le premier frappé de la justesse de ces vues. Dans ces régions immenses, des espaces sans limites s'offraient à l'exploitation agricole; la population était peu nombreuse et disséminée sur un territoire étendu, ce qui élevait le prix de la main-d'œuvre et rendait les moyens de transport difficiles et coûteux. Ainsi, tout concourait à prescrire l'emploi des machines pour les travaux de l'agriculture. Grâce à son esprit industriel et actif, la population des États-Unis a mis promptement cette idée à exécution, et dès le début de ce siècle, la grande culture a commencé à s'exercer sur le sol américain au moyen de divers appareils mécaniques, qui ne laissaient au labeur de l'homme qu'une très faible part. De tous les moteurs connus, la machine à vapeur, le plus puissant et le plus économique de tous, fut donc aussi consacrée, dans les principaux États de l'Union américaine, aux opérations agricoles, et elle y rendit de très importants services.

L'Angleterre n'a pas tardé à suivre les États-Unis dans cette voie nouvelle, poussée d'ailleurs dans cette direction par les conditions toutes particulières de sa division territoriale. La propriété agricole est concentrée, en Angleterre, dans un petit nombre de mains, et elle dispose de capitaux considérables. Cette double circonstance rendait facile et avantageux à la fois l'emploi des machines pour le travail des champs. Aussi, dans ces vastes fermes, apanage héréditaire des grandes familles du pays, les instruments mécaniques ont-ils été appliqués de bonne heure aux travaux de l'agriculture. Dans les riches plaines des principaux comtés de la Grande-Bretagne, on voit, depuis un assez grand nombre d'années, les appareils mécaniques remplacer le travail de l'homme et des animaux pour semer, moissonner et même labourer les champs, pour battre les grains, exécuter les irrigations, distribuer les engrais, confectionner les tuyaux de drainage, etc.

L'emploi des machines agricoles, qui a produit de si importants résultats aux États-Unis et en Angleterre, ne saurait-il offrir les mêmes avantages à la France? Cette opinion a été longtemps soutenue par les hommes les plus instruits et par les partisans les plus éclairés du progrès. Avec cette infinie division du sol qui constitue une des forces les plus sérieuses de notre pays, avec le prix relativement peu élevé de la main-d'œuvre, comparé surtout à la cherté des appareils mécaniques, on a pu jusqu'à ces derniers temps rejeter, par des motifs plausibles, l'usage des machines dans le travail agricole. Mais ces motifs ont, depuis quelques années, perdu une partie de leur valeur, et en particulier, l'abaissement du prix des appareils mécaniques a fait disparaître la plus sérieuse de ces difficultés. Dès lors quelques machines ont pu être essayées dans la grande culture, et l'on a déterminé, par l'expérience, dans quelles conditions on pourrait appliquer à notre agriculture les procédés et les instruments empruntés aux nations étrangères. A la suite de ces premières tentatives, dont le résultat s'est montré satisfaisant, le rôle des machines a pris, dans quelques départements du nord de la France, une certaine extension.

Parmi les appareils mécaniques qui tendent à se répandre dans l'agriculture française, la machine à vapeur se place au premier rang par l'universalité de ses emplois. On est parvenu, aux États-Unis et en Angleterre, à la réduire à une forme extrêmement simple et commode pour son emploi dans l'agriculture. On désigne cette variété particulière de la machine à vapeur sous le nom de *machine locomobile*, pour rappeler qu'elle a pour caractère essentiel de pouvoir être transportée d'un lieu à un autre. Une *locomobile* est donc une machine à vapeur susceptible de changer de place, et d'exécuter les diverses opérations mécaniques auxquelles un appareil moteur peut être consacré dans l'agriculture.

Dans une locomobile, l'appareil à vapeur est réduit, disons-nous, à sa plus grande simplicité. Cette condition était, en effet, essentielle. Destinée à être mise en œuvre par des personnes peu expérimentées, ne fonctionnant que par intervalles, et non d'une manière continue, elle devait offrir peu de complication dans sa structure; il fallait pouvoir à chaque instant la démonter, la remonter sans peine, et la visiter pièce par pièce. Toutes ces conditions ont été réalisées de la manière la plus satisfaisante dans l'appareil que nous allons décrire.

Une locomobile est une machine à vapeur à haute pression; la vapeur est rejetée dans l'air après qu'elle a produit son effet sur le piston. C'est là une première et importante simplification, puisque la vapeur n'étant point condensée, on se débarrasse des diverses organes qui servent, dans un grand nombre de machines fixes, à liquéfier la vapeur. Tout se réduit donc ici à une chaudière et à un cylindre. La chaudière est construite dans le système tubulaire, comme celle des locomotives; huit à dix tubes destinés à être traversés par le courant d'air chaud qui s'échappe du foyer, sont disposés à l'intérieur du générateur, ce qui permet de produire une masse considérable de vapeur avec une petite quantité d'eau. D'une forme cylindrique et allongée comme celle des locomotives, cette chaudière est portée sur un système ordinaire de roues; elle est munie d'un brancard, ce qui permet d'y atteler un cheval pour la transporter d'un lieu à l'autre. Le cylindre à vapeur est placé horizontalement au-dessus de la chaudière. A l'aide d'une tige et d'une manivelle, le piston de ce cylindre imprime un mouvement rotatoire à un arbre horizontal placé en travers de la locomobile; cet arbre fait tourner une large roue ou volant qui s'y trouve fixé. Une courroie qui s'enroule autour de ce volant, permet d'exécuter toute espèce de travail mécanique. On peut donc, en adaptant cette courroie à la machine qu'on veut faire travailler, battre les grains, manœuvrer des pompes, exécuter enfin toute action qui demande l'emploi d'un moteur.

Telles sont les dispositions de la machine à vapeur destinée au travail agricole, et l'on peut ajouter que les divers appareils de ce genre que l'on construit aux États-Unis, en Angleterre et en France, sont conformes au type que nous venons de décrire.

C'est à l'Exposition de Londres, en 1851, que les locomobiles ont fait leur première apparition dans l'industrie européenne. Avant cette époque, deux habiles constructeurs de Nantes, MM. P. Renaud et A. Lotz avaient déjà, il est vrai, construit des machines à vapeur portatives. Mais les constructeurs nantais avaient limité l'emploi de leurs locomobiles au travail exclusif des machines à battre le grain. C'est l'Exposition de Londres, avec ses dix-huit locomobiles de types variés, qui vint pour la première fois attirer sur ce genre d'appareil l'attention des visiteurs de toutes les nations.

Dans le but de faire connaître en France ce nouveau *moteur à toute fin*, M. le général Morin acheta, pour le Conservatoire des arts et métiers, la locomobile de Tuxford, et le ministre des travaux publics fit venir en France, pour les travaux du chemin de fer de Tours à Bordeaux, celle de MM. Clayton et Shuttleworth.

Un constructeur de Paris, M. Calla, comprit, le premier, en France, l'avenir réservé à ce genre de moteurs transportables, et, en 1852, il installait hardiment dans ses ateliers, la fabrication des locomobiles.

M. Calla est parti de la locomobile Clayton, telle qu'elle était en 1851 ; mais il y a apporté quelques modifications. Ainsi, il a augmenté la pression et donné plus d'étendue à la surface de chauffe, qui est portée à $1^{m},40$ et jusqu'à $1^{m},80$ par cheval ; il a de plus, beaucoup agrandi les passages de vapeur dans la distribution ; enfin, il a adopté la cheminée de Klein. C'est avec ces dispositions que M. Calla a entrepris, sur une grande échelle, la construction des locomobiles. C'est donc à cet habile constructeur que nous devons d'avoir répandu en France la connaissance et l'usage des machines à vapeur appliquées à l'agriculture.

Après les détails qui précèdent, l'examen des locomobiles réunies à l'Exposition universelle ne pourra nous retenir longtemps. Nous nous contenterons de signaler ceux de ces appareils qui se distinguent par quelques dispositions secondaires, dont l'utilité pratique a été reconnue.

Parmi les mécaniciens français qui avaient présenté des locomobiles à l'Exposition, M. Calla doit être cité en première ligne.

M. Calla est parvenu à diminuer le poids total des locomobiles, sans rien ôter de leur résistance. Grâce à la solidité de ses chaudières, il a pu porter la pression de la vapeur jusqu'à cinq atmosphères, et, à puissance égale, diminuer l'espace occupé par cette machine.

L'une des locomobiles qui avaient été exposées par M. Calla, peut être citée comme un exemple des avantages que ce moteur présente à l'agriculture. De la force de 3 chevaux, elle n'occupe qu'un espace superficiel de 2 mètres sur $1^{m},50$. Portée sur deux roues, elle ne pèse que 1,600 kilogrammes, et peut être traînée par un seul cheval sur une route ordinaire; elle consomme par jour 150 kilogrammes de houille.

MM. Flaud et Durenne, de Paris, qui s'adonnent aussi à la fabrication des machines à vapeur appliquées à l'agriculture, avaient exposé diverses locomobiles. M. Flaud applique à ces appareils le principe des grandes vitesses qui, dans ce cas particulier, offre des avantages manifestes. Ce constructeur avait exposé dans l'Annexe une locomobile de la force de 12 chevaux, ce qui dépasse peut-être la puissance que l'on demande à ce genre de moteur, et une autre qui se renfermait davantage dans les conditions ordinaires, car elle n'était que de la force de 3 chevaux.

M. Rouffet, autre constructeur de Paris, avait aussi présenté une machine locomobile, mais d'une puissance qui est hors de proportion avec les services que l'agriculture exige.

Deux constructeurs de Nantes avaient exposé diverses locomobiles dans la partie de l'Exposition consacrée au matériel agricole. MM. Renaud et Adolphe Lotz présentaient une locomobile de la force de 4 chevaux, qui différait de celles de M. Calla en ce que le cylindre est disposé verticalement et se trouve pourvu d'une enveloppe de tôle, afin de diminuer la perte de calorique résultant du rayonnement de l'appareil à l'air libre. Nous avons déjà fait remarquer que ces deux constructeurs nantais ont le mérite de s'être occupés les premiers, et de très bonne heure, de la construction des machines à vapeur transportables. MM. Renaud et Lotz sont parvenus à répandre beaucoup dans l'Ouest l'usage de ces nouveaux appareils.

Un autre constructeur de Nantes, M. Lotz aîné, exposait également diverses locomobiles à cylindre vertical ou horizontal, qui étaient d'une très bonne construction.

M. Nepveu, constructeur de Paris, avait exposé une petite miniature de locomobile. C'est une sorte de brouette, car on peut la transporter d'un lieu à un autre au moyen d'une seule roue. Ce curieux appareil montre bien tous les services que la vapeur est susceptible de rendre dans les travaux de l'agriculture. Nous pouvons ajouter que, par la remarquable simplicité de son mécanisme, par la facilité d'entretien et de réparation de ses divers organes, par l'état véritablement élémentaire de son système de construction, la locomobile de M. Nepveu répond parfaitement au type de rusticité qu'il importe de donner à la machine à vapeur consacrée aux travaux des champs. La simplicité de construction est en effet la première condition que doit réaliser cet instrument destiné à être mis entre les mains des ouvriers des campagnes, fort peu au courant de tout ce qui se rapporte à la conduite et à la pratique des machines à vapeur. Sous ce point de vue, la locomobile Nepveu peut être recommandée avec confiance.

Si la locomobile de ce dernier constructeur français répondait complétement au type de simplicité rustique qu'il convient de donner, en France du moins, à la machine à vapeur des campagnes, on ne retrouvait rien de semblable dans les élégants appareils de ce genre sortis des ateliers anglais. Les locomobiles anglaises sont des machines extrêmement perfectionnées et d'un mécanisme trop délicat, peut-être, quoique simple. Elles conviendraient peu, nous le croyons, aux populations agricoles de la France, par ce double motif que les ouvriers de nos campagnes sont trop étrangers au maniement ou à l'entretien des appareils mécaniques, et que le peu de viabilité des chemins de petite communication, dans toutes nos contrées agricoles, les exposerait à trop de chances de dérangement et d'altération. Il est douteux que les belles locomobiles de Clayton et de Hornsby, avec leur train à quatre roues, leur système délicat de distribution de vapeur, etc., fussent propres à circuler longtemps sur nos étroits chemins vicinaux, sur des sols argileux peu ou point entretenus, ou sur les terres fortes de la Limagne ou de la Beauce.

Quoi qu'il en soit, nous devons donner en quelques mots une idée du système de construction des locomobiles anglaises. M. Clayton, qui a doté l'Europe de ce genre d'appareil, a droit d'être cité le premier.

Les locomobiles que construisent aujourd'hui MM. Clayton et Suttleworth, diffèrent de celles qu'ils construisaient en 1851, et se distinguent aussi de la locomobile Calla par une particularité digne d'être notée. Le cylindre à vapeur et les tiroirs pour la distribution de la vapeur, sont placés dans la boîte à fumée, c'est-à-dire dans la partie de l'appareil où se dégagent à la fois la vapeur qui sort des cylindres et les gaz qui s'échappent du foyer; la chaleur de cet espace entretient les cylindres à une température constamment élevée, prévient la déperdition de calorique, et maintient la vapeur à une tension constante. L'installation des cylindres à vapeur dans la boîte à fumée, sur les locomobiles Clayton, est faite de la manière suivante : le cylindre à vapeur est entouré d'une enveloppe métallique qu'échauffent les produits de la combustion qui viennent du foyer, pendant que la vapeur sortie du cylindre circule entre la paroi extérieure et les surfaces externes du cylindre et de la boîte. Le reste des dispositions mécaniques, dans la locomobile Clayton, est le même que dans les locomobiles ordinaires.

Dans la locomobile de M. Hornsby à Grantham (Lincoln) on a introduit un perfectionnement du même genre. Il consiste en ce que le cylindre à vapeur est renfermé dans le réservoir de vapeur, au lieu d'être placé, comme dans la locomobile Clayton, dans la boîte à fumée.

Cette précaution de maintenir le cylindre à vapeur dans un espace chaud, qui est employée par les constructeurs anglais, n'a pas été adoptée par les constructeurs de notre pays, qui pensent avec raison, selon nous, devoir simplifier l'ensemble de leur machine, en renonçant à l'économie de combustible assez peu importante d'ailleurs, que fournit la disposition adoptée en Angleterre.

Parmi les locomobiles anglaises, la locomobile de la force de 7 chevaux, exposée par MM. Ransomes et Sim, constructeurs à Ipswich (Suffolk), a été beaucoup remarquée par l'excellence de son exécution. Dans les locomobiles de M. Ransomes, on a cru pouvoir se dispenser de placer les cylindres dans un espace chauffé; le corps de pompe est disposé extérieurement et sans aucune enveloppe protectrice, comme dans les locomobiles de M. Calla. Cette dernière disposition nous semble avantageuse, car la locomobile devant être manœuvrée par des personnes peu familiarisées avec les appareils mécaniques, il importe de laisser bien à découvert, pendant la marche de la machine, tous les organes qui la composent.

Nous ne pousserons pas plus loin la revue des locomobiles qui ont été envoyées au Palais de l'Industrie, tous ces appareils étant conformes aux types dont nous venons de parler.

L'utilité immense de l'Exposition universelle, c'est qu'elle présentait au public intéressé à ces questions, les résultats de l'expérience et de la pratique des principales nations de l'Europe, sous la forme matérielle d'instruments et d'appareils. On doit espérer beaucoup, en ce qui concerne la connaissance et la vulgarisation des machines appliquées à l'agriculture, de la présence des nombreuses locomobiles qui se voyaient au Palais de l'Industrie. Il est impossible, en effet, qu'à la suite d'un examen attentif de ces nouveaux appareils, l'agriculteur ne soit pas demeuré convaincu de toute leur utilité pratique et de l'importance que doit offrir leur usage bien entendu. Cependant, comme ces machines sont encore toutes nouvelles en France, et qu'elles ont, par conséquent, à combattre les résistances des anciennes habitudes, on élève parmi nous, diverses objections contre leur emploi; il ne sera donc pas hors de propos de répondre brièvement aux arguments que l'on oppose à l'introduction des locomobiles dans les travaux de nos campagnes.

On objecte, en premier lieu, le prix de ces machines. Le prix d'une locomobile est d'environ 1,000 francs par force de cheval, soit 3,000 francs pour une machine de la force de 3 chevaux. Mais l'économie du travail quotidien doit promptement couvrir cette avance. On est parvenu, en effet, à réduire dans une proportion remarquable la quantité de combustible brûlé dans le foyer des locomobiles. Dans celles de M. Hornsby, par exemple, on ne brûle que 2 kilogrammes un quart de bonne houille pour produire pendant une heure la force d'un cheval-vapeur. On sait que l'unité dynamométrique que l'on désigne sous le nom de *cheval-vapeur* équivaut à celle de 2 chevaux; si l'on part du prix de 3 francs les 100 kilogrammes de houille, ce n'est donc pour l'agriculteur qu'une dépense de moins de 10 centimes par heure de travail pour produire la force que développeraient, dans le même espace de temps, deux chevaux de son écurie. Il ne faut pas perdre de vue, en même temps, que la locomobile ne consomme de combustible et n'occasionne de dépense, que tout autant qu'elle produit un travail mécanique; au contraire, le cheval de ferme exige toujours sa dépense d'entretien, qu'il soit au travail ou bien en repos. Ajoutons, d'ailleurs, que le propriétaire qui, ayant plus de bonne volonté que de capitaux, se trouve hors d'état de faire l'acquisition d'une pareille machine, peut cependant jouir encore de ses avantages si, comme cela se pratique déjà dans quelques-uns de nos départements du Nord et de l'Ouest, un industriel, possesseur d'une locomobile, la transporte de ferme en ferme, et la loue à l'agriculteur pour un temps fixé, ou bien se charge à forfait du travail requis.

On élève certaines craintes relativement à l'incendie, en considérant que les locomobiles doivent fonctionner près des bâtiments couverts de chaume, ou en présence de matières susceptibles de s'embraser aisément, telles que des gerbes de céréales, des foins, du bois sec, etc. Mais il suffit de faire remarquer, pour dissiper ces appréhensions, que les chaudières des locomobiles sont disposées de manière à éviter ce genre d'accidents. Les cendres et les résidus de combustion qui tombent du foyer, sont reçus dans une boîte pleine d'eau, fermée de toutes parts, et la cheminée est assez élevée pour qu'aucune étincelle ne puisse se faire jour à l'extérieur. Aucun incendie n'a été signalé jusqu'ici comme conséquence de l'emploi des locomobiles, non-seulement en France, où leur usage est encore peu répandu, mais en Angleterre, où il est devenu presque général.

Le regrettable argument qui, au commencement de notre siècle, retarda l'adoption des machines dans les ateliers de l'industrie manufacturière, est également invoqué aujourd'hui contre l'introduction des mêmes appareils dans l'industrie agricole. Les locomobiles, dit-on, exécutent le travail de l'homme; elles auront donc pour résultat de nuire à l'ouvrier des champs, en diminuant le nombre des travailleurs employés dans chaque contrée. L'expérience a, comme on le sait, tranché depuis longtemps cette question en faveur des machines qui, loin d'avoir diminué le nombre des ouvriers employés dans les manufactures, ont, au contraire, augmenté ce nombre dans une proportion considérable. Or, le travail industriel ne différant point, dans ses conditions et dans les lois générales qui le régissent, du travail agricole, le même résultat doit nécessairement se produire ici. En créant aux produits du sol des débouchés nouveaux, l'économie qui résultera de l'emploi des machines permettra d'occuper un nombre d'ouvriers tout aussi considérable que par le passé. N'oublions pas, au reste, que par diverses causes que nous n'avons pas à examiner ici, les bras manquent trop souvent dans nos campagnes; il n'est donc pas indifférent, dans une telle circonstance, de pouvoir suppléer par un agent moteur économique, au travail de l'ouvrier qui déserte les occupations paisibles des champs pour le séjour des cités.

L'agriculture n'est pas seulement la plus ancienne de toutes les industries des peuples, elle est encore aujourd'hui la plus importante, et partout elle constitue la base fondamentale de la richesse publique. En France, comme dans la plupart des autres contrées de l'Europe, la question agricole est la question souveraine. Quel que soit, en effet, le développement de la production manufacturière, quelle que puisse être son extension future, elle n'égalera jamais en étendue la production agricole. C'est le sol qui fournit aux arts et aux manufactures les matières premières qui leur sont indispensables, et le travail de la terre occupe, dans notre pays, un nombre d'hommes infiniment au-dessus de celui que réclame la confection des produits industriels. Il est incontestable pourtant que les procédés de l'agriculture sont aujourd'hui dans un état d'infériorité frappante relativement à ceux de l'industrie manufacturière, qui a réalisé dans notre siècle les prodiges que tout le monde connaît. C'est en empruntant à l'industrie elle-même les moyens et les procédés qui ont déterminé ses progrès si rapides, que l'agriculture pourra entrer, à son tour, dans la voie de ces perfectionnements si désirables. L'accomplissement de cette grande tâche appartient à la génération qui s'élève, et nul ne saurait prévoir les résultats qu'amènerait dans la destinée des nations modernes la solution de ce magnifique problème.

APPLICATIONS DE L'ÉLECTRICITÉ.

MOTEURS ÉLECTRO-MAGNÉTIQUES.

Après avoir étudié les machines à vapeur et fait connaître l'état actuel de la science et de l'industrie en ce qui concerne ce puissant et universel moteur, nous ne saurions mieux faire que d'aborder l'intéressante question des applications mécaniques de l'électricité. Depuis quelques années, en effet, l'idée de remplacer la puissance de la vapeur par celle du fluide électrique, préoccupe vivement nos industriels et nos savants. Un décret du président de la République a institué un prix de 50,000 francs à décerner au physicien français ou étranger qui aura réalisé une découverte importante parmi les nombreuses applications que l'électricité peut recevoir. Depuis cette époque, les esprits sont excités, les cerveaux sont au travail, et, de toutes parts, on s'est mis à l'œuvre pour remplir les conditions d'un programme qui s'accorde si bien avec les besoins de la science et de l'industrie. La description des appareils électro-moteurs qui se trouvaient réunis à l'Exposition universelle, sera, pour nous, un moyen excellent d'apprécier les résultats des efforts nombreux qui ont été faits jusqu'ici dans cette direction, et de constater jusqu'à quel point sont déjà réalisées les espérances que l'on a conçues. Nous allons donc faire connaître, d'après les modèles qui figuraient au palais de l'Industrie, les résultats qui ont été obtenus jusqu'à ce moment pour la création des machines électro-motrices. Il nous importe seulement de faire remarquer que le sujet que nous allons aborder ici n'a encore été, dans aucune publication, l'objet d'un examen spécial ; ce n'est pas sans quelque peine que nous avons réussi à rassembler les éléments épars et peu nombreux de cette question. Que cette circonstance soit notre excuse auprès des savants dont nous pourrions négliger de mentionner les travaux, et pour les idées que nous pourrions traduire avec inexactitude.

Quand on rapproche jusqu'au contact les deux conducteurs d'une pile de Volta, les deux électricités, négative et positive, qui parcourent ces conducteurs, se réunissent, et leur combinaison mutuelle, c'est-à-dire la recomposition de l'électricité naturelle ou neutre, par la réunion des deux électricités contraires, donne naissance à ce que l'on a nommé le *courant électrique*.

En quoi consiste un *courant électrique* considéré dans sa nature intime ? C'est là un mystère que personne n'a pu, jusqu'ici, approfondir ou même soupçonner. Mais si l'essence même de ce phénomène est destinée peut-être à rester à jamais impénétrable à notre esprit, en revanche, ses effets sont facilement appréciables aux yeux, et ces effets sont admirables autant par leur puissance que par leur étonnante variété.

Un courant électrique qui s'élance d'une pile en activité peut produire les phénomènes suivants : 1° des effets physiques ; 2° des effets chimiques ; 3° des effets physiologiques ; 4° des effets mécaniques.

Les *effets physiques* produits par la pile de Volta consistent dans un développement remarquable de chaleur et de lumière. Si les deux pôles, c'est-à-dire l'extrémité des deux conducteurs d'une pile en activité, sont réunis par un fil de métal, ce métal, quelle que soit sa résistance ordinaire à l'action du calorique, rougit aussitôt, entre en fusion, tombe en perles incandescentes, et peut même disparaître à l'état de vapeurs. Si, au lieu d'un métal, on se sert de deux pointes de charbon pour réunir les deux pôles, et qu'on rapproche ces deux pointes l'une de l'autre à une certaine distance, sans toutefois les mettre en contact, on voit aussitôt une vive étincelle ou plutôt un arc lumineux, s'élancer entre les deux conducteurs. Cette lumière jouit d'un si éblouissant éclat, qu'elle rappelle celle du soleil. C'est ainsi que l'on obtient l'*éclairage électrique*, dont nous aurons à parler dans la suite de cet ouvrage.

Les *effets chimiques* de la pile se manifestent par la décomposition instantanée que le courant voltaïque fait subir à tous les corps composés que l'on soumet à son action. L'eau, les acides, les bases, les sels, en un mot, toutes les combinaisons de la nature et de l'art, peuvent être réduites à leurs éléments simples par la mystérieuse action de cet agent extraordinaire : la galvanoplastie, la dorure et l'argenture par la pile, sont des applications industrielles de ce curieux phénomène.

Les *effets physiologiques* de la pile sont assez connus pour qu'il soit inutile de s'y arrêter; chacun sait qu'ils consistent en une commotion, d'un ordre particulier, que l'on éprouve lorsqu'on tient dans les mains, légèrement mouillées pour qu'elles soient conductrices du fluide électrique, les deux pôles d'une pile en activité.

En quoi consistent, enfin, les *effets mécaniques* de la pile de Volta ? C'est à ce dernier point qu'il convient de nous arrêter, puisque tel est l'objet que nous avons à considérer pour étudier l'emploi de l'électricité comme agent moteur.

L'important phénomène physique sur lequel repose l'emploi de l'électricité comme puissance motrice, a été découvert, en 1820, par Arago et Ampère.

Si l'on fait circuler autour d'un barreau de fer le courant d'une pile voltaïque en activité, en enroulant plusieurs fois le fil conducteur (préalablement entouré de soie afin d'éviter la dissémination de l'électricité d'une spire à l'autre), on aimante instantanément ce barreau. Aussi, un morceau de fer étant approché à quelque distance de cet aimant artificiel, est-il fortement attiré.

C'est sur ce phénomène physique qu'est fondé le télégraphe électrique, instrument qui consiste, comme on le sait, en un conducteur voltaïque venant s'enrouler un grand nombre de fois autour d'un petit barreau de fer. Transformé en un aimant artificiel par le passage du courant électrique, ce barreau métallique attire un autre morceau de fer placé en regard, et c'est ce mouvement mécanique, ainsi produit à distance grâce à l'électricité, qui sert à former les signes du télégraphe.

Ce phénomène, dont on a tiré un si admirable parti dans les télégraphes électriques, est aussi le même que l'on met à profit pour appliquer l'électricité comme agent moteur. Admettez, en effet, qu'au lieu de faire agir une pile très faible, composée seulement de huit à dix éléments, comme pour le télégraphe électrique, on fasse usage d'un courant voltaïque d'une puissante intensité, de deux cents à trois cents éléments, par exemple, et qu'on enroule un très grand nombre de fois le conducteur autour d'un barreau de fer, on aimantera ce barreau et l'on pourra, avec ce puissant aimant artificiel, soulever des poids très considérables. M. Pouillet a fait construire pour la Faculté des sciences de Paris, un électro-aimant capable de soulever un poids de 2,500 kilogrammes, et chaque année, dans le cours de physique de la Sorbonne, on voit cet électro-aimant supporter une plate-forme sur laquelle sept à huit élèves viennent s'asseoir.

Si l'on remarque maintenant que cette prodigieuse puissance mécanique que l'on communique instantanément à un barreau de fer, en mettant simplement le fil conducteur d'une pile de Volta en communication avec ce barreau, peut lui être enlevée avec la même rapidité en interrompant cette communication, on comprendra comment et par quels moyens l'électricité peut être employée comme agent mécanique; on comprendra qu'un électro-aimant artificiel, disposé comme nous venons de l'indiquer, puisse constituer à lui seul un appareil moteur. En établissant et détruisant très rapidement la communication de cet électro-aimant avec la pile voltaïque, on peut, en effet, provoquer alternativement, et dans un temps très court, l'élévation et la chute d'une masse de fer placée en regard de l'aimant artificiel. Si, à cette masse de fer mise de cette manière en un mouvement continuel, on adapte une tige propre à communiquer le mouvement à un arbre moteur, on aura, en définitive, construit une véritable machine motrice, c'est-à-dire le moteur électro-magnétique dont nous avons à parler.

Nous venons d'exposer le principe général sur lequel repose la construction des moteurs électro-magnétiques. Jetons maintenant un coup d'œil sur la série des diverses tentatives qui ont été faites jusqu'à ce jour pour transporter ce principe dans la pratique. Après avoir passé en revue les résultats de ces différents essais, nous pourrons plus facilement discuter la valeur de ce moteur nouveau, et chercher si l'on peut songer sérieusement à le faire entrer en lutte avec la vapeur pour la production d'une force motrice applicable à l'industrie.

C'est peut-être s'imposer un soin d'une importance médiocre, que de rechercher quel a pu être le premier créateur d'une machine électro-motrice. Il est évident, en effet, qu'après la grande découverte d'Œrsted, qui avait constaté, avant aucun autre physicien, le phénomène de l'attraction magnétique par les courants voltaïques, après les essais de M. Sturgeon, qui donna le premier les moyens d'augmenter l'intensité de l'aimantation du fer, la pensée dut s'offrir naturellement à un grand nombre de physiciens, de consacrer ce mouvement d'attraction du fer à produire un travail mécanique applicable à l'industrie. Cependant, comme il n'existe guère aujourd'hui d'autre récompense, pour les savants, que de voir leurs travaux signalés à l'attention et à la reconnaissance du public, nous dirons, pour rapporter à leur véritable auteur le mérite des premiers essais dans l'ordre de recherches qui nous occupe, que la plus ancienne tentative pour appliquer à un travail utile l'action des aimants artificiels, appartient à l'abbé Salvator dal Negro, savant ecclésiastique de Padoue, qui se consacrait avec succès à l'étude des phénomènes électriques. En 1831, l'abbé dal Negro essaya de tirer un parti mécanique de l'électro-magnétisme, à l'aide d'un instrument que l'on trouve décrit dans la quatrième partie d'un mémoire de ce savant sur le *Magnétisme temporaire*, imprimé dans le tome IV des *Actes de l'Académie des sciences, lettres et arts, de Padoue* (1).

Ce n'est pourtant que quelques années après que la science s'est enrichie de notions rigoureuses concernant l'emploi mécanique de l'électricité. En 1834, M. Jacobi, célèbre physicien russe, professeur à Dorpat, le même qui s'est rendu célèbre par la découverte de la galvanoplastie, présenta à l'Académie des sciences de Saint-Pétersbourg, un mémoire sur l'*application de l'électro-magnétisme au mouvement des machines*, où cette question se trouvait étudiée d'une manière approfondie. Dans ce travail, qui fut également communiqué à l'Académie des sciences de Paris (le 1er décembre 1834), l'auteur soumettait à un calcul attentif tous les éléments à considérer pour l'application pratique de la force électro-motrice (2).

L'appareil proposé par M. Jacobi, pour appliquer l'électricité au mouvement des machines, se composait de deux disques métalliques placés verticalement l'un au-dessus de l'autre, portés sur un axe commun, et munis tous les deux de barreaux de fer doux disposés sur leur pourtour. Ces barreaux de fer, placés en regard et presque en contact l'un avec l'autre par leur extrémité libre, étaient disposés de telle sorte que les extrémités libres des barreaux d'un même disque constituaient alternativement des pôles magnétiques de nom contraire. L'un de ces disques était fixe, et l'autre mobile autour de l'axe. Il résultait de cette disposition que, par suite de l'attraction électro-magnétique qui

(1) L'appareil électro-magnétique de l'abbé dal Negro se trouve aussi mentionné dans le *Polygraphe de Vérone*, avril 1832, et dans le *Journal des beaux-arts et de technologie de Venise*, pour 1833, p. 67, sous ce titre : *Nuova macchina elettro-magnetica immaginata dall'abato Salvatore dal Negro*. Enfin, la description complète du même appareil a été donnée dans le second cahier (mars et avril 1834) des *Annales du royaume lombardo-vénitien*. On fait connaître, dans ce Mémoire, divers moyens de profiter de l'électro-magnétisme pour mettre en mouvement une machine et soulever un poids. Disons, enfin, que le même travail fut présenté le 10 mars 1834 à l'Académie des sciences de Paris.

(2) Ce mémoire de M. Jacobi a été reproduit dans les *Archives de l'électricité* de M. De la Rive, année 1843, page 233.

s'exerçait entre les pôles opposés des électro-aimants (le pôle nord et le pôle sud), lorsque les barreaux de fer du disque mobile occupaient le milieu des intervalles qui séparaient les barreaux de fer du disque fixe, les attractions et les répulsions mutuelles qui s'établissaient entre les pôles opposés de tous ces aimants faisaient tourner le disque mobile. L'axe du disque ainsi mis en mouvement pouvait donc servir à mettre en action un arbre moteur.

L'empereur Nicolas attachait beaucoup d'importance aux travaux de M. Jacobi. Une somme de 60,000 francs fut accordée à ce physicien sur la cassette impériale, pour continuer ses expériences, exécuter en grand son appareil et l'appliquer, dans un essai décisif, à un travail mécanique. Pendant l'année 1839, l'appareil que nous venons de décrire fut, en effet, installé sur une chaloupe, et l'on en fit l'essai sur la Néwa. Mais cette expérience ne donna que des résultats défavorables, qui déterminèrent l'abandon des recherches entreprises par le professeur de Dorpat.

Nous n'avons trouvé nulle part la relation exacte de l'expérience exécutée sur la Néwa par M. Jacobi. Le *Bulletin de l'Académie de Saint-Pétersbourg* n'en fait même aucune mention, en raison sans doute de l'échec avéré de cette tentative. C'est là une omission regrettable : dans les grandes entreprises scientifiques, l'insuccès du passé sert à l'instruction de l'avenir.

A défaut de document plus précis, nous pouvons pourtant consigner, au sujet de cette expérience, quelques résultats rapportés par M. Lamé dans son *Cours de physique à l'École polytechnique*. M. Lamé se trouvait en Russie vers l'époque où cette expérience eut lieu ; les renseignements que ce physicien nous transmet sont donc d'une rigoureuse exactitude.

La pile qui servit à mettre en mouvement la machine électromagnétique de Jacobi était, selon M. Lamé, une pile de Grove, composée de 64 couples zinc et platine, qui offraient une superficie totale de 16 pieds carrés. Mais nous sommes en mesure d'affirmer que le jour où fut exécutée l'expérience publique que nous rappelons, une seconde machine toute pareille et munie d'une pile de la même force, fut ajoutée à la première; ces deux machines, couplées, réunirent leurs effets, en agissant sur le même arbre. Ainsi la pile qui fut employée était composée de 128 couples de Grove et offrait une superficie totale de 32 pieds carrés. La puissance du courant électrique était telle, qu'un fil de platine long de 2 mètres, et de la grosseur d'une corde de piano, fut immédiatement rougi sur toute son étendue par le courant voltaïque. Le dégagement des gaz provenant de la pile en activité était si intense qu'il incommodait au plus haut degré les opérateurs, et qu'il les obligea plusieurs fois à interrompre l'expérience. Les spectateurs qui, des rives de la Néwa, assistaient à l'expérience, furent contraints de quitter la place.

La chaloupe, qui était munie de roues à palettes et montée par douze personnes, put naviguer pendant plusieurs heures sur les eaux de la Néwa, contre le courant et malgré un vent violent. Mais hâtons-nous de dire, pour rectifier l'évaluation inexacte que ce fait pourrait donner de la puissance qui fut développée dans cette occasion, que la puissance du moteur électro-magnétique, estimée approximativement, ne représenta que les trois quarts de la force d'un cheval-vapeur. Un si faible effet mécanique, déterminé par un courant électrique d'une activité si considérable, démontra à l'auteur et aux spectateurs de cette expérience, qu'il serait impossible d'appliquer cette machine à un travail industriel.

Ces tentatives pour l'application de la force électro-motrice, qui venaient d'échouer sur les bords de la Néwa, furent reprises l'année suivante, en Amérique. Cependant, avant de nous transporter aux États-Unis, nous pouvons signaler quelques idées intéressantes émises en France, à la même époque.

En 1840, MM. Patterson présentèrent à l'Académie des sciences de Paris, une machine qui devait être consacrée, au dire des inventeurs, à l'impression d'un journal hebdomadaire. C'était promettre beaucoup à une époque où les applications de l'électro-magnétisme étaient encore enveloppées de tant d'obscurité et d'incertitudes. Ce projet n'eut aucune suite. L'appareil de MM. Patterson est digne pourtant d'être mentionné. Il consistait en une roue portant sur sa circonférence deux morceaux de fer doux, placés chacun à des distances égales. Par le mouvement de la roue, ces morceaux de fer venaient passer devant deux aimants artificiels, dont l'aimantation était subitement interrompue au moment où les morceaux de fer se trouvaient en présence et presque au contact de ces aimants; la roue continuait alors à marcher par sa vitesse acquise, et à l'aide d'une disposition particulière, facile à imaginer, le courant électrique se trouvait rétabli lorsque plus de la moitié de l'espace qui séparait les morceaux de fer avait été parcourue. Pour déterminer, à volonté, la direction du mouvement de droite à gauche ou de gauche à droite, il suffisait de commencer l'attraction, tantôt un peu avant, tantôt un peu après le milieu de l'intervalle qui séparait les deux morceaux de fer attirables. Enfin, pour changer le mouvement pendant la marche de la machine, il suffisait de déplacer d'une petite quantité l'appareil qui servait à établir et à supprimer la communication électrique.

La pierre de touche en ces sortes de recherches, c'est-à-dire l'application pratique, manqua à l'appareil de MM. Patterson; mais il en fut autrement d'une machine presque toute semblable, qui fut construite, en 1840, à New-York, par M. Taylor. D'après le *Mechanic's Magazine* (1) l'appareil de M. Taylor fut employé avec un succès complet pour mettre en marche un petit tour de bois.

Enfin, un appareil du même genre a été soumis en Écosse, en 1842, à une expérience qui, dans certaine mesure, peut être considérée comme décisive en ce qui concerne au moins l'application pratique du principe sur lequel il est fondé. Après avoir perfectionné l'appareil à roue de Patterson, M. Davidson l'installa sur une locomotive qui fut mise en mouvement, avec une vitesse de 2 lieues à l'heure, sur le chemin de fer d'Édimbourg à Glasgow.

(1) Mai 1840.

La locomotive était montée sur quatre roues d'un mètre de diamètre, et elle traînait un poids de 6 tonnes (1).

Ici se placeraient, si l'on tenait à rendre complet ce rapide aperçu historique, quelques tentatives faites en France et qui sont représentées par quelques brevets accordés à diverses personnes. Mais dans cette question, comme dans toutes celles du même genre, on ne peut tenir sérieusement compte de simples mentions contenues dans un brevet; on ne doit s'attacher qu'aux expériences constatées et aux appareils qui ont été mis en pratique. Nous sommes obligés, pour rester dans cette voie, de revenir aux États-Unis.

Les Américains, que l'on est sûr de trouver en première ligne toutes les fois qu'il s'agit de l'application des sciences à l'industrie, n'avaient cessé de s'occuper avec persévérance de l'étude des machines électro-magnétiques depuis que Jacobi eut fait entrevoir, par son expérience sur la Néwa, la possibilité de tirer parti de l'électricité comme agent mécanique. Nous avons déjà parlé des essais de M. Taylor, à New-York. Il y aurait injustice à ne pas signaler aussi les travaux d'un autre physicien de New-York, M. Elijah Paine, qui fit exécuter, en 1849, une machine électro-magnétique à balancier qu'il destinait aux navires. La machine de M. Elijah Paine, parfaitement étudiée dans sa construction, était composée d'un balancier portant à chacune de ses extrémités une tige de fer. Chacune de ces tiges, alternativement attirée par un électro-aimant, agissait sur le balancier pour le mettre en action; ce dernier transmettait ensuite son mouvement à la manivelle d'un arbre moteur. Le commutateur, c'est-à-dire l'appareil destiné à provoquer le passage alternatif du courant voltaïque dans les deux électro-aimants, consistait en une sorte de manchon garni de lames d'argent. Ce moteur électro-magnétique a été breveté en France, en 1849. Cependant l'expérience ne répondit pas à l'espoir que l'auteur avait fondé sur ses effets mécaniques.

(1) *Civil engineer's Journal*, octobre 1842.

Des résultats d'une certaine importance paraissent avoir été obtenus à Washington, en 1850, par le professeur Page, dont les journaux américains nous ont transmis les curieuses expériences.

Le *National intelligencer*, journal des États-Unis, a le premier donné connaissance des expériences de M. Page, qui produisirent, à cette époque, une certaine sensation, en Europe. Ce journal rapportait, dans les termes suivants, les expériences du physicien de Washington :

« Le professeur Page, dans le cours qu'il professe à l'Institut de Smithson, a établi comme indubitable qu'avant peu l'action électro-magnétique aura détrôné la vapeur et sera le moteur adopté. Il a fait en ce genre, devant son auditoire, les expériences les plus étonnantes. Une immense barre de fer, pesant 160 livres, a été soulevée par l'action magnétique, et s'est mue rapidement de haut en bas, dansant en l'air comme une plume, sans aucun support apparent. La force agissant sur la barre a été évaluée à environ 300 livres, bien qu'elle s'exerçât à 10 pouces de distance.

» On ne peut se faire une idée du bruit et de la lumière de l'étincelle lorsqu'on la tire en un certain point de son grand appareil : c'est un véritable coup de pistolet. À une très petite distance de ce point, l'étincelle ne donne aucun bruit.

» Le professeur a montré ensuite sa machine d'une force de 4 à 5 chevaux, que met en mouvement une pile contenue dans un espace de 3 pieds cubes. C'est une machine à double effet, de 2 pieds de course, et le tout ensemble, machine et pile, pèse environ une tonne (un peu plus de 1,000 kilogrammes). Lorsque l'action motrice lui est communiquée, la machine marche admirablement, donnant 114 coups par minute. Appliquée à une scie circulaire de 10 pouces de diamètre, laquelle débitait en lattes des planches d'un pouce et demi d'épaisseur, elle a donné par minute 80 coups. La force agissant sur ce grand piston dans une course de 2 pieds, a été évaluée à 600 livres quand la machine marche lentement. Le professeur n'a pas pu apprécier au juste quelle est la force déployée lorsque la machine marche avec vitesse de travail, bien qu'elle soit beaucoup moindre. »

Le récit qui précède renferme des évaluations dynamométriques beaucoup trop vagues pour qu'elles ne soient pas singulièrement exagérées en ce qui concerne la puissance de la machine. Il ne nous fournit aucune description du moteur électro-magnétique de M. Page; mais il est facile de suppléer à cette lacune, car l'inventeur américain a pris une patente en Angleterre, et un brevet en France le 9 septembre 1850, bien que son appareil eût déjà été décrit dans quelques recueils scientifiques (1).

La machine électro-magnétique du professeur Page repose sur l'emploi des électro-aimants creux. Voici ce que l'on entend par cette disposition particulière des aimants artificiels.

Si l'on réunit une série d'hélices de fils de cuivre de manière à en former un cylindre creux, que l'on place une tige de fer dans l'intérieur du cylindre formé par la réunion de ces hélices, et que l'on fasse circuler le courant électrique dans ces hélices, quand on viendra, par un moyen quelconque, avec la main par exemple, à élever en l'air la tige de fer, elle retombera dans le cylindre dès qu'on l'abandonnera à elle-même, attirée par l'action magnétique, comme par un ressort. C'étaient ainsi qu'étaient disposés les aimants artificiels dans la machine de M. Page, qui offrait, dès lors, à peu près la forme de nos machines à vapeur à cylindre; seulement les cylindres n'avaient pas de couvercle, ils étaient ouverts à leurs deux extrémités. Comme dans les machines à vapeur, cette sorte de tige de piston que représente le barreau de fer mis en mouvement par l'action magnétique, servait à faire tourner un arbre de couche, à l'aide d'une manivelle. Enfin, comme dans les machines à vapeur, ce cylindre pouvait être disposé verticalement ou horizontalement.

La machine qui servit aux expériences de M. Page était verticale; elle se composait de deux aimants creux contenant chacun un fil de cuivre d'une longueur de 1,500 mètres environ. Si l'on n'avait fait usage dans chaque cylindre que d'une seule

(1) Le Mémoire de M. Page est rapporté dans la *Bibliothèque universelle de Genève*, t. XVI, pages 51 et 231.

hélice, c'est-à-dire d'un seul courant électro-magnétique, par suite du déplacement de la tige de fer et de son élévation partielle hors du cylindre, l'attraction magnétique n'aurait pas été entièrement utilisée. M. Page avait remédié à cet inconvénient par une disposition ingénieuse et qui constitue le mérite principal de sa machine. Chaque bobine se composait d'une suite d'hélices, courtes, indépendantes les unes des autres, et mises en action d'une manière successive, grâce à un commutateur; dès lors, la tige de fer était tirée de haut en bas, avec un mouvement uniforme. Les deux tiges-piston étaient deux barres cylindriques de fer doux, longues de 3 pieds et de 6 pouces de diamètre; leur course était de 2 pieds. A l'aide d'un levier et d'une bielle, elles venaient agir sur l'axe d'une roue, pour lui imprimer un mouvement de rotation; cette roue, ou volant, était du poids de 600 livres.

Malgré l'assertion du journal américain cité plus haut, il est établi que la machine de M. Page ne dépassait pas, si même elle l'atteignait, la force d'un cheval-vapeur.

D'après M. Armengaud, qui a donné dans sa *Publication industrielle* une courte et intéressante notice sur les machines électro-motrices, la batterie électrique, qui servit aux expériences de M. Page, était formée de 40 éléments de Grove; chaque plaque avait 25 centimètres de côté (1).

C'est avec le secours du gouvernement américain que le professeur Page avait exécuté les expériences que nous venons de rapporter; l'amirauté des États-Unis lui avait alloué, à cet effet, une somme de cent huit mille francs.

Depuis l'année 1850, époque à laquelle furent publiées ces expériences, on n'a plus entendu parler de la machine du professeur américain. Elle ne s'est montrée ni à l'Exposition de Londres de 1851, ni à notre Exposition universelle. Il est donc probable que les résultats qu'elle a fournis dans des essais ultérieurs, n'ont point répondu aux promesses de l'inventeur.

(1) *Publication industrielle*, t. VIII, p. 106.

Comment expliquer les insuccès constants des diverses machines électro-motrices qui ont été construites dans ces dernières années en Europe et aux Etats-Unis ? Ils tenaient à deux circonstances qu'il importe de signaler.

On avait toujours admis qu'avec les machines électro-motrices on pouvait, sans hésiter, conclure d'un essai en petit à l'application en grand ; on avait pensé, en d'autres termes, qu'en augmentant l'énergie du courant électrique et la grandeur des électro-aimants, on augmenterait dans le même rapport la puissance de la machine. Jamais cependant ce résultat n'a pu être obtenu, et le même modèle qui, en petit, produisait d'excellents effets, quand on l'exécutait en grand ne fonctionnait que d'une manière imparfaite et tout à fait hors de proportion avec l'augmentation donnée aux différentes pièces de l'appareil.

A quelles causes doit-on attribuer ce fâcheux mécompte ? Ces causes nous paraissent les suivantes.

En premier lieu, toutes les fois que l'on a voulu reproduire en grand un modèle exécuté en petit, on a accru, dans la même proportion, les rapports de toutes les pièces ; mais on a oublié, dans cette circonstance, le rapide décroissement que la force électro-magnétique éprouve avec la distance ; aussi, quand on a accru proportionnellement aux autres éléments de la machine la distance entre les électro-aimants et les lames de fer doux, a-t-on fait perdre à l'appareil une grande partie de son intensité attractive. Il aurait fallu accroître beaucoup moins cet intervalle, pour ne rien perdre de la force attractive des aimants,

Une autre circonstance a rendu difficile la construction de machines électro-motrices d'une grande puissance mécanique. Quand on veut augmenter l'intensité du courant voltaïque, le *commutateur*, c'est-à-dire l'appareil destiné à établir et interrompre successivement le passage de l'électricité qui doit provoquer les attractions magnétiques, est très rapidement détruit, parce que toutes les fois qu'il y a interruption d'un courant électrique d'une très grande intensité, il se manifeste de vives étincelles qui amènent la combustion, c'est-à-dire l'oxydation du métal, ce qui entraîne la destruction de cette partie délicate de l'appareil. Un de nos plus savants constructeurs, M. Froment, ancien élève de l'École Polytechnique, aujourd'hui attaché à l'Observatoire, et le premier artiste de l'Europe pour les instruments de précision, est parvenu à beaucoup atténuer cette difficulté et a fait ainsi avancer d'un grand pas la question des applications mécaniques de l'électricité. Il a subdivisé le fil conducteur destiné à produire l'action électro-magnétique dans les diverses bobines et dans le commutateur. Au lieu d'un seul conducteur qui rougit et entre en fusion par l'afflux d'une masse d'électricité, M. Froment partage ce fil en un grand nombre de petits conducteurs (50 ou 60), qui vont ensuite se distribuer au commutateur et aux diverses bobines électro-magnétiques; dès lors, le commutateur n'étant traversé que par un courant assez faible, n'éprouve aucune altération. Grâce à cette disposition, on a pu faire usage, dans de grandes machines électromotrices, de courants voltaïques de l'intensité la plus forte. Ainsi a été heureusement levé l'un des obstacles qui avaient arrêté jusqu'ici les physiciens dans la création des moteurs électromagnétiques applicables à l'industrie. On ne sera donc pas étonné d'apprendre que les appareils construits par M. Froment représentent la solution la plus avantageuse que l'on possède aujourd'hui du problème de l'électro-magnétisme appliqué au mouvement des machines. Nous retrouverons bientôt les appareils de cet ingénieux et savant artiste en examinant les moteurs électro-magnétiques de l'Exposition de 1855.

Cette revue sommaire des nombreuses tentatives qui ont été faites depuis vingt ans pour tirer de l'électricité une force économique et industrielle, nous amène donc à conclure que cette question, qui occupe les physiciens depuis l'année 1834, n'a fait de progrès sérieux que dans ces dernières années. L'Exposition universelle va nous donner d'ailleurs l'occasion d'apprécier sur ce point l'état actuel de la science et de l'industrie. En effet, les principaux inventeurs qui, depuis la promulgation du décret mentionné plus haut, se sont consacrés à imaginer de nouvelles dispositions pour les moteurs électro-magnétiques, avaient presque tous envoyé leurs modèles au palais des Champs-Élysées; l'examen de quelques-uns de ces appareils nous permettra donc de faire connaître avec exactitude nos ressources actuelles sur cette partie importante de la physique appliquée.

Parmi tous les physiciens et les constructeurs qui se sont adonnés à l'étude des applications mécaniques de l'électricité, M. Froment doit être placé au premier rang, et tout à fait hors ligne. Ses appareils diffèrent, en effet, par un point capital, de tous ceux du même genre qui figuraient au Palais de l'Industrie : ils ont pour eux l'épreuve décisive de la pratique. Les appareils électro-magnétiques de M. Froment servent depuis plus de dix ans à mettre en action une partie de ses ateliers. Les petits tours et les machines à diviser qui servent, chez ce constructeur, à exécuter les instruments de précision, et ces règles microscopiquement divisées qui excitent une admiration universelle, sont mis en action par un moteur électrique. C'est donc par l'examen des appareils de M. Froment que nous devons commencer la revue des machines électro-motrices de l'Exposition.

M. Froment a construit un grand nombre de modèles de moteurs électro-magnétiques. Nous décrirons en particulier deux de ces instruments.

Le premier moteur électro-magnétique de M. Froment se compose d'un cadre circulaire disposé suivant un plan vertical, et sur lequel sont fixés, à des distances égales les uns des autres, un certain nombre d'électro-aimants dont les axes viennent tous converger vers le centre de figure du cadre. Une roue de cuivre, munie d'un nombre correspondant de lames de fer doux, se trouve placée à l'intérieur de ce cadre, de manière à pouvoir rouler sur sa surface intérieure en présentant successivement chaque lame de fer doux aux électro-aimants qui lui sont opposés.

Essayons de faire comprendre comment cette machine est

mise en action, et comment elle peut transmettre son mouvement au dehors.

Supposons d'abord l'appareil au repos, et l'une des lames de fer doux à une certaine distance de l'électro-aimant qui lui correspond. Si l'on fait passer le courant électrique à travers le fil qui s'enroule autour de cet électro-aimant, celui-ci s'aimantera aussitôt et attirera à lui la pièce de fer doux, qui entraînera avec elle la roue mobile; le mouvement se continuera jusqu'à ce qu'il y ait contact entre la lame de fer doux et l'électro-aimant. Mais, en cet instant, le courant électrique, à l'aide d'un artifice mécanique particulier, se transmet à l'électro-aimant suivant, qui s'aimante à son tour, tandis que le premier retombe dans son indifférence primitive. N'étant plus retenue en ce point, la roue cédera à l'attraction qui s'exerce entre le nouvel électro-aimant et la lame correspondante de fer doux, et se mettra en mouvement comme dans le premier cas. Le même effet ayant lieu successivement pour tous les autres électro-aimants, il en résultera, en définitive, que la roue mobile, obéissant à chacune de ces impulsions, recevra un double mouvement continu de rotation autour de l'axe de la machine et autour de son centre, qui se déplacera en décrivant une circonférence. Ainsi, le mouvement de cette roue intérieure est tout à fait comparable au mouvement des planètes, qui, comme la terre, par exemple, obéissent à un double mouvement : un mouvement de rotation sur elles-mêmes et un mouvement de translation autour du soleil.

Dans la machine de M. Froment, la roue intérieure, animée du double mouvement que nous venons d'expliquer, est attachée, par son centre, à l'extrémité d'un essieu coudé en forme de manivelle, qui se trouve ainsi mis en mouvement.

L'appareil que nous venons de décrire n'est point celui qui sert, comme moteur, dans les ateliers de M. Froment. Voici les dispositions essentielles de celui qui fonctionne dans son atelier, et qui est fondé sur un autre principe.

Dans sa plus grande simplicité, le second moteur électrique de M. Froment se compose de quatre montants verticaux de fonte, de 2 mètres de hauteur, solidement fixés sur un socle horizontal, et reliés entre eux à leur partie supérieure. Ces montants portent chacun, dans le sens de leur longueur, dix électro-aimants en fer à cheval, dont les pôles sont situés dans un même plan vertical et convergent tous vers l'axe du système. Un arbre vertical placé entre les quatre montants, porte, sur toute sa longueur, des lames de fer doux disposées en hélice, et qui, dans leur mouvement de rotation, s'approchent l'une après l'autre des électro-aimants qui leur correspondent pour être successivement attirées par eux, en rasant leur surface. Cet arbre transmet le mouvement de rotation dont il est animé à un autre arbre horizontal, au moyen de deux engrenages ou *roues d'angles*. Il met encore en action le commutateur, c'est-à-dire le petit appareil placé à la partie supérieure de la machine, qui fait passer le courant voltaïque d'un électro-aimant à l'autre en l'interrompant dans chacun d'eux une fois qu'il a agi.

Les deux moteurs électro-magnétiques de M. Froment que nous venons de décrire, sont les plus parfaits, sans aucun doute, que l'on possède aujourd'hui ; ils permettent de tirer le plus grand effet utile de l'électricité dans l'état actuel de nos connaissances sur ce sujet.

Parmi les appareils électro-moteurs qui figuraient dans les galeries de l'Exposition, on peut citer, après ceux de M. Froment, mais à une distance singulièrement inférieure, un moteur électro-magnétique dû à M. Larmenjeat. Cet appareil, conçu sur un principe simple et nouveau, serait peut-être susceptible de rendre quelques services dans la pratique.

Sur un arbre commun, cylindrique et allongé, sont disposés cinq ou six électro-aimants circulaires, séparés les uns des autres par des rondelles mi-parties fer et cuivre, métal qui ne peut s'aimanter, comme le fer, par l'influence électrique. Contre cet arbre, qui porte à la fois les électro-aimants et les rondelles fer et cuivre, viennent s'appliquer cinq ou six cylindres de fer doux, mobiles sur leur axe, et tournant sur des pivots placés à leurs deux extrémités. Ces rondelles sont disposées sur l'arbre de manière à constituer une ligne en spirale. Il résulte de l'interruption dans l'action magnétique déterminée par la présence du cuivre, métal non électro-magnétique, que chacun des électro-aimants, recevant alternativement le courant galvanique, se trouve attiré successivement par les cylindres de fer doux. Cette série d'attractions qui s'exercent sur toute la longueur de l'axe, et sur des points convenablement choisis, fait tourner l'arbre, et par conséquent aussi le volant porté sur cet arbre.

Cette ingénieuse machine de M. Larmenjeat présente une intéressante application pratique des *électro-aimants circulaires* découverts et proposés, dans ces dernières années, par un de nos jeunes physiciens, M. Nicklès, professeur à la Faculté des sciences de Nancy.

Nous ne saurions citer avec éloges une machine électro-magnétique qui a été présentée par M. Mouilleron, constructeur de Paris. Cet appareil diffère, en effet, très peu du modèle qui a été construit, il y a plusieurs années, par M. Bourbouze pour la Faculté des sciences de Paris, et qui est figuré dans le *Cours élémentaire de mécanique* de M. Delaunay. Semblable, en cela, à la machine électro-magnétique du professeur Page, il se compose de deux paires de bobines électro-magnétiques, verticales, creuses, renfermant chacune deux cylindres de fer doux, qui sont repliés en fer à cheval, et dont les extrémités sont placées en regard. Les cylindres inférieurs sont fixés invariablement, comme les bobines, sur un plateau horizontal de bois. Les deux autres sont mobiles et peuvent glisser dans l'intérieur des bobines. Le courant électrique passe alternativement d'un paire de bobines dans l'autre. Il y a, chaque fois, attraction réciproque entre les cylindres fixes et les cylindres mobiles. Ces derniers seuls se mettent en mouvement et entraînent avec eux deux tiges de fer articulées à l'extrémité d'un essieu coudé, qui reçoit ainsi un mouvement de rotation. Cet essieu est muni d'un volant et d'un excentrique qui imprime à une tringle métallique un mouvement de va-et-vient, et met en communication le fil conducteur de la pile, tantôt avec une paire de bobines, tantôt avec l'autre. Mais une telle machine ne pourrait fournir de bons résultats, en raison du mauvais choix du point d'application de la force. Il est certain que si on l'exécutait en grand, l'intensité de l'attraction magnétique serait loin de s'accroître selon les proportions données au cylindre de fer. En exposant cet appareil, qui est fondé sur un système connu depuis longtemps, le constructeur n'avait pas, d'ailleurs, la pensée de le présenter comme destiné à résoudre le problème de l'application de l'électricité aux usages mécaniques.

M. Loiseau, de Paris, avait présenté à l'Exposition deux appareils électro-moteurs construits tous les deux sur le même principe. Nous décrirons d'abord le plus simple des deux.

Sur un arbre vertical sont groupés quatre électro-aimants. Cet arbre fait corps avec six lames de fer doux disposées dans un même plan horizontal, et qui sont attirées l'une après l'autre par les électro-aimants comme sur tous les moteurs électriques. Par suite de cette disposition, les lames de fer ne sont pas attirées par les électro-aimants dans le sens de leur axe, elles ne font que glisser à leur surface. Comme dans tous les appareils de ce genre, c'est la machine elle-même qui fait passer le courant d'un électro-aimant à l'autre.

La seconde machine du même exposant diffère de la précédente en ce que les lames de fer doux sont remplacées par des électro-aimants, et que le nombre de ces derniers est plus considérable. Ces électro-aimants sont placés sur un plateau de cuivre qui fait corps avec l'arbre de la machine, et qui participe ainsi à son mouvement.

Ces deux appareils de M. Loiseau ne sont qu'une reproduction de la machine de Jacobi, exécutée en 1839, et dont la pratique a démontré toute l'inefficacité.

Un moteur électro-magnétique beaucoup plus digne d'attention que le précédent, est celui qui a été construit par M. Roux, chef de service au chemin de fer de Paris à Lyon, et que l'on voyait à l'Exposition, dans la partie de l'Annexe consacrée aux machines à vapeur. Il fonctionnait tous les jours sous les yeux du public, qui se montrait assez intrigué de voir ce petit appareil en mouvement du matin au soir, sans emprunter à la vapeur ni à aucun autre moyen visible, la force dont il était animé.

Le moteur électro-magnétique de M. Roux se compose de deux plaques de fer doux, suspendues chacune à deux tringles attachées à un cadre vertical de bois au moyen de charnières, ce qui leur permet d'osciller pour ainsi dire autour de ce double point d'appui, à la façon d'un pendule, en conservant toutefois leur horizontalité. *Au-dessous de chacune des lames*, se trouve un électro-aimant, de forme à peu près demi-circulaire et dont l'invention est due à M. Niklès. Ces électro-aimants sont d'une assez grande dimension. Leurs deux pôles sont réunis par une lame de fer doux qui a pour but de répartir l'attraction magnétique sur une plus grande surface. Les deux plaques mobiles sont articulées, chacune à leur extrémité la plus éloignée, avec une tige métallique attachée par l'autre bout à un axe coudé, vertical, et qui supporte à sa partie inférieure un volant horizontal. La machine elle-même fait passer alternativement le courant voltaïque d'un électro-aimant à l'autre.

Pour comprendre le jeu de cette machine, il faut se représenter séparément chaque plaque mobile, et voir comment elle est mise en mouvement par l'action attractive de l'électro-aimant. Au repos, les tringles qui supportent la plaque de fer sont verticales comme le fil qui supporte la lentille d'un pendule ordinaire; mais si l'on vient à l'écarter de cette position d'équilibre, les tringles se déplacent aussi, et leur extrémité inférieure décrivant une circonférence, la plaque de fer doux devra nécessairement s'élever au-dessus de l'électro-aimant et s'en éloigner plus ou moins en parcourant un chemin circulaire. Si alors on fait agir l'électro-aimant qui est placé au-dessous, la plaque tendra à s'en rapprocher avec une énergie qui ira en augmentant jusqu'à ce que les tringles soient revenues dans leur position respective, c'est-à-dire jusqu'au moment où la plaque de fer doux se trouvera le plus rapprochée possible de l'électro-aimant. En cet instant et pas plus tard, le courant doit passer dans l'autre électro-aimant, pour faire mouvoir de la même façon la plaque mobile placée au-dessus de lui. Ces deux plaques reçoivent donc un mouvement oscillatoire de va-et-vient qui se transmet, au moyen de deux tiges, à l'arbre moteur, absolument comme, dans une locomotive, le mouvement rectiligne de va-et-vient du piston à vapeur se transmet à l'essieu coudé qui supporte les roues.

La machine de M. Roux présente une disposition très avantageuse en ce qui concerne le point d'application de la force des aimants artificiels, et l'heureuse transformation de mouvement qui en est la conséquence. On peut remarquer cependant que les pôles magnétiques devant se déplacer continuellement sur la plaque de fer mobile, et ce déplacement des pôles exigeant un certain temps pour s'accomplir dans l'intimité des molécules du métal, il y a nécessairement dans les mouvements de la machine un ralentissement notable, ce qui doit l'empêcher de dépasser une certaine vitesse, et, par conséquent, diminuer la force.

Nous pourrions signaler encore, parmi les moteurs électriques exposés par les constructeurs français, un appareil de MM. Fabre et Kunemann, successeurs de Pixii, où l'on voit une application de la nouvelle disposition des aimants électro-magnétiques, dus à ces constructeurs, les *aimants tubulaires* qui développent une puissance magnétique bien supérieure à celle des *aimants en fer à cheval* communément adoptés.

Terminons cette revue des moteurs électro-magnétiques en parlant d'un appareil qui appartenait à l'exposition anglaise, et qui est fondé sur un principe assez curieux.

L'appareil de M. Allen est composé de seize électro-aimants, fixés chacun sur un cadre de fer, étagés les uns au-dessus des autres par rangées de quatre, et ayant leurs pôles dirigés de bas en haut. Un arbre horizontal, muni d'un volant, et coudé suivant quatre directions différentes, est articulé avec quatre tiges de fer qui passent chacune par le milieu de quatre électro-aimants. Ces tiges superposées portent quatre rondelles de fer doux, qui peuvent glisser à frottement dans le sens de leur longueur; elles sont retenues, de distance en distance, par quatre saillies de cuivre placées au-dessous. Chacune de ces rondelles est successivement attirée par les électro-aimants qui leur sont opposés et qui viennent s'appliquer à leur surface; en cet instant, le courant cesse dans cet électro-aimant pour passer dans l'électro-aimant placé immédiatement au-dessous. La rondelle qui correspond à cet électro-aimant est attirée, à son tour, et fait ainsi avancer la tige d'une certaine quantité. Le courant, passant de cette manière d'un électro-aimant à l'autre, le mouvement se continuera à chaque révolution de l'arbre, car les tiges qui ont été abaissées seront soulevées, et, avec elles, les rondelles qu'elles supportent et qui seront prêtes de nouveau à être attirées.

Après cette revue des principales machines électro-magnétiques qui avaient été présentées par divers inventeurs à l'Exposition universelle, il nous reste à établir les avantages et les inconvénients que peut présenter l'usage mécanique de l'électricité, et à rechercher si l'on peut songer aujourd'hui à remplacer l'action de la vapeur par celle de l'électro-magnétisme, ou du moins à faire intervenir, dans certaines circonstances, les moteurs électro-magnétiques comme un auxiliaire utile des machines à vapeur. L'esquisse que nous venons de tracer des principales machines électro-motrices de l'Exposition, nous permettra de mettre plus facilement en lumière les avantages que présenterait l'emploi de l'électricité comme agent moteur, et les difficultés qui, dans les circonstances actuelles, devront en restreindre l'usage.

Les avantages qui résulteraient de l'électricité, employée comme moyen mécanique, sont tellement marqués, qu'ils ont frappé tous les physiciens dès les premiers temps de la découverte de l'électro-magnétisme. En admettant que sa construction réalise toutes les conditions exigées par la théorie, un moteur électro-magnétique l'emporterait sur une machine à vapeur par plusieurs raisons que nous allons essayer de déduire.

En premier lieu, le point d'application de la force se trouvant, dans quelques machines, sur l'arbre moteur lui-même, donne immédiatement le mouvement circulaire continu; on sait d'ailleurs que le mouvement circulaire peut se changer en un mouvement d'une autre direction avec bien plus de facilité que lorsque l'impulsion primitive est rectiligne et ne produit qu'un mouvement de va-et-vient, comme dans la machine à vapeur.

Les appareils électro-moteurs auraient l'avantage de donner immédiatement, sans autre dépense, sans autre difficulté ni complication, les *grandes vitesses*, dont l'utilité est si manifeste dans une foule de cas. Avec un appareil électro-moteur, la *vitesse ne coûterait pas d'argent*, tandis que dans les machines à vapeur on ne réalise les grandes vitesses que par des dépenses de combustible et par des transformations de mouvement, poulies, engrenages, etc.

Avec un moteur électrique, on n'aurait point à redouter ces terribles explosions qui, par intervalles, portent dans les ateliers l'épouvante et la mort.

Ajoutez enfin la facilité qu'offrirait ce nouveau moteur, de pouvoir être installé partout sans exiger d'emplacement spécial ni de local particulier, de fonctionner absolument seul et sans qu'aucune main dût présider à sa direction.

C'est le tableau de tous ces importants avantages qui a tant excité l'imagination des mécaniciens de nos jours, qui a éveillé tant d'espérances et fait croire un instant que la vapeur allait être détrônée, et la découverte de Papin céder la place à celle d'OErsted et d'Arago. Aussi ce problème a-t-il été poursuivi un moment avec une telle passion, que l'on aurait pu considérer le moteur électrique comme la pierre philosophale de la mécanique moderne. Cependant l'expérience acquise depuis quelques années, et les données exactes qu'elle a fournies, ont mis en évidence plusieurs difficultés relatives à cette question. Voici les principales de ces difficultés.

La force électro-magnétique n'est guère qu'une force de contact; son intensité diminue, en effet, par la distance, avec une rapidité déplorable. Bien que cette loi n'ait jamais été positivement vérifiée, on admet que l'attraction magnétique diminue, comme l'attraction planétaire, selon le carré des distances; un morceau de fer, attiré par un électro-aimant avec une certaine force à la distance d'un millimètre, par exemple, ne serait plus attiré qu'avec une intensité neuf fois plus faible si on le porte à la distance de trois millimètres. Le mouvement de va-et-vient qui résulte de l'attraction magnétique n'est donc jamais que d'une amplitude ou d'une course extrêmement limitée, ce qui oblige de faire usage, pour l'accroître, de leviers différemment disposés, qui absorbent nécessairement une partie de la force vive développée par la machine. C'est à cette faible amplitude du mouvement initial qu'il faut attribuer la difficulté que tous les mécaniciens ont éprouvée à trouver le point le plus convenable pour mettre en jeu la force des aimants artificiels.

Le poids énorme qu'il faut donner aux machines pour développer une grande quantité de magnétisme, empêcherait d'appliquer les appareils électro-magnétiques à la locomotion sur les voies ferrées et sur les navires. Un grand moteur électro-magnétique, construit par M. Th. Du Moncel et décrit dans son ouvrage, pesait plus de 500 kilogrammes, et produisait à peine la force d'un homme. La machine électro-magnétique qui est établie dans les ateliers de M. Froment est d'un poids qui excède 800 kilogrammes.

Enfin, le dernier et le plus grave inconvénient des machines électro-magnétiques, c'est la dépense excessive qu'elles exigent. M. Froment a reconnu que sa machine électro-magnétique, dont la force est environ d'un cheval-vapeur, nécessite une dépense de 20 francs pour dix heures de travail, c'est-à-dire de 2 francs par heure et par force de cheval; dépense infiniment élevée si on la compare à celle de la machine à vapeur dans les mêmes conditions.

La commission du jury de l'Exposition a fait expérimenter,

au Conservatoire des arts et métiers, les moteurs électro-magnétiques de MM. Larmenjeat et Roux, dont nous avons donné la description plus haut. Or, il résulte des mesures dynamométriques qui ont été prises par MM. Wheatstone et Ed. Becquerel, que ces deux moteurs n'avaient pas même la force d'un huitième d'homme, bien que 30 éléments de la pile de Bunsen eussent été employés à les mettre en marche.

M. Tresca, sous-directeur du Conservatoire des arts et métiers, et membre du jury de l'Exposition, chargé de faire fonctionner les machines exposées, a fait fonctionner devant le jury quelques-uns des modèles de moteurs électro-magnétiques; ceux qui, ayant une dimension convenable, étaient capables de produire une certaine force, et auxquels on a pu dès lors appliquer un frein dynamométrique. Le courant électrique, circulant dans les conducteurs de chaque machine, passait en même temps dans un *voltamètre* à sulfate de cuivre; on pouvait donc déterminer ainsi, d'une part, la quantité d'électricité produite, c'est-à-dire la consommation de la pile, d'autre part, grâce au frein dynamométrique, la force mécanique de la machine. On reconnut, à l'aide de ces moyens de mesure, que la machine de M. Larmenjeat était celle qui produisait le plus d'effet utile. Mais on constata en même temps que la consommation de zinc par cet appareil était de $4^{kil.}$,5 par heure. Si l'on ne considère que le prix du zinc, supposé à 70 centimes le kilogramme, et qu'on néglige même le prix des acides employés, cette consommation correspondrait à une dépense de 31 francs 15 centimes par force de cheval pour dix heures de travail.

Ainsi, la dépense extraordinaire qu'entraîne la production de l'électricité est l'obstacle le plus sérieux qui s'oppose à l'emploi des moteurs électro-magnétiques. La difficulté ne réside donc pas dans l'imperfection des machines que nous connaissons aujourd'hui; on peut dire, au contraire, que pour ce genre d'appareils, on semble avoir épuisé les combinaisons mécaniques les plus variées et les plus ingénieuses. Toute la difficulté réside dans l'impossibilité où l'on se trouve encore de produire de l'électricité à bas prix. Pour rendre l'usage des machines électro-magnétiques applicable à l'industrie, l'effort des inventeurs à venir devra donc porter sur l'instrument où l'électricité prend naissance, c'est-à-dire sur la pile voltaïque, qui a besoin de subir des perfectionnements considérables pour servir utilement dans le cas qui nous occupe. Produire de l'électricité à bon marché, tel est donc le but qu'il importe de poursuivre par tous les moyens que la science met en notre pouvoir, et qui permettra de résoudre en entier le grand problème auquel se rattachent tant d'intérêts.

Faisons remarquer toutefois que, même dans les conditions présentes, et tels que nous les voyons aujourd'hui, les appareils électro-moteurs sont déjà en mesure de fournir à l'industrie des ressources qu'il ne serait pas permis de dédaigner. Si l'électricité ne peut entrer en lutte avec la vapeur pour la production des grandes forces, elle l'égale, on pourrait même dire qu'elle la surpasse, pour la production des forces minimes. Quand on n'a besoin que d'une action motrice d'une faible intensité, et qui ne doit s'exercer que par intervalles, par exemple dans l'horlogerie et dans les ateliers des petits métiers, là où il importe moins de développer un grand effort mécanique que de produire cette puissance à volonté, instantanément, et en la modérant avec précision, suivant les besoins du travail, dans ce cas, le moteur électro-magnétique offre incontestablement plus d'avantages que la vapeur.

Ce qui caractérise, en effet, d'une manière toute spéciale, l'action mécanique de l'électro-magnétisme, c'est sa souplesse prodigieuse, son étonnante docilité; c'est qu'elle permet de modérer, d'activer, de suspendre ou de rétablir le travail, à la volonté de l'opérateur et au commandement de sa main. Les résultats que l'on peut obtenir sous ce rapport tiennent véritablement du prodige. S'il fallait en citer un exemple, il nous suffirait d'invoquer ici le merveilleux mécanisme que M. Léon Foucault a adapté à son appareil pour la *démonstration du mouvement de la terre*. Il s'agissait d'imprimer à un pendule une impulsion mécanique, et d'interrompre, d'anéantir instantanément, l'action une fois produite. L'électricité a fourni à M. Léon Foucault le moyen de remplir ces conditions presque paradoxales, et nous regrettons de ne pouvoir donner ici une idée du curieux et remarquable appareil qui a été construit, dans cette intention, par notre ingénieux physicien.

Nous avons dit que, dans les ateliers de M. Froment, c'est un moteur électro-magnétique qui sert à mettre en action les machines à diviser. Ces machines sont placées dans une petite salle, retirée, silencieuse, et où personne ne pénètre jamais. Leur délicatesse est telle que, pendant le jour, le mouvement des voitures dérangerait leur action; on ne les fait donc, le plus souvent, travailler que de nuit. Mais cette obligation d'attendre pour le travail l'heure paisible de minuit, serait assez désagréable pour l'artiste; que fait M. Froment? Sur le chiffre de son horloge électrique, il accroche un petit levier qui communique avec le fil conducteur de la pile destinée à mettre en action les machines; après quoi il va se coucher. A minuit, l'aiguille du cadran vient rencontrer ce levier, le décroche, et la communication avec la pile voltaïque se trouvant ainsi établie, les machines à diviser se mettent en train. Le travail marche ainsi toute la nuit. Quand la dernière division a été tracée, la machine elle-même arrête le moteur électro-magnétique qui la mettait en mouvement, et tout retombe dans le repos. — Et nous ne signalons ici qu'une des mille merveilles que peuvent réaliser les appareils électro-magnétiques appliqués à un travail de précision.

Ainsi, dans l'état présent de la science, la machine électro-magnétique représente, en certaines circonstances, un auxiliaire de la vapeur. Impuissante à produire les grandes forces mécaniques, elle l'emporte sur la machine à vapeur pour la production des petites forces. Que, par une découverte que chacun doit appeler de ses vœux, on vienne à résoudre un jour le grand problème de la production de l'électricité à bas prix; que l'on trouve, par exemple, le moyen de puiser au sein des nuées, dans l'atmosphère qui nous entoure, les masses énormes d'électricité que la nature y rassemble, et de faire tourner au profit de l'humanité ces torrents de fluide électrique qui ne se manifestent à nos yeux que par leurs effets désastreux, et la vapeur aura enfin rencontré sa digne rivale.

« Le boulet qui doit me tuer n'est pas encore fondu, » disait un jour le grand capitaine des temps modernes. Le boulet qui doit tuer la vapeur est déjà fondu, mais c'est un boulet d'or; demain, peut-être, il sera de fer.

L'HORLOGERIE ÉLECTRIQUE.

Depuis quelques années, tout le monde a entendu parler des horloges électriques. Cette application nouvelle de l'électricité excite, à juste titre, un intérêt général. Nous nous proposons d'exposer ici les principes sur lesquels repose la construction de ces curieux instruments, et les avantages qui résultent de l'emploi de l'électricité pour faire marcher les horloges.

C'est un fait malheureusement trop connu, que les horloges, même les mieux construites, ne marchent presque jamais d'accord. La ville de Paris a fait de grands sacrifices pour munir de bonnes horloges concordantes chaque bureau d'inspecteur de voitures publiques; mais combien de fois le fait suivant ne vous est-il pas arrivé? En se promenant sur le boulevard, on voit à l'un de ces prétendus *régulateurs* qu'il est midi, par exemple; on marche ensuite pendant dix minutes, et en passant devant un second bureau pourvu d'une pareille horloge, l'aiguille marque midi moins un quart. Sans doute, il n'y a, dans cette marche rétrograde du temps, rien qui soit absolument désagréable, et nous l'acceptons sans déplaisir; cependant, la conscience secrète que l'on est le jouet d'une illusion, en diminue un peu le charme. Ces variations trop fréquentes de nos cadrans municipaux sont loin, d'ailleurs, de constituer une exception parmi les produits si variés de la chronométrie moderne. Depuis longtemps l'horlogerie exacte s'efforce inutilement de résoudre le problème de la marche simultanée des pendules. Malgré le nombre infini de moyens qui ont été jusqu'ici mis en œuvre, le succès n'est pas encore venu couronner ces efforts.

N'existe-t-il cependant aucun moyen de faire marcher d'accord deux pendules? Le raisonnement nous dit qu'il y aurait une manière d'arriver à ce résultat. Si, à l'aiguille qui parcourt le cadran, on attachait, par exemple, une imperceptible petite chaîne qui pût transmettre le mouvement de cette aiguille à l'aiguille d'un autre cadran tout pareil au premier, mais ne renfermant ni rouage ni mécanisme, et simplement réduit au cadran proprement dit, il est certain que l'on communiquerait ainsi à l'aiguille du second cadran le mouvement du premier, et que, par conséquent, les deux pendules marcheraient d'accord. Mais le raisonnement qui précède n'est purement qu'un jeu de l'esprit; le poids et surtout la longueur de la chaîne, qui relierait les deux cadrans, sa force d'inertie, apporteraient à la transmission du mouvement des difficultés inévitables. Ce moyen n'est donc pas exécutable dans la pratique.

Il existe toutefois un agent admirable, que la nature semble avoir créé tout exprès pour enfanter des merveilles, qui se joue de l'imprévu, qui triomphe de l'impossible, et qui pourrait dire avec autrement de raison que ce courtisan d'un roi absolu : « Si la chose est impossible, elle se fera; si elle est possible, elle est faite. » Cet agent, c'est l'électricité. Le fluide électrique voyage avec une rapidité qui anéantit le temps; de plus, il peut produire une action mécanique quand on le met convenablement en jeu; il réunit donc toutes les conditions qui sont nécessaires pour résoudre la difficulté dont nous parlons, c'est-à-dire, pour communiquer le mouvement des aiguilles d'un cadran aux aiguilles d'un second cadran tout semblable, et réaliser ainsi la marche simultanée de deux ou de plusieurs horloges.

Essayons maintenant d'expliquer comment on peut faire marcher à distance, grâce à l'électricité, un ou plusieurs cadrans au moyen d'une horloge unique.

Toute horloge est munie d'un pendule ou balancier, destiné à régulariser la détente du ressort moteur, et qui d'ordinaire, bat la seconde à chacune de ses oscillations. A chaque extrémité de la course de ce balancier, on peut disposer deux petites lames métalliques que le balancier vienne toucher alternativement pendant ses oscillations périodiques. Or, si à chacune de ces petites lames est attaché l'un des bouts du fil conducteur d'une pile voltaïque, il est évident que le balancier de l'horloge, formé d'un métal, c'est-à-dire d'une substance conductrice de l'électricité, toutes les fois qu'il viendra se mettre en contact avec l'une des petites lames disposées à l'extrémité de sa course, établira le courant voltaïque, et l'interrompra ensuite en quittant cette position, de telle sorte qu'à chacune de ses oscillations il y aura alternativement établissement et rupture du courant voltaïque. Admettons maintenant que le fil d'une pile voltaïque en activité, partant de l'horloge régulatrice, vienne aboutir, à travers une distance quelconque, à un simple cadran muni de deux aiguilles; voici ce qui doit nécessairement arriver. Lorsque, par ses oscillations successives, le balancier de l'horloge-type vient établir le passage du courant électrique dans le système de ces deux cadrans ainsi reliés par un même circuit voltaïque, l'électro-aimant du cadran situé à distance devient actif, il attire la petite lame de fer, ou, comme on l'appelle, l'*armature* placée en face de lui; cette armature, en se déplaçant, pousse au moyen d'un *rochet*, la roue des aiguilles, et la fait avancer d'un pas sur le cadran. Mais le passage de l'électricité étant ensuite interrompu par la seconde oscillation du balancier, l'armature, redevenue inactive, reprend sa place et maintient de nouveau l'immobilité de l'aiguille, jusqu'à ce que la répétition de la même influence électrique provoque un nouveau mouvement de l'aiguille sur le cadran. Comme ces actions alternatives d'attraction s'exécutent chaque seconde, puisqu'elles dépendent du mouvement du balancier de l'horloge type qui les provoque à chaque seconde, on voit que le second cadran reproduit et réfléchit, pour ainsi dire, les mouvements de l'aiguille du cadran de l'horloge régulatrice.

Ce qui vient d'être dit pour un seul cadran reproduisant les indications d'une horloge-type, est applicable à un nombre quelconque de cadrans que l'on introduirait dans un même circuit voltaïque, en augmentant toutefois l'intensité du courant électrique. Avec une seule horloge, on peut donc faire marcher un nombre quelconque de cadrans, qui tous fournissent des indications parfaitement conformes entre elles et conformes à celles de l'horloge-type.

La mesure du temps par l'électricité n'est donc qu'une simple et très ingénieuse application du principe de la télégraphie électrique. Lorsqu'on fait fonctionner le télégraphe électrique, c'est la main de l'opérateur qui établit et interrompt le courant électrique, et fait agir, à distance, l'électro-aimant de la station opposée. Quand on veut mesurer le temps par l'électricité, le balancier d'une horloge remplace la main de l'homme, et, par ses oscillations successives, établit et interrompt le courant à intervalles égaux. Cette régularité dans l'action mécanique de l'électro-aimant, ainsi provoquée à distance, permet de télégraphier le temps par le même procédé physique qui sert à télégraphier la pensée.

Ainsi, au moyen d'une seule horloge, on peut indiquer l'heure, la minute, la seconde, en un nombre quelconque de lieux séparés par des distances aussi considérables qu'on puisse le supposer. Tous ces cadrans reproduisent les indications de l'horloge directrice comme autant de miroirs qui en réfléchiraient l'image. De tels appareils peuvent être installés sur toutes les places d'une ville, dans toutes les salles d'un édifice public, dans toutes les pièces d'une fabrique, à tous les étages et dans toutes les chambres d'une maison; et partout l'horloge-type, l'horloge unique, transmettra au même instant l'image exacte de ses propres indications. Dans un observatoire, chaque salle, chaque cabinet pourra être muni d'un de ces cadrans qui reproduiront, de jour comme de nuit, l'heure, la minute, la seconde, donnée par le régulateur placé près de la lunette méridienne. Ces appareils battront la seconde aussi régulièrement que la pendule astronomique avec laquelle ils seront en communication par le courant électrique. On éviterait ainsi l'obligation d'avoir plusieurs horloges de grand prix, et la nécessité de régler séparément chaque horloge sur le mouvement des astres. Quel service immense rendu aux besoins de tous si, pour une ville, pour des établissements publics, pour des ateliers, pour les chemins de fer, pour les grandes fabriques, dont les divers ateliers sont éloignés les uns des autres, on pouvait répartir l'heure d'une manière parfaitement exacte au moyen d'un chronomètre unique ! Or, ce grand problème est aujourd'hui résolu ; il ne reste plus qu'à transporter dans la pratique et dans nos usages cette invention admirable. Le jour n'est pas éloigné où à Paris, par exemple, l'horloge de l'Hôtel de Ville, ou celle du Louvre, répétera mille fois, sur mille cadrans séparés, sur mille points divers, son heure et sa minute. On fera alors circuler les heures sous le pavé des rues, comme on y fait aujourd'hui circuler l'eau et le gaz. De même que, par des conduits souterrains aux embranchements innombrables, on distribue maintenant la lumière et l'eau, ces deux besoins, ces deux soutiens de notre existence, ainsi on distribuera le temps, c'est-à-dire la mesure de la vie.

Quel est l'inventeur de l'horloge électrique ?

La mesure du temps par l'électricité était une des applications du principe de la télégraphie électrique qui se présentaient le plus naturellement à l'esprit. On ne doit donc pas être surpris que plusieurs physiciens ou artistes de notre temps se soient occupés simultanément de cette question.

Un titre authentique accorde pourtant la priorité, dans la réalisation pratique de cette idée, à un physicien des plus distingués de l'Allemagne, à M. Steinheil, de Munich, à qui revient en outre le mérite d'avoir établi et fait fonctionner la première correspondance connue par un télégraphe électrique (1). En 1839, le roi de Bavière accorda à M. Steinheil la concession exclusive de la construction d'horloges électriques. C'est donc au physicien de Munich qu'appartient l'honneur de la première exécution pratique de l'*horloge électro-télégraphique*.

En 1840, le monde scientifique de Londres s'émut beaucoup des vives discussions qui s'élevèrent entre M. Wheatstone, le célèbre physicien qui a créé et établi en Angleterre la télégraphie électrique, et l'un de ses ouvriers mécaniciens, M. Bain, qui s'est fait connaître avec beaucoup d'avantages, par la découverte des *télégraphes imprimants*, invention qui est d'ailleurs plus brillante qu'utile. M. Wheatstone, et son ouvrier, M. Bain, se disputaient mutuellement la découverte de l'horloge électrique. M. Bain affirmait avec la plus vive insistance avoir imaginé et construit une horloge de ce genre dès le mois de juin 1840, et accusait le savant de s'être approprié son idée; de son côté, M. Wheatstone repoussait ces imputations avec énergie. Personne n'avait tort dans cette discussion, qui se prolongea trop de temps. L'idée d'appliquer l'électro-magnétisme à la marche des horloges était assez naturelle, pour s'être présentée en même temps à l'esprit du maître et à celui de l'ouvrier.

Quoi qu'il en soit, c'est le 26 novembre 1840, que le célèbre physicien de Londres lut à la *Société royale* un Mémoire descriptif sur son invention. Le recueil publié par cette Société donnait en ces termes l'idée de l'appareil de M. Wheatstone :

« Le but de l'appareil qui est l'objet de la communication de M. Wheatstone, est de rendre une seule horloge propre à indiquer exactement en différents lieux, aussi distants l'un de l'autre qu'on le voudra, l'heure donnée par une seule et même horloge. De cette manière, dans de grands établissements, ou dans des administrations très nombreuses, il suffira d'une bonne horloge pour indi-

(1) Voyez mon *Histoire des découvertes scientifiques modernes*, tome II, page 198, 4e édition.

quer l'heure dans toutes les parties de l'édifice où cette indication pourra être nécessaire, avec une exactitude qu'il serait impossible d'obtenir d'horloges distinctes, et avec une dépense beaucoup moins considérable. On pourrait énumérer un grand nombre d'autres circonstances où cette invention réalisera de très grands avantages.

» Chacun des appareils présentés par M. Wheatstone se composait d'un simple cadran, avec ses aiguilles des heures, des minutes et des secondes, et de l'ensemble des roues par lequel, dans les horloges, l'aiguille des secondes communique le mouvement aux aiguilles des minutes et des heures. Un petit électro-aimant est destiné à rendre libre une roue d'une construction toute spéciale, placée sur l'arbre de l'aiguille à seconde, de telle sorte qu'à chaque fois que le magnétisme temporaire est produit ou détruit, cette roue, et par conséquent l'aiguille des secondes, avance de la soixantième partie d'une révolution entière. Il est évident dès lors que, si l'on parvient à établir et à rompre un courant électrique, dans des circonstances telles, que l'ensemble d'une reprise et d'une cessation dure une seconde, ce qu'il est possible d'obtenir au moyen du régulateur ou horloge parfaite dont on veut multiloquer les indications, l'appareil-cadran ci-dessus décrit, quoique dépourvu de toute force régulatrice constante, remplira pleinement, à son tour, l'office de régulateur parfait. »

Suivait l'exposé du moyen mécanique qui avait permis à M. Wheatstone d'obtenir ce résultat.

Le soir même de la lecture du Mémoire de M. Wheatstone, une horloge de ce genre fut mise en mouvement dans la salle de la Bibliothèque de la Société royale, et elle y fonctionna plusieurs jours. Les journaux de Londres, entre autres la *Gazette de Littérature*, ayant publié, peu de jours après, l'objet du travail de M. Wheatstone, cette découverte fit grand bruit en Angleterre. Plusieurs horloges électriques furent construites et bientôt mises en expérience dans ces réunions si fréquentes où les *gentlemen* de Londres accourent en foule, tenant à honneur d'être instruits les premiers des acquisitions et des découvertes nouvelles qui s'accomplissent dans les sciences et dans les beaux-arts. Cette invention intéressante fut ainsi promptement popularisée en Angleterre; et comme l'esprit progressif et pratique de nos voisins ne se borne pas, en ces sortes de cas, à une admiration stérile, les horloges *électro-télégraphiques* furent adoptées dans un assez grand nombre d'établissements publics, et dans beaucoup d'ateliers de l'industrie privée. Pendant que toute l'Angleterre savante s'occupait de cette curieuse découverte, la France ne se doutait pas plus des faits qui venaient de se produire, que si tout cela se fût passé au Congo.

Ce qui précède pourrait être considéré comme la première phase, ou la première période historique, de l'horlogerie électrique. Après cette époque, en effet, cette branche intéressante de la physique appliquée, a fait un pas considérable, et s'est enrichie d'un perfectionnement inattendu. C'était déjà un résultat bien extraordinaire que de pouvoir, avec une seule horloge mécanique, distribuer l'heure en divers points. On a voulu bientôt aller plus loin encore. La science est étrangement ambitieuse dans sa marche : pour elle, le résultat obtenu n'est jamais le but définitif, et un progrès accompli ne lui sert qu'à préparer la voie à un progrès nouveau; elle s'avance, sans repos ni trêve, vers des limites qui, une fois atteintes, semblent reculer d'elles-mêmes en se métamorphosant; elle nous offre ainsi comme une sorte d'image de l'infini en action. On avait commencé par réduire à une seule toutes les horloges mécaniques d'une ville; ce résultat à peine obtenu, on a voulu supprimer jusqu'à ce dernier instrument lui-même, et, sans recourir à aucun des mécanismes habituels, faire marcher les horloges par la seule puissance de l'électricité. On s'est, en effet, avisé de réfléchir que, si l'horloge régulatrice d'une ville venait à se déranger, tous les cadrans, solidaires de cet instrument directeur, s'arrêteraient nécessairement à la fois. D'ailleurs, une horloge mécanique parfaite est encore un instrument d'un grand prix. Tout bien considéré, il était bon de supprimer cette dernière horloge; on l'a donc suprimée. On a construit une horloge régulatrice empruntant à l'électricité seule le principe de son action; puis ce chronomètre électrique une fois obtenu, on s'en est servi, comme on se servait auparavant de l'horloge-type, pour distribuer l'heure, par des fils voltaïques, à un nombre quelconque de cadrans. Ainsi, sans autre puissance mécanique, l'électricité peut, à elle seule, indiquer les divisions du temps au même instant et en divers points éloignés. L'honnête corporation des horlogers a dû marquer d'une pierre noire la néfaste journée qui vit cette découverte éclore.

Comment concevoir, cependant, qu'au moyen de l'électricité seule, on puisse suppléer à cet ensemble de rouages et de mécanismes si compliqués qui composent une horloge de précision? Il importe de l'expliquer, car toutes les horloges électriques que l'on exécute aujourd'hui sont construites dans ce nouveau système; on n'en voyait pas d'autres à l'Exposition, et désormais, il ne sera plus nécessaire, pour faire marcher simultanément un grand nombre de cadrans par l'électricité, d'emprunter à aucune horloge mécanique le mouvement initial de ses aiguilles.

Les variations, les défauts de nos horloges ordinaires, tiennent surtout à deux causes : à la variation de la longueur de la tige du balancier, par suite de la dilatation ou de la contraction du métal dues aux différences de la température extérieure, et à l'impulsion inégale que reçoit le balancier, et qui provient elle-même d'un léger dérangement survenu dans le système de rouages qui sert à lui transmettre, d'une manière toujours égale, l'action de la force motrice, c'est-à-dire du ressort. Il est évident que, si l'on peut supprimer les rouages et imprimer au balancier une impulsion toujours uniforme, sans employer de mécanisme d'horlogerie, on aura beaucoup simplifié les appareils destinés à la mesure du temps. Tel est précisément le but de la nouvelle horlogerie électrique. Elle se propose de remplacer par l'électricité la puissance motrice employée jusqu'ici dans l'horlogerie, d'entretenir constamment et avec régularité le mouvement du balancier déterminé par une attraction électro-magnétique, et de transmettre ce mouvement aux aiguilles du cadran d'une manière qui corresponde aux divisions du temps en minutes et secondes.

Comment le balancier est-il mis en mouvement dans une horloge électrique? Il est évident que ce ne peut être que par la force électro-magnétique. Comme l'électricité, par son action sur le fer, produit un mouvement mécanique, si l'on parvient à placer un électro-aimant de manière à lui faire attirer sans cesse une masse de fer faisant partie du balancier, on aura, par cette disposition, le moyen d'entretenir constamment son mouvement. Une horloge ainsi construite n'aura donc ni ressorts ni rouages ; elle marchera sans qu'il soit jamais nécessaire de la monter ou d'y toucher. Il suffira, pour provoquer continuellement sa marche, d'entretenir la pile voltaïque qui fournit l'électricité à l'électro-aimant, c'est-à-dire de renouveler tous les trois ou quatre mois l'acide ou le zinc de la pile.

Nous venons de supposer que l'électro-aimant agissait d'une manière directe sur le balancier pour provoquer son mouvement. Dans l'origine, quelques horloges électriques furent ainsi construites. Telle était, par exemple, celle de M. Bain, l'ouvrier mécanicien dont nous avons rappelé les démêlés avec M. Wheatstone. Mais il est évident qu'une telle disposition serait très vicieuse. La force électro-magnétique varie, en effet, selon l'intensité de la pile. Or, cette intensité, comme tout le monde le sait, est extrêmement variable; les mouvements du balancier seraient donc très irréguliers, si l'on faisait agir directement la force électro-magnétique pour entretenir ses mouvements. Il faut, de toute nécessité, pour donner l'impulsion au balancier, avoir recours à un intermédiaire qui, mis en action par l'électro-aimant, vienne lui-même agir régulièrement sur le pendule et entretenir ainsi son mouvement d'une manière toujours uniforme.

Un de nos jeunes physiciens, M. Liais, a proposé, en 1851, le principe qui est employé aujourd'hui pour communiquer au balancier d'une horloge électrique un mouvement uniforme. Il a eu recours, pour pousser le pendule, à un ressort se détendant toujours de la même quantité (1). C'est l'électro-aimant qui tend ce ressort. Ainsi, l'électricité ne servant qu'à tendre un ressort, n'est employée que comme un moteur dont les variations d'intensité demeurent sans influence sur la marche de l'appareil. C'est de l'action du ressort que dépend la régularité des mouvements du balancier, et comme un effet de ce genre est constant et toujours uniforme, la régularité des oscillations du pendule est ainsi assurée : le balancier marche sans rouages ni mécanisme d'horlogerie, et l'horloge n'a pas besoin d'être remontée.

L'emploi des ressorts, dans ce cas spécial de l'horlogerie électrique, présente pourtant divers inconvénients, dont le plus sérieux est la variation de volume du métal par suite des différences de la température extérieure. On a eu plus tard l'idée excellente de remplacer les ressorts par un petit poids de cuivre tombant toujours de la même hauteur, et qui imprime, par l'effet de sa chute, l'impulsion au pendule. Comme le poids tombe toujours de la même hauteur, l'impulsion reçue par le balancier est toujours uniforme, et ses oscillations d'une régularité absolue.

C'est sur le dernier principe que nous venons d'exposer que reposent toutes les horloges électriques que l'on construit aujourd'hui ; toutes celles qui figuraient à l'Exposition universelle appartenaient à ce système.

L'étude qui précède recevra un complément très utile, si nous soumettons maintenant à une revue rapide les principaux appareils d'horlogerie électrique qui existaient dans les galeries de l'Exposition. Cet examen sera rendu facile par l'exposé général que nous venons de faire.

(1) Nous devons noter, cependant, qu'à l'Exposition universelle de Londres en 1851, un constructeur de Londres, M. Sheppard, avait présenté une horloge électrique qui marchait par l'action d'un ressort de ce genre.

Une des merveilles de l'Exposition, c'était, sans aucun doute, la pendule électrique de M. Froment. Cet instrument présente l'application la plus remarquable, par sa simplicité, du principe qui consiste à obtenir l'isochronisme des oscillations d'un pendule par la chute constante d'un poids tombant toujours de la même hauteur.

Pour comprendre le mécanisme de cet instrument, il suffit de se représenter un petit poids de cuivre attaché à l'extrémité d'une mince tige métallique extrêmement flexible, placée horizontalement et pouvant venir se poser sur la partie supérieure du balancier de l'horloge, de manière à lui imprimer une légère impulsion par l'effet de sa pesanteur. Un contre-poids de fer doux, susceptible d'être relevé en l'air par l'action d'un électro-aimant, peut, en se soulevant ainsi, relever la petite tige, et par conséquent le petit poids fixé à l'extrémité de cette tige. Lorsque, par l'effet de l'une de ses oscillations, le balancier vient se mettre en contact avec le poids de cuivre, le courant électrique, fourni par la pile, s'établit et traverse tout ce système; le petit électro-aimant, placé au-dessous du contre-poids de fer doux, attire ce contre-poids qui représente son armature; dès lors, le poids de cuivre est déposé sur le pendule et lui imprime un mouvement d'impulsion ou d'oscillation. Mais le contact métallique étant interrompu par suite du départ du pendule, l'électricité ne circule plus à l'intérieur de ce système, et l'électro-aimant devient inactif; le contre-poids ou l'armature de l'électro-aimant reprend donc sa place et ramène le poids de cuivre à sa hauteur première. La répétition de ces deux mouvements, qui dépendent de l'établissement et de la rupture alternative du courant électrique, entretient d'une manière permanente l'état d'oscillation du balancier, et, comme le poids tombe toujours de la même hauteur, les impulsions reçues par le balancier sont toujours égales et ses oscillations isochrones.

Il est vraiment merveilleux de voir la petite horloge électrique de M. Froment, en outre de ses propres indications, faire marcher les trois aiguilles des heures, des minutes et des secondes sur deux autres cadrans, dont l'un est d'une dimension gigantesque (c'est un cadran de clocher de 2 mètres de diamètre). La marche de l'aiguille des secondes sur ces cadrans est d'une régularité admirable, et l'emporte de beaucoup, sous ce rapport, sur tous les autres appareils du même genre que l'on voyait fonctionner à l'Exposition. Cette régularité tient à la manière toute spéciale dont les aiguilles reçoivent l'action motrice de l'électricité. M. Froment, pour faire marcher l'aiguille, ne se sert point d'un ressort ou d'un poids. C'est l'armature de fer doux de l'électro-aimant qui, mise en mouvement par l'action électro-magnétique, vient agir sur une petite roue à rochet qui porte les aiguilles. Le système remarquable, imaginé par M. Froment, pour transmettre le mouvement électro-magnétique, régularise et atténue l'action saccadée et inégale de l'électricité, et c'est là ce qui explique la netteté et la douceur qui distinguent la marche des aiguilles sur ses cadrans, effet qui frappe à la première inspection.

Après M. Froment, on peut citer, avec beaucoup d'éloges, comme s'étant occupé de très bonne heure et avec succès, du genre d'appareils dont nous parlons, M. Vérité, horloger de Beauvais. M. Vérité a, l'un dès premiers, appliqué aux horloges électriques l'idée des poids tombant sur le balancier d'une hauteur constante. Il avait présenté à l'Exposition un très beau modèle d'une horloge construite sur ce principe. Voici, en peu de mots, en quoi consiste le mécanisme de cet instrument.

Le poids destiné à imprimer, d'une manière continue, l'impulsion au balancier, a reçu la forme d'une petite cloche métallique suspendue à un long fil d'argent, qui vient tomber ou plutôt se poser sur le balancier. Quand cette petite cloche exécute ce mouvement, aussitôt le courant électrique s'établit, et un électro-aimant, devenu actif par l'action du courant, abaisse une pièce mobile sur laquelle la cloche était suspendue, ce qui permet à cette dernière d'imprimer une impulsion au pendule. Le contact ayant cessé par le départ du pendule, le courant électrique ne passe plus, mais il est rétabli bientôt, lorsque l'autre côté du balancier vient rencontrer une autre cloche métallique disposée symétriquement comme la première, et qui exerce à son tour le même effet sur le pendule, par suite du rétablissement du courant voltaïque.

Cette horloge électrique de M. Vérité est un appareil excellent, et qui fonctionne avec une régularité parfaite.

M. Paul Garnier, habile horloger de Paris, à qui nous devons d'avoir établi, il y a plusieurs années, des cadrans électriques dans plusieurs gares de nos chemins de fer, avait présenté à l'Exposition les horloges *électro-télégraphiques* qu'il construit. Pour transmettre à ses cadrans les mouvements électriques, M. Paul Garnier se sert toujours d'une simple horloge mécanique. Il est donc resté fidèle au système que nous avons exposé comme ayant constitué le début ou la première période de l'horlogerie électrique. Mais cette défiance contre la régularité des horloges purement électriques, ne nous paraît point justifiée par les faits; elle implique contre ce système un reproche tacite et secret que l'on serait heureux de voir disparaître. Quoi qu'il en soit, les appareils qui avaient été présentés à l'Exposition par M. Paul Garnier étaient d'une très bonne construction et fonctionnaient parfaitement. Plusieurs années d'expérience sur nos chemins de fer en ont établi suffisamment le mérite.

Sur la liste des artistes habiles qui s'occupent de la construction des instruments délicats, des appareils demi-scientifiques qui nous occupent, vous seriez-vous attendu à trouver le nom du célèbre prestidigitateur, du sorcier dont tout Paris a admiré l'adresse inimitable? Apprenez pourtant que Robert Houdin — pardon, M. Robert Houdin, — est un mécanicien d'un vrai mérite. Il a construit, pour M. Detouche, des horloges électriques d'une disposition nouvelle. Nous donnerons en deux mots l'idée de l'appareil de M. Houdin, en disant qu'il consacre l'action motrice de l'électro-aimant à décrocher et à rendre libre un ressort dont la détente imprime une impulsion au balancier. Faisons remarquer cependant que ce système présente des inconvénients pour l'horlogerie de précision. Les variations de la température extérieure changent l'élasticité et les dimensions du ressort, et ces deux effets ont nécessairement pour résultat de nuire à la régularité des oscillations du pendule. En outre, les frottements qui résultent du décrochage du ressort, et qui sont variables comme tous les frottements, deviennent une cause d'erreur dans les indications de l'instrument. Le grand mérite, ce qui fait l'immense supériorité des horloges électriques que nous avons décrites plus haut, c'est qu'elles sont tout à fait exemptes de frottement, source principale des erreurs qui affectent les instruments ordinaires d'horlogerie.

Ce qu'il faut remarquer surtout dans les horloges électriques de MM. Detouche et Robert Houdin, c'est la modicité de leur prix. Le modèle d'horloge électrique présenté à l'Exposition par M. Detouche ne coûte que 60 francs. Il est vraiment curieux de voir livrer pour un tel prix une horloge qui fonctionne avec une régularité suffisante, en fin de compte, qui n'a jamais besoin d'être remontée, qui peut marcher des années entières, à la seule condition que l'on ajoute, chaque semaine, quelques cristaux de sulfate de cuivre à la pile voltaïque qui la met en action. Il est hors de doute que les appareils de M. Detouche auront pour résultat de répandre et de populariser en France l'emploi de l'horlogerie électrique.

Ainsi, la mesure du temps par l'électricité n'est pas, comme bien des personnes se l'imaginent, une découverte encore dans l'enfance et qui exigerait de nombreux perfectionnements. Sauf la question pratique de son application sur une échelle considérable, le problème de l'horlogerie électrique est aujourd'hui résolu. On voit chez M. Froment une pendule électrique qui marche depuis plus de huit ans d'une manière non interrompue, transmettant dans ses ateliers l'heure, la minute, la seconde à de nombreux cadrans. Dans une autre horloge, qui marche depuis quatre années, les mouvements électriques ne se sont pas arrêtés un instant. Ajoutons que l'expérience a prouvé que les appareils du même genre, construits par divers artistes de l'Europe, satisfont aussi très bien aux conditions qu'il s'agit de remplir.

Nous ne croyons donc rien avancer que de très sérieux et de très réalisable, en exprimant le vœu que l'on essaie d'établir à Paris, sur une large échelle, la distribution générale du temps par des instruments électriques. La capitale de la France donnerait par là l'exemple d'une importante et utile initiative; les artistes habiles qu'elle possède assureraient, sans aucun doute, le succès de cette belle entreprise.

Un fait que l'on ne peut constater, à cette occasion, sans un sentiment de regret, c'est qu'un grand nombre de pays étrangers nous ont déjà précédés dans cette voie. Aux États-Unis, l'horlogerie électrique est aujourd'hui réalisée sur une certaine échelle. Elle fonctionne depuis plusieurs années en Angleterre, non, à la vérité, dans des villes entières, mais dans un certain nombre d'établissements publics et privés. La pendule astronomique de l'Observatoire de Greenwich envoie, par un conducteur électrique, l'heure à l'horloge de Charring-Cross. En outre, l'heure moyenne exacte est signalée, à Londres, par la chute, à midi précis, d'un ballon qui tombe du dôme de l'*Office télégraphique* et qui s'aperçoit dans un rayon de la ville extrêmement étendu.

En Allemagne, la ville de Leipzig a vu s'accomplir, en 1850, un essai, ou un commencement d'application, de l'horlogerie électrique. Un mécanicien de Leipzig. M. Storer, de concert avec un horloger de la même ville, M. Scholle, a obtenu du gouvernement un privilége pour l'application, en Saxe, de ces nouveaux moyens chronométriques. Les rues de la ville ont été partagées en groupes; chaque groupe est pourvu de son fil conducteur, fixé contre les murs extérieurs et mis plus complétement à l'abri dans l'intérieur des habitations. Tous ces conducteurs aboutissent à une horloge-type installée à l'Hôtel de Ville. Les conducteurs voltaïques, qui font marcher les aiguilles sur le cadran de chaque maison, s'embranchent et se soudent sur le conducteur principal. D'après le projet présenté par les auteurs de cet essai, les fils d'embranchement devraient coûter à peu près 1 franc le mètre, et être à la charge du propriétaire ou du locataire de la maison; celui-ci aurait à payer de plus 6 ou 8 francs par année, suivant les dimensions du cadran, mais il n'aurait à supporter aucun autre frais, et la direction des horloges électriques s'engagerait à lui assurer l'heure et la minute exactes de l'horloge de l'Hôtel de Ville. Une pendule électrique, avec un cadran de 33 centimètres ne coûte que 60 à 80 francs. Un certain nombre de ces appareils fonctionne déjà, à Leipzig, chez les négociants, et dans divers établissements publics.

Dans la ville de Gand, en Belgique, l'heure est aujourd'hui indiquée électriquement sur plus de cent cadrans placés dans les lanternes à gaz. Les aiguilles n'avancent sur les cadrans que toutes les minutes; mais cette indication atteint bien suffisamment le but que l'on se propose. Ce système a été établi à Gand, par un mécanicien de mérite, M. Nolet.

En France, l'horlogerie électrique ne s'est encore répandue que d'une manière extrêmement incomplète. Comme nous l'avons dit plus haut, un horloger de Paris, M. Paul Garnier, a établi, sur la demande des Compagnies, des cadrans électriques qui distribuent l'heure dans l'intérieur des gares de plusieurs de nos chemins de fer. Ce système est adopté en particulier sur les chemins de fer de l'Ouest, du Nord et du Midi. Depuis le mois de juillet 1849, la gare de Lille, sur le chemin de fer du Nord, est pourvue d'un système de vingt cadrans de toutes dimensions. La ligne de l'Ouest a un système analogue à chacune de ses stations de Paris à Laval. La gare du chemin de fer de Lyon à Paris est réglée de cette façon; l'heure est même envoyée à la gare des marchandises à Bercy, après un parcours de plusieurs kilomètres; les stations du chemin de fer d'Auteuil, la gare de Bordeaux, sur les chemins du Midi, la maison impériale de Charenton, reçoivent l'heure de cette manière. Dans l'intérieur de Paris, le grand hôtel du Louvre a reçu une belle application de l'électro-magnétisme. Les sonnettes des chambres sont mises en mouvement par l'électricité. Il y a, en outre, une pendule électrique faisant marcher deux cadrans.

Qu'il nous soit permis enfin de citer comme exemple une curieuse application de l'horlogerie électrique, qui a été exécutée récemment par M. Vérité dans le grand séminaire de Beauvais. Ce fait particulier mettra en évidence les avantages du système que nous nous appliquons à faire connaître

L'horloge du grand séminaire de Beauvais indique les heures et les minutes sur *trente-deux cadrans*, répartis dans les principales salles de ce vaste établissement ; les distances réunies de l'horloge à ces divers cadrans forment une longueur de plusieurs kilomètres. Quatre de ces cadrans sont placés extérieurement sur les quatre faces du clocher, un autre est également placé dans le fronton de la façade principale, et montre les phases de la lune. Tous les autres cadrans sont intérieurs : celui du cabinet de l'économe fait fonctionner un calendrier perpétuel. L'horloge régulatrice sonne les heures, les quarts et les avant-quarts, sur trois fortes cloches placées dans le clocher. En outre, tous les jours, à cinq heures moins quatre minutes du matin, une sonnerie, imitant une cloche en volée, mise en action par un courant électrique, réveille toute la communauté. « Indé-
» pendamment de ces diverses sonneries extérieures, ajoute
» M. Vérité dans la description qu'il nous donne de l'appareil
» établi chez les séminaristes de Beauvais, il s'en fait entendre
» trois autres intérieurement : la première sert à réveiller, chez
» lui, l'*excitateur général*, tous les matins à quatre heures et
» demie ; la seconde, placée dans la chambre du réglementaire,
» le prévient, par un coup de timbre, une minute avant chaque
» avant-quart, afin d'assurer l'exactitude des divers exercices de
» la communauté ; enfin, le troisième se fait entendre tous les
» jours au parloir pour annoncer la fin des récréations. »

Les différents essais partiels que nous venons de rappeler, et qui ont été partout couronnés d'un succès égal, montrent la voie qui reste à suivre. Il faudrait appliquer sur une grande échelle à la ville de Paris ce système commun de transmission du temps, dont l'expérience a démontré suffisamment aujourd'hui et la possibilité et les avantages. Nous ne doutons point que, si cette belle et utile entreprise est essayée, nous ne soyions témoins bientôt de véritables prodiges. Installée à l'Hôtel de Ville, au Louvre ou à l'Observatoire, une horloge régulatrice pourrait distribuer simultanément l'heure et la minute à des cadrans publics exposés dans les principaux quartiers de la capitale. Bientôt, peut-être, cet admirable système pourrait s'étendre à chaque rue, et même à toutes les maisons et à tous les étages de chaque maison. Des expériences ultérieures détermineraient les conditions les plus convenables à adopter, pour proportionner l'intensité du courant de la pile voltaïque à l'étendue considérable et à la multiplicité des conducteurs métalliques que nécessiterait le développement de ce service. Les piles *de relais*, dont on fait usage dans la télégraphie électrique, serviraient à renforcer, de distance en distance, l'action électro-magnétique sur un certain groupe de cadrans. Le conducteur principal, et ses embranchements secondaires, pourraient être enfouis sous le sol, étant revêtus d'un enduit isolant de gutta-percha ou de bitume, comme le sont aujourd'hui, dans plusieurs pays, les fils souterrains des télégraphes électriques. Ces *conducteurs du temps* seraient placés sous les pavés des rues, côte à côte avec les conducteurs de la lumière et de l'eau.

En 1852, une proposition dans ce sens fut adressée, par M. Paul Garnier, au conseil municipal de Paris. Voici le plan qui avait été adopté par cet artiste pour doter la capitale de l'invention qui nous occupe.

On aurait placé à l'Observatoire l'horloge-type destinée à faire rayonner les heures dans toutes les directions. Un fil de fer recouvert de zinc, comme tous les fils conducteurs de nos télégraphes, partant de l'un des pôles de la pile, se serait rattaché successivement aux divers édifices communaux, pourvus de cadrans sur lesquels l'heure devait être signalée. Après avoir relié ensemble tous ces cadrans, ce conducteur serait revenu se rattacher à l'autre pôle de la pile.

Quant aux points qui auraient pu être choisis pour y placer les cadrans électriques, M. Garnier proposait de tendre un premier fil de l'Observatoire à l'Hôtel de Ville, en touchant au Val-de-Grâce, à l'église Saint-Jacques-du-Haut-Pas, à la mairie du XIIe arrondissement, au lycée Louis-le-Grand, à la Sorbonne, à la Tour de l'Horloge du Palais de justice, pour revenir enfin à l'Hôtel de Ville.

Cette proposition de l'habile horloger fut soumise au conseil municipal, qui la renvoya à l'examen du comité d'architecture. Les architectes de la Ville de Paris sont, comme on le sait, des maîtres fort habiles dans leur art; mais la physique est leur moindre défaut. Les architectes de la Ville de Paris commencèrent donc tout naturellement par hausser les épaules, et prendre en pitié les prétentions de notre artiste. Cependant, comme ce dernier insistait beaucoup, ses démarches actives décidèrent le comité d'architecture à prendre la proposition un peu plus au sérieux. Ces messieurs consentirent à se rendre dans les ateliers de M. Garnier, qui leur expliqua le mécanisme des nouveaux instruments horaires mis en action par l'électricité. La science est comme le soleil : le comité d'architecture, qui n'est pas composé d'aveugles, fut donc converti, dès la première inspection, à la cause de cette invention admirable. Un mémoire fut aussitôt rédigé par l'un des membres de ce comité et adressé au préfet de la Seine. Dans ce rapport, on proposait certaines modifications au projet de M. Garnier. La modification principale consistait à établir l'horloge-type destinée à servir de point de départ et de centre du nouveau système, sur l'un de nos monuments les plus remarquables, sur la tour Saint-Jacques-la-Boucherie, si bien placée dans le splendide panorama de la capitale.

On sait que la tour Saint-Jacques a aujourd'hui 56 mètres de hauteur. Le comité d'architecture proposait d'établir, au sommet et sur les quatre faces de cette tour, quatre cadrans transparents de 3 à 4 mètres de diamètre, qui auraient indiqué l'heure, de jour et de nuit, aux habitants des quartiers les plus éloignés. Ces cadrans auraient été mus par l'horloge-type, placée elle-même au rez-de-chaussée du monument. C'est de ce point central que seraient partis tous les conducteurs métalliques destinés à faire rayonner l'heure sur les cadrans des horloges placées au front des principaux édifices parisiens.

Tel est le plan qui fut soumis à l'examen du préfet de la Seine. C'est, avons-nous dit, en 1852 qu'il a été proposé. Depuis cette époque, on n'a plus entendu parler de ce projet, qui paraît s'être évanoui. Il importerait aujourd'hui de reprendre cette question et de la soumettre à des études sérieuses, en appelant tous les artistes et constructeurs français et étrangers à concourir à sa solution. Cette grande et belle tentative ferait honneur à la France, elle serait digne de Paris, la capitale du progrès.

Nous sommes heureux d'ajouter, en terminant, que la province vient de donner, sous ce rapport, un excellent exemple à la capitale. Le *Courrier de Marseille* annonçait, au commencement de l'année 1856, que le conseil municipal de Marseille a décidé l'installation, dans cette ville, de cent horloges électriques. L'établissement de ces horloges exigera la pose d'un fil conducteur de 40,000 mètres, qui devra être achevé, ainsi que les divers appareils constituant l'ensemble de ce système d'indication horaire, dans le courant du mois de mai 1856. Le *Courrier de Marseille* ajoute que c'est à M. Nolet, qui, depuis cinq ans, fait fonctionner à Gand des horloges à l'aide du même système, que la municipalité de Marseille s'est adressée. Ces horloges électriques seront disposées, comme celles de Gand, dans des lanternes à gaz; leurs indications apparaîtront ainsi à toute heure du jour et de la nuit. Leur établissement coûtera à la ville 22,000 francs, et leur entretien 2,000 francs par an.

Enfin, le journal d'Alger, *la Colonisation*, annonce que l'on se dispose à installer à Alger un appareil électrique qui communiquera le mouvement aux aiguilles d'un cadran placé au sommet de l'*hôtel de la Régence*, et, de là à un nombre, plus ou moins considérable, d'autres cadrans répartis dans la ville.

LE TISSAGE ÉLECTRIQUE.

Métier Bonelli.

La première invention du tissage électrique, par M. Bonelli, remonte déjà à plusieurs années; mais les dispositions adoptées dans l'origine par l'inventeur étaient en partie défectueuses : M. Bonelli, qui venait d'imaginer un grand principe, n'avait pas encore trouvé les moyens mécaniques les plus avantageux pour son application. Les critiques assez nombreuses que l'invention du savant piémontais souleva à sa naissance, et qui sont dues particulièrement à MM. Joule, de Lyon, et Édouard Gand, d'Amiens, se rapportaient à ce premier appareil. Ces critiques, il faut le reconnaître, étaient fondées. Mais l'appareil actuel diffère, en divers points essentiels, de celui qui avait été primitivement proposé. Tout ce qui a été dit jusqu'à ce moment au sujet du métier électrique est donc à peu près non avenu. Ce qu'il faut examiner et juger, c'est le nouvel appareil qui vient d'être exécuté par l'inventeur. Nous allons nous attacher ici à faire connaître le but de cet appareil, l'objet qu'il remplit, et son utilité spéciale.

C'est vers 1852 que le premier métier électrique du chevalier Bonelli fut construit et exposé dans la ville de Turin. Les premiers essais auxquels cet instrument fut soumis furent loin d'amener la conviction dans l'esprit des savants : un grand nombre de personnes condamnaient alors, comme tout à fait irréalisable, le plan que l'inventeur avait conçu de faire exécuter par l'électricité toutes les opérations du tissage.

En 1853, M. Bonelli convoqua aux expériences publiques qu'il se proposait de faire à Turin, les représentants des grands centres manufacturiers ; sa voix fut entendue, mais tous les doutes ne furent pas encore levés sur le mérite du nouvel appareil.

Le métier électrique fut soumis l'année suivante au jugement de l'Académie des sciences de Paris, qui nomma des commissaires pour l'examiner ; mais aucun rapport ne lui fut présenté à ce sujet.

Enfin, en 1855, le métier électrique a trouvé sa place au milieu des chefs-d'œuvre de l'Exposition universelle. Mais, arrivé trop tard, puisqu'il n'y parut que quelques semaines avant la clôture, il n'a pu devenir l'objet d'aucun jugement sérieux. Aucune voix officielle ne s'est donc encore prononcée jusqu'à ce moment sur la valeur et l'utilité réelles du métier électrique.

Quel est le but que l'on se propose d'atteindre en consacrant l'électricité à exécuter le travail du tissage ? Le métier électrique a été imaginé pour remplacer le métier Jacquard, ou, pour parler plus exactement, afin de simplifier cet appareil et diminuer les dépenses qu'il entraîne. Il est donc indispensable, pour l'intelligence de ce qui va suivre, que nous commencions par donner une idée générale du métier Jacquard.

Un tissu ordinaire, la toile, par exemple, se compose, comme tout le monde le sait, de fils croisés alternativement les uns sur les autres. Or, pour que ce croisement s'effectue d'une manière prompte et exacte, il faut que, par un moyen mécanique, les fils qui sont tendus sur toute la longueur de l'étoffe, et que l'on appelle *fils de la chaîne*, se trouvent séparés deux à deux, de manière que la moitié soit en haut et la moitié en bas, afin que l'on puisse faire passer en travers un autre fil, celui de la *trame*.

Tel est le principe des métiers de tissage, quand ils ne doivent être employés que pour la confection d'étoffes à tissu simple ; mais quand il s'agit d'étoffes façonnées, et particulièrement d'étoffes à couleurs variées, la question est beaucoup plus compliquée. Il faut non-seulement que des crochets saisissent en temps opportun ceux des fils de la chaîne qui se rapportent par leur couleur et leur position au dessin, mais encore que les navettes changent elles-mêmes, et qu'une trame particulière vienne réunir tous ces fils entre eux après qu'ils ont été tissés suivant le dessin.

Avant Jacquard, les étoffes façonnées, les tissus à dessins, se faisaient en Europe comme on les fait encore aujourd'hui dans l'Inde. Pour chaque métier il fallait trois ouvriers : un *liseur de dessin*, un *tireur de lacs* ou *de fils*, et un *tisserand* ou *tisseur*. Voici comment le travail s'exécutait.

On représentait le modèle du dessin à reproduire sur un grand tableau divisé en une multitude de petits carrés, comme une table de Pythagore. Les lignes horizontales de ce tableau répondaient à la chaîne du tissu, les autres à la trame; les petits carrés figuraient les points que les fils de l'étoffe forment en s'entrecroisant. Un signe placé sur ce tableau indiquait s'il fallait élever ou abaisser le fil de la chaîne.

Quand tout se trouvait ainsi disposé, le *liseur* se plaçait debout devant le tableau et commandait la manœuvre.

Assis devant le métier, le *tisserand* avait sous la main une navette chargée des différentes couleurs qui devaient servir à former la trame. Le *tireur de lacs*, ou *de fils*, se tenait prêt à élever ou à abaisser les fils de la chaîne.

Alors le *liseur*, suivant de gauche à droite une des rangées horizontales du tableau, disait au *tireur de lacs* : Levez tel ou tel fil. Quand le fil indiqué avait été levé, il disait au *tisseur* : lancez telle couleur; et le tisseur lançait la navette chargée de la couleur désignée.

Dans la fabrique lyonnaise, le travail du liseur était souvent confié à une femme; quant au tireur de lacs, c'était toujours un enfant.

C'était une triste et lamentable destinée que celle du pauvre enfant chargé de ce pénible travail. Quand on entrait, il y a quarante ans, dans un atelier de tissage de soieries, on voyait, au milieu d'un labyrinthe de cordes de toutes dimensions et de fils de toutes couleurs, enchevêtré dans une infinité d'outils, d'aiguilles, de crochets, de poinçons, de ressorts et de poulies, apparaître un malheureux enfant, les joues hâves, l'œil creusé et les membres amaigris. C'est au milieu de cette cage d'instruments et de fils, enveloppé d'un réseau de cordes, qu'il devait tour à tour élever, abaisser, tirer ou croiser, et qui le forçait de plier incessamment son faible corps aux positions les plus difficiles et les plus pénibles, que le tireur de lacs passait sa misérable existence.

Jacquard était le fils d'un maître ouvrier en soie de Lyon, et sa mère était employée dans l'atelier comme liseuse de dessins. Ce fut sans doute l'impression profonde que produisit sur l'âme du jeune Jacquard le douloureux spectacle des souffrances des tireurs de lacs, qui lui inspira le désir d'améliorer un système si barbare, et qui conduisit le grand artisan lyonnais à la découverte qui immortalise son nom. Ce n'est pas ici le lieu de rappeler les incidents curieux et touchants de la carrière de cet artisan de génie, ses luttes multipliées, le simple et admirable désintéressement dont il fit preuve, et les injustices qu'il eut à subir de la part de concitoyens ingrats. Disons seulement que le nom de Jacquard est demeuré dans les souvenirs du peuple comme le type du génie industriel; et cet hommage est bien légitime, puisque ce grand inventeur puisa le principe de sa découverte dans sa pitié pour les enfants du peuple.

Essayons d'indiquer le principe du métier Jacquard et l'artifice au moyen duquel l'inventeur, supprimant le système compliqué et grossier qui était en usage avant lui pour le tissage des étoffes façonnées, put faire disparaître, en la rendant inutile, la triste et dangereuse profession de tireur de lacs.

Le célèbre Vaucanson avait inventé et proposé une machine qui abrégeait considérablement le travail du tissage. Mais les corporations ouvrières de la ville de Lyon, par suite des préjugés et des craintes que l'ignorance du vulgaire entretenait alors contre l'emploi des machines, s'étaient fortement opposées à son adoption, de sorte que son usage s'était fort peu répandu. Elle avait d'ailleurs l'inconvénient de ne pouvoir produire que de très petits dessins, des fleurs ou des figures uniformes et de médiocre dimension.

Voici quelle était la disposition de la machine de Vaucanson, que les amateurs pourront aller examiner à loisir dans les salles du Conservatoire des arts et métiers, où elle figure parmi les appareils de tissage.

Vaucanson attacha tous les fils de la chaîne de l'étoffe, à l'aide d'un petit œil de verre appelé *maillon*, à une mince ficelle, et chacune de ces ficelles fut fixée à une légère aiguille de fer. Il réunit par le haut toutes ces aiguilles, qui formèrent une sorte de parallélogramme au-dessus duquel il plaça un cylindre de même dimension qui se trouvait percé de trous régulièrement disposés. Ce cylindre était mobile et tournait après chaque coup de navette. Les trous, disposés sur le cylindre, correspondaient aux fils de la chaîne qui devaient être levés pour former le dessin. Au moment de l'exécution du dessin, le cylindre tourne, et, en même temps, toutes les aiguilles de fer correspondant aux fils de la chaîne sont poussées chacune par un petit ressort, et rencontrent, par conséquent, le plein ou le vide du cylindre, selon qu'elles arrivent ou non devant l'un des trous dont le cylindre est pourvu. Les aiguilles, qui trouvent le plein, s'arrêtent et laissent les fils qu'elles soutiennent dans une position horizontale. Les aiguilles qui trouvent le vide entrent dans le cylindre et obligent les têtes des crochets qui soutiennent les fils de la chaîne à se présenter aux lames de fer, qui les soulèvent par le mouvement de bas en haut que leur donne le tisserand. Les fils sont ainsi soulevés d'après les trous des cartons qui forment le dessin. C'est alors que la navette porte la trame au travers de ces fils, les uns soulevés, les autres droits, qu'elle s'y enchevêtre et qu'elle trace sur l'étoffe les dessins dont on veut l'enrichir.

Le cylindre percé de trous, imaginé par Vaucanson pour faciliter le tissage des étoffes façonnées, était une invention fort remarquable en elle-même, et où l'on trouve toute la simplicité qui distinguait le génie de ce grand mécanicien. Mais cet appareil offrait un grave inconvénient. Le cylindre, qui devait recevoir tout le dessin à tracer sur l'étoffe, ne pouvait, naturellement, dépasser certaines dimensions. Il ne permettait donc qu'un certain nombre de coups de navette, et l'on ne pouvait former ainsi que de petits dessins, des fleurs, par exemple. Pour obtenir des dessins plus considérables, il aurait fallu employer un cylindre d'une dimension extraordinaire et hors des conditions de la pratique ou de l'économie.

Perfectionnant cette machine de Vaucanson, Jacquard eut l'idée admirable de remplacer le cylindre, dont les dimensions sont nécessairement limitées, par une série de bandes de papier ou de carton, sur lesquelles serait tracée la représentation ou la traduction du dessin à exécuter, et dont le développement considérable permettrait de composer les dessins de toutes les dimensions. Jacquard remplaça donc par une série de cartons d'une surface presque sans limites le cylindre à surface limitée dont Vaucanson avait fait usage.

Sur le cylindre de Vaucanson, Jacquard fit passer des bandes de carton attachées l'une à l'autre et qui venaient s'interposer successivement entre le cylindre et la partie supérieure des petites tiges de fer, appelées *aiguilles*, qui soutenaient par des crochets les fils de la chaîne.

Les bandes de carton percées de trous, qui constituent la partie essentielle de l'invention de Jacquard, ne sont donc autre chose que les types qui doivent produire le dessin sur l'étoffe. Percées de trous faits à l'emporte-pièce, elles sont égales en nombre aux coups de navette que nécessite l'exécution de ce dessin. Toutes ces bandes de carton sont enlacées l'une à l'autre, dans un ordre fixe, invariable, noté à l'avance, et qui doit être conservé sous peine de tout brouiller. Repliés l'un sur l'autre, les cartons sont déposés dans une cage près du métier, puis passés par-dessus le cylindre. Tout le reste du travail s'exécute, comme nous l'avons indiqué plus haut, à propos de l'appareil de Vaucanson, qui fut conservé en entier par Jacquard dans cette partie du mécanisme.

Grâce à cette invention admirable de Vaucanson et Jacquard, le tisseur de soie put dominer sa machine, au lieu d'être asservi par elle. A partir de ce moment, l'emploi de tireur de lacs fut supprimé dans tous les ateliers, et les enfants furent soustraits à un travail meurtrier.

La découverte de l'immortel tisserand lyonnais a accompli des prodiges; nous n'avons pas à énumérer ici les immenses résultats qu'elle a produits. Bornons-nous à dire que, c'est grâce au métier Jacquard que la fille de l'artisan trouve aujourd'hui, dans sa corbeille de fiançailles, une robe de soie qui aurait fait envie à une reine des derniers siècles, et que le luxe utile est devenu plébéien.

Cependant, si admirable qu'il soit, le métier Jacquard a ses inconvénients. Ces merveilleux cartons dont le tact est si exquis, la vue si assurée, ont pourtant un défaut : ils ont le défaut d'être des cartons, c'est-à-dire un objet volumineux et encombrant qui exige une grande dépense de préparation. On ne songeait pas, sans aucun doute, à leur adresser un tel reproche il y a trente ans, quand on les voyait exécuter à eux seuls le travail du liseur et du tireur de lacs. Mais quand on a été familiarisé et comme blasé sur leurs avantages, on a eu le loisir de s'éclairer sur leurs inconvénients.

Pour faire un dessin avec le métier Jacquard, il faut, avons-nous dit, employer autant de cartons qu'il entre de fils de trame dans ce dessin ; chaque carton constitue, pour ainsi dire, un vers du poème qui s'imprime sur la trame. S'il entre 1000 ou 1500 fils de trame dans le dessin, il faut donc préparer 1000 ou 1500 cartons. Pour certains dessins, on a dû employer jusqu'à 60000 cartons. Pour les plus simples, il en faut en moyenne 1500; et comme ces cartons coûtent environ 8 francs le cent et tiennent beaucoup de place, leur multiplication devient à la fois une forte dépense et une cause d'embarras. C'est même pour ces deux motifs que les ouvriers de Lyon avaient repoussé la première application qui avait été proposée par Falcon, avant Jacquard lui-même, de cartons troués pour la traduction du dessin.

Ces inconvénients que présente le métier Jacquard ne sont pas les seuls; quelques autres, d'une importance moindre sans doute, doivent pourtant être signalés. Le bruit que produit le battant, qui doit donner un coup d'une certaine force pour repousser les aiguilles et par suite les crochets, rend incommode le voisinage du métier Jacquard, et oblige à l'exiler dans les parties les plus écartées et les plus solitaires des villes. Son haut échafaudage enlève beaucoup de lumière, si précieuse pourtant pour ce genre de travail, et il exige, pour l'emplacement des cartons, des ateliers assez vastes et dont le plafond soit très élevé.

C'est pour faire disparaître les divers inconvénients qui viennent d'être énumérés, qu'a été imaginé le métier électrique. L'inventeur de ce nouvel appareil de tissage s'est proposé, tout en conservant la plus grande partie du mécanisme de Jacquard, de supprimer les cartons qui sont une source de dépenses et d'embarras. L'électricité remplit le rôle d'élection mécanique que jouent les cartons percés de trous employés par Jacquard. C'est le courant électrique qui est chargé de distribuer les fils de la chaîne selon les exigences du dessin.

Comment ce résultat est-il obtenu dans l'appareil Bonelli ? Comment l'électricité peut-elle servir à tisser une étoffe selon les indications du dessin? Voici comment ce merveilleux problème a été résolu.

Le dessinateur trace, sur une simple feuille de papier, et à l'aide d'un vernis, le dessin qui doit être reproduit sur l'étoffe. Il recouvre ensuite ce dessin d'une mince feuille d'étain, qui est laissée en contact pendant une demi-heure environ, de manière à la faire adhérer avec le dessin, c'est-à-dire avec les parties du papier recouvertes de vernis. On frotte alors le papier avec un tampon de coton. Sur le papier ainsi frotté, l'étain reste adhérent au vernis; il disparaît, au contraire, des parties qui n'en ont point reçu. On obtient donc, sur le papier, la reproduction du dessin en une légère couche métallique, et par conséquent, conductrice de l'électricité. Au contraire, le fond demeure simplement formé de papier, c'est-à-dire d'une substance non conductrice de l'électricité.

Le papier qui porte ce dessin *métallisé* est placé sur un cylindre, qui le fait avancer d'un demi-millimètre environ à chaque coup de trame. Sur ce cylindre, recouvert par le dessin métallisé, vient reposer un peigne métallique de la même largeur, et qui se compose de 400 dents séparées entre elles par une simple bande de papier, ce qui suffit pour établir leur isolement électrique. Chacune de ces 400 dents est en communication, par un fil conducteur, avec autant de petits électro-aimants, et forme ainsi un petit courant électrique complet qui aimante à volonté l'électro-aimant auquel il correspond.

Par une action mécanique, le peigne s'élève et s'abaisse à chaque battement du métier, et vient se mettre en contact avec le papier qui enveloppe le cylindre tournant. Toutes les dents qui touchent la partie métallique du dessin donnent nécessairement passage à l'électricité ; dès lors, le petit électro-aimant qui est en communication avec cette dent du peigne, reçoit de l'électricité, il devient actif, et grâce à une mécanisme qui sera expliqué plus loin, il va prendre sur la griffe du métier les crochets correspondants. Au contraire, les dents qui touchent le fond, c'est-à-dire, le papier non métallisé, ne peuvent établir de courant électrique en raison de la non-conductibilité du papier : elles laissent donc les crochets correspondants en place. De cette manière, les fils qui doivent se lever pour donner passage à la trame, se lèvent sous l'action de l'électricité, la navette passe, et l'on voit se reproduire avec la plus grande exactitude, dans l'étoffe, le dessin figuré sur le papier.

Le premier modèle de métier électrique construit par M. Bonelli, différait sensiblement de celui dont nous venons d'exposer le principe : la nature des substances conductrices s'y trouvait renversée, pour ainsi dire, si on le compare au modèle actuel. Dans ce premier modèle, en effet, le dessin était tracé sur un cylindre métallique à l'aide d'une matière non conductrice de l'électricité, c'est-à-dire avec un vernis isolant. Le fond du dessin donnait ainsi passage à l'électricité, tandis que le dessin lui-même interrompait le courant. C'est la disposition opposée (évidemment plus simple, puisqu'elle a permis de supprimer le cylindre métallique), qui est adoptée sur le métier actuel.

Ce n'est pas là, d'ailleurs, la seule différence qui existe entre ces deux appareils. Dans son premier métier électrique, M. Bonelli employait les électro-aimants à développer une force mécanique : ces électro-aimants soulevaient directement les fils de la chaîne, ce qui exigeait une force électrique considérable. Dans le modèle actuel, M. Bonelli, revenant au métier Jacquard, a très heureusement perfectionné ce mécanisme. Les aiguilles qui doivent lever les fils de la chaîne ne sont plus attirées isolément par les électro-aimants; comme dans le métier Jacquard, elles sont poussées toutes à la fois par une action mécanique indépendante du reste du système, c'est-à-dire par une pédale manœuvrée par l'ouvrier. Dans ce mouvement, toutes les aiguilles battent contre un arrêt. Ce sont ces arrêts, petits leviers d'une grande mobilité, qui constituent l'armature des électro-aimants. Quand le fluide électrique les attire vers l'électro-aimant, ils éprouvent un léger déplacement, et dès lors, par suite de ce changement de position, l'aiguille du crochet auquel ils correspondent tire le fil de la chaîne selon l'exigence du dessin.

Telles sont les dispositions sommaires de l'appareil pour le tissage électrique.

Un avantage très important que réalise le métier électrique, c'est la possibilité de tisser, par ce système, des étoffes de toute qualité. Un régulateur qui mesure avec une exactitude parfaite, et toute la variété possible, la quantité dont avance le dessin à chaque *duite*, c'est-à-dire, à chaque passage de la trame, permet, sans changer de dessin, de varier indéfiniment la nature de l'étoffe.

....

On est surpris, quand on voit fonctionner cet appareil, du peu d'intensité du courant électrique qui le met en action. Deux couples d'une pile de Bunsen suffisent pour faire agir les 400 crochets du métier.

Le tissage électrique peut s'appliquer soit aux anciens métiers à bras, soit à ceux mus par une force hydraulique ou par la vapeur. Il s'applique également bien aux étoffes de soie, de laine et de coton.

Les avantages généraux de l'emploi de l'électricité dans le tissage des étoffes nous paraissent nombreux; essayons de les résumer.

La *mise en cartes*, opération difficile, coûteuse et compliquée, est remplacée par la simple exécution d'un dessin métallique sur le papier. Les innombrables cartons du métier Jacquard sont supprimés; un agent sûr et docile, l'électricité, se trouve seul mis en jeu. La traduction et le *lisage* du dessin deviennent inutiles. La pédale du tisseur élève les crochets pour les mettre en contact avec les électro-aimants, qu'un courant électrique aimante ou désaimante, selon les indications du dessin, et tout aussitôt, sans aucun bruit, quelques crochets restent suspendus, quelques autres descendent conformément au dessin tracé sur le cylindre. Il résulte de là une grande réduction du volume du métier.

Au lieu des dépenses qu'entraînent la traduction si compliquée du dessin sur les cartons et le forage de ces cartons, on n'a donc plus, avec le métier électrique, que celles de l'exécution du dessin métallique. Avec des dessins très compliqués, on pourrait, selon l'inventeur, économiser, en employant le métier électrique, près des trois quarts de la dépense, et près de la moitié pour les dessins ordinaires. On peut, de plus, corriger et varier ses dessins par quelques coups de pinceau, et le peu de frais de l'exécution ou de la correction de ces dessins permettra de les renouveler plus souvent.

Il est une objection, sérieuse en apparence, qui a été élevée contre le métier Bonelli, et que nous ne passerons point sous silence. Elle se fonde sur la substitution, qui a été proposée récemment, du papier pour remplacer les cartons dans le métier Jacquard. « Ce n'est plus, dit-on, contre les cartons que » le métier électrique doit lutter, c'est maintenant contre » le papier, qui les remplace avec une économie considé- » rable. »

En admettant même tous les avantages que l'on attribue au papier qui commence à être employé dans quelques fabriques de Paris pour remplacer les cartons, cette objection tombe d'elle-même lorsqu'on réfléchit qu'il n'y a dans cette substitution qu'une économie de matière. En effet, le papier nécessite, aussi bien que le carton, la mise en cartes, le lisage et le piquage; la main-d'œuvre est la même, sauf l'enlaçage des cartons. Or, le système électrique supprime précisément tout ce travail préliminaire en même temps que le carton, et c'est là son plus grand avantage.

En résumé, tout fait espérer que cette nouvelle et admirable application de l'électricité au travail industriel se répandra bientôt dans toutes nos villes manufacturières, et que nos fabricants, tout en réalisant des bénéfices plus importants qu'autrefois, pourront faire participer le public aux résultats des nouveaux perfectionnements introduits dans la confection des étoffes.

Nous venons d'exposer les divers avantages que l'emploi de l'électricité nous semble appelé à réaliser dans l'industrie du tissage. A nos yeux, le métier électrique imaginé par M. Bonelli est une œuvre de génie, une découverte destinée à honorer notre siècle. Mais nous ne dissimulerons pas notre incompétence en matière de tissage. Nous apprécierons l'appareil Bonelli en physicien, non en industriel ou fabricant. Il nous paraît bien remarquable d'avoir réussi à faire fonctionner 400 électro-aimants dans un espace si borné, sans qu'ils troublent mutuellement leur action. Nous n'admirons pas moins cette ingénieuse et charmante combinaison de l'appareil, qui consiste à consacrer l'électricité, non à mettre en action mécaniquement les crochets destinés à lever les fils de l'étoffe, mais simplement à ouvrir et à fermer un petit orifice où passent les crochets. Cependant, nous le répétons, c'est en physicien, non en manufacturier, que nous émettons cette opinion. La question du tissage est si spéciale, si peu connue hors des ateliers où on la pratique, que ce n'est qu'avec réserve qu'il est permis aux personnes étrangères à cet art d'émettre un avis sur ce sujet. Aussi regrettons-nous bien vivement que jusqu'ici aucune voix ne se soit fait entendre pour ou contre l'invention que nous venons de faire connaître. Dans l'intérêt des fabricants si nombreux que cette question tient en suspens, nous espérons que nos divers corps savants voudront bien éclairer l'opinion publique sur la valeur réelle et sur la portée de la découverte de l'habile ingénieur piémontais.

L'ÉLECTRICITÉ ET LES CHEMINS DE FER.

Enrayage électro-magnétique de M. Achard. — Systèmes de MM. Tyer, de Castro, du Moncel, Achard et Guyard pour la sécurité des convois. — Télégraphe des locomotives de M. Bonelli.

A propos des tristes accidents récemment arrivés sur les chemins de fer en Amérique et en France, le journal l'*Union* prêchait le retour aux pataches, et rappelait avec complaisance le mot, que nous ne trouvons pas énormément spirituel, du feuilletoniste Merle, qui l'avait pris à Rossini : « Celui qui, dans cin- » quante ans, inventera les diligences, fera sa fortune. » Nous ne croyons pas que, pour assurer la sécurité dans nos moyens de transport, il soit nécessaire de faire rétrograder la science, ni de répudier les inventions admirables qui font la gloire et la force de la société actuelle. Ce qu'il faut, c'est au contraire marcher plus avant et plus résolument dans le chemin du progrès; il faut demander à la science un dernier effort et un surcroît de merveilles, pour porter à son état de perfection un système de locomotion qui, répandu depuis vingt ans à peine, a opéré une transformation complète dans les habitudes des populations, dans les rapports des peuples et dans les moyens du commerce.

Un fait bien digne de remarque, c'est le secours que se sont mutuellement prêté les grandes inventions de notre époque pour s'élever à leur perfection respective. Les rapports de la télégraphie électrique avec les chemins de fer nous fourniraient, au besoin, un curieux exemple de cet appui continuel que les découvertes d'une époque ont offert aux créations ultérieures du même ordre. Personne n'ignore que les chemins de fer ont singulièrement facilité l'établissement des télégraphes électriques. Si l'on n'eût point possédé, aux États-Unis et en Angleterre, ces longues voies ferrées reliant, par le plus court trajet, les grands centres de population, et continuellement défendues par une vigilante et active surveillance, on aurait difficilement conçu l'espoir d'installer avec sécurité, à travers le pays, les fils conducteurs d'une pile voltaïque, et la création de la télégraphie nouvelle aurait nécessairement subi des retards considérables. Mais, d'un autre côté, à peine établie le long des voies ferrées, la télégraphie électrique a promptement acquitté sa dette; elle a rendu avec usure aux chemins de fer les services qu'elle en avait reçus à sa naissance. Les télégraphes électriques, continuellement employés pour transmettre des ordres ou des avis relatifs au service, ont beaucoup simplifié l'exploitation des chemins de fer, et puissamment concouru à la sécurité des convois. Des trains immenses de voyageurs et de marchandises étaient lancés avec une rapidité inconnue jusque-là; pour prévenir les accidents occasionnés par des obstacles imprévus sur la route, il fallait un agent plus prompt encore que la vapeur. L'électricité, qui franchit l'espace avec la rapidité de la pensée, pouvait seule atteindre ce but. La télégraphie électrique a donc, jusque dans ces derniers temps, contribué avec une efficacité incontestable à la sécurité des chemins de fer. Toutefois, l'expérience, une triste et déplorable expérience, a prouvé que ce but capital était loin d'être atteint d'une manière absolue. La science est donc tenue de perfectionner encore des procédés qui, malgré toutes les merveilles qu'ils peuvent réaliser, ont leurs défaillances et leurs écueils comme toutes les créations des hommes. C'est vers ce but que tendent en ce moment les efforts d'un grand nombre d'ingénieurs et de savants, et c'est avec une vive satisfaction que nous allons essayer de faire connaître les travaux entrepris dans cette direction salutaire.

La télégraphie électrique figure évidemment au premier rang des moyens à employer pour garantir la sécurité des convois sur les chemins de fer. Deux procédés différents sont proposés pour son application pratique dans cette circonstance : 1° Obtenir l'arrêt instantané d'un train lancé à grande vitesse, en donnant au mécanicien, grâce à un courant électrique, le moyen de serrer à la fois tous les freins ; 2° donner à une locomotive en marche la possibilité de correspondre continuellement, par des signaux électriques, avec toutes les stations de la ligne, et même avec les autres trains qui parcourent la voie. Occupons-nous d'abord du premier de ces deux systèmes.

L'idée d'arrêter subitement un convoi, par une action électro-magnétique mettant instantanément les freins en action, s'est présentée à l'esprit de bien des personnes. Un grand nombre de dispositions mécaniques ont été imaginées pour atteindre ce but ; mais de tous les appareils de ce genre qui ont été conçus ou exécutés, le plus remarquable, sans aucun doute, est celui que nous devons à M. A. Achard, ancien élève de l'École polytechnique, ingénieur civil à Chatte, près Saint-Marcellin (Isère).

L'enrayeur électrique de M. Achard, qui figurait à l'Exposition universelle, a pour effet de provoquer, par l'action de la force électro-magnétique, le serrage instantané des freins de chaque wagon, et d'arrêter par conséquent le convoi d'une manière presque subite, quand les circonstances l'exigent.

Sur les convois des chemins de fer, il existe des employés nommés *gardes-freins*, qui sont chargés, à un signal convenu et donné par le conducteur, de tourner les manivelles qui pressent les freins contre les roues. Mais ces employés peuvent mettre à l'exécution de l'ordre qui leur est transmis un retard qui, dans certaines circonstances, suffit pour compromettre la vie de centaines de voyageurs : les *gardes-freins* peuvent être distraits, inattentifs, malades, etc. Il y a donc un grand avantage à pouvoir faire exécuter l'important office de l'enrayage par une machine qui n'est sujette ni aux empêchements, ni aux distractions, ni aux caprices, et qui accomplit nécessairement, fatalement, l'œuvre qu'on lui confie. M. Achard est parvenu, à l'aide de moyens simples et pratiques, à faire exécuter l'enrayage des wagons par l'action de l'électro-magnétisme, sans le concours des *gardes-freins*, et par l'action d'un seul homme, le conducteur du convoi. Voici la disposition de l'appareil de M. Achard.

Au-dessus de chaque wagon pourvu d'un frein, et près de l'arbre de ce frein, se trouve un électro-aimant, c'est-à-dire une lame de fer doux parcourue par un fil conducteur, dans l'intérieur duquel on peut faire circuler un courant électrique. En face de cet électro-aimant est placée une armature de fer doux, susceptible d'être attirée par l'aimant artificiel. Une pile voltaïque, disposée sur le wagon, peut envoyer de l'électricité à cet électro-aimant et lui communiquer ainsi une puissance attractive. Dans l'état ordinaire, c'est-à-dire, lorsque le mécanicien ne veut pas arrêter son convoi, l'électricité ne circule pas autour de l'électro-aimant : l'armature et l'électro-aimant se meuvent donc librement, ils suivent simplement tous les deux les mouvements que leur imprime la progression du convoi, et tout marche comme si cet appareil n'existait pas. Mais si le mécanicien veut arrêter instantanément le train, il établit, à l'aide d'un petit levier, la communication entre la pile voltaïque et l'électro-aimant; aussitôt, le courant électrique s'élançant à travers le fil conducteur, l'électro-aimant devient actif, il attire l'armature de fer doux qu'il entraîne avec lui. Or, dans l'état de marche ordinaire, cette armature tient en respect un cliquet destiné à pousser une roue dentée, qui peut elle-même mettre en action l'*arbre du serre-frein*. Ce cliquet se trouvant rendu libre par le déplacement de l'armature, la roue du serre-frein (qui se meut lui-même par la force d'impulsion du convoi), se met aussitôt à agir, et arrête la marche. Ainsi, dans l'*enrayeur électrique* de M. Achard, la force électro-magnétique n'est pas employée comme puissance mécanique directe pour arrêter le convoi; l'effort développé par un moteur électro-magnétique serait tout à fait impuissant à produire ce résultat. L'électro-aimant sert tout simplement à dégager un cliquet qui laisse partir une roue; quant à l'effort mécanique de l'enrayage, il est dû tout entier à la force impulsive du convoi par l'intermédiaire de l'axe tournant des roues du wagon. Cette pensée de ne demander à l'électricité qu'un très faible effet mécanique, tout en profitant de l'instantanéité de son action, est des plus importantes, et fait honneur aux talents de celui qui l'a conçue.

Ainsi, avec l'appareil de M. Achard, un seul homme peut provoquer l'enrayage d'un convoi. Les *gardes-freins* ne sont utiles que pour desserrer les freins, ce qui n'offre d'ailleurs aucun inconvénient, puisqu'il n'est jamais nécessaire de *débrayer* avec vitesse, ou du moins parce que la lenteur, dans cette opération, ne peut jamais entraîner d'accidents. Il résulte de là que le conducteur du convoi est le seul responsable de son service. Si les gardes-freins n'obéissent pas à son signal (ce qui peut arriver et arrive, en effet, quelquefois), il peut lui-même enrayer tous les wagons qui ont des freins; dans une enquête pour rechercher les causes d'un accident, le mécanicien ne pourra donc plus dire : « Je n'ai pu m'arrêter à temps, parce » que les gardes-freins n'ont pas obéi immédiatement à mon

» signal. » Enfin, l'*enrayeur électrique* ne tend ni à changer ni à compliquer le service actuel. Toutes les manœuvres peuvent s'effectuer comme auparavant ; les employés serrent et desserrent eux-mêmes les freins, comme à l'ordinaire, dans le cas où le mécanisme électro-magnétique ne doit pas fonctionner. Pour desserrer, il suffit de renverser les deux cliquets qui servent à l'enrayage par l'électricité. Cette circonstance de ne rien changer aux conditions ordinaires du service, nous paraît de nature à beaucoup favoriser l'adoption de ce nouveau système par les compagnies de chemins de fer (1).

On avait élevé une objection assez grave contre l'emploi de l'enrayage électro-magnétique. On avait fait remarquer que l'arrêt instantané d'un convoi lancé à grande vitesse peut provoquer la destruction des wagons par suite du choc, ou du moins renverser les voyageurs et les lancer les uns contre les autres, avec une force proportionnelle à la quantité de mouvement acquise par la course. Or, cette quantité de mouvement serait celle qui dépendrait de la vitesse du convoi lui-même avant son arrêt. Mais l'auteur réfute très bien cette objection en faisant observer que son appareil d'enrayage n'agit que d'une manière très graduée, puisque sa vitesse dépend de

(1) Non content d'avoir donné au conducteur du convoi la faculté d'enrayer instantanément le train, M. Achard a voulu aller plus loin encore, et faire fonctionner cet appareil d'une manière *automatique*, c'est-à-dire le rendre susceptible d'entrer en action de lui-même, et par le fait seul que deux convois se dirigeraient l'un contre l'autre sur une même voie. Pour arriver à faire agir automatiquement le mécanisme des freins toutes les fois que deux trains lancés sur la même voie ne se trouvent plus qu'à une faible distance, M. Achard propose d'établir entre les rails des branches conductrices de fer, interrompues de manière à ne fermer les courants de piles voltaïques portées par chaque train qu'au moment où les convois se trouvent à 2 ou 4 kilomètres de distance l'un de l'autre. Nous n'insisterons pas sur cette dernière particularité du système de M. Achard parce que nous retrouverons plus loin des dispositions du même genre proposées par d'autres inventeurs. L'invention capitale de M. Achard, c'est son moyen d'*enrayage électrique ;* c'est sur ce point surtout que nous voulons insister.

la vitesse de rotation des roues, laquelle se trouve progressivement diminuée par la pression du frein. Dans la plupart des cas, on n'opère pas avec plus de vitesse que la main de l'homme, et puisque la main des gardes-freins ne peut jamais rompre ni les essieux, ni les articulations des wagons, le mécanisme de l'enrayage électrique ne les rompra pas davantage. « Il sera même, » ajoute M. Achard, moins dangereux, si danger il y a, puis- » qu'il cessera de serrer au moment où l'effet utile est produit, » ce que ne font pas toujours les gardes-freins, qui souvent » persistent à serrer, lors même que les roues sont complétement » enrayées. »

Tel est le remarquable procédé d'enrayage électro-magnétique dont l'adoption aurait, sans aucun doute, pour résultat, de diminuer beaucoup les chances de désastres sur les chemins de fer. Occupons-nous maintenant du second système que nous avons énoncé, et qui consiste à donner au mécanicien, placé sur la locomotive, la possibilité de correspondre avec les diverses stations de la ligne, pour donner avis de la situation du convoi et des accidents qui peuvent signaler sa marche.

Pour qu'un convoi en mouvement puisse envoyer à une station un signal électrique, il faut établir une liaison métallique entre cette station et le convoi; mais comment établir cette liaison? On ne pourrait songer à se servir des rails mêmes comme conducteurs électriques. Les solutions de continuité qui existent entre ces bandes de métal, leur défaut d'isolement électrique, les véhicules qui les parcourent sans cesse, empêcheraient de les consacrer à un tel usage. Toutefois, les rails peuvent être mis à profit comme conducteurs électriques au moyen de l'artifice suivant.

De distance en distance, de kilomètre en kilomètre, par exemple, on peut établir entre les rails et perpendiculairement à leur direction, une tige de fer *parfaitement isolée*, et que l'on met en communication électrique avec le fil de la ligne du service télégraphique, ou, mieux encore, avec un fil spécial établi à cet effet. Toutes ces tiges métalliques ainsi disposées le long de la voie, peuvent être reliées par séries, à l'aide d'un fil conducteur, aux différentes stations placées en avant des convois. Si maintenant, on adapte au tender de chaque convoi, ou à l'un des wagons, un arc métallique capable de glisser à frottement sur cette tige de fer, toutes les fois que, par le passage du convoi, ce frotteur viendra rencontrer la tige placée perpendiculairement à la direction des rails, en ce moment, et *dans ce moment seulement*, un courant électrique s'établira entre la station et le convoi, et ce dernier pourra envoyer à la station un signal télégraphique. C'est sur ce principe qu'un certain nombre de physiciens ont proposé d'établir sur les chemins de fer des appareils nommés *moniteurs* ou *avertisseurs électriques*, qui ont pour but de signaler, de la ligne à une station, le passage des locomotives, et d'envoyer un petit nombre de signaux convenus d'avance.

Un ingénieur anglais, M. Tyer, de Dalton, est le premier qui ait expérimenté un système d'*avertissement électrique des convois* fondé sur le principe qui vient d'être exposé.

Le système de M. Tyer permet aux trains en mouvement de recevoir, 1 kilomètre avant leur arrivée à la station, l'avis de l'encombrement ou du dégagement de la voie ; cet avis est indiqué aux employés de la station par une aiguille mise en mouvement sous l'influence des convois eux-mêmes, et qui marche tout le temps que circule un convoi dans l'intervalle de 4 kilomètres, qui est réservé comme champ de manœuvres, en amont et en aval de la station. Avec cet appareil, les indications électriques, expédiées aux diverses stations, commencent donc à 1,000 mètres avant la station, et finissent à une distance semblable du côté opposé. Pendant tout le temps que les convois circulent sur cette partie de la voie ferrée, le cadran du moniteur indique que la voie est occupée, mais aussitôt que les convois ont dépassé la limite fixée, l'aiguille du moniteur revient à sa position normale, c'est-à-dire devient le signal qui indique que la voie est libre. En même temps que s'opèrent ces différents mouvements, un coup est frappé sur un timbre pour prévenir les employés de faire agir l'appareil aux signaux. Le mécanicien est donc averti, de cette manière, que la voie est libre ou occupée à la station prochaine qu'il doit traverser.

Deux années d'expériences ayant établi toute l'efficacité pratique de ce système d'avertissement électrique, la compagnie du South-Eastern l'a adopté, et il fonctionne aujourd'hui sur cette ligne avec un entier succès.

Bien que l'adoption des appareils de M. Tyer par une compagnie de chemin de fer parle manifestement en leur faveur, on ne peut cependant s'empêcher de remarquer qu'ils ne présentent qu'un moyen insuffisant de garantie. Tout se borne, en effet, avec l'appareil anglais, à empêcher les rencontres des trains aux stations ou dans leur voisinage; ce système ne présente donc qu'une solution partielle du problème.

En Espagne, M. de Castro, ingénieur distingué du corps royal des mines, en France, MM. du Moncel, Guyard, Achard et Bellemare, ont proposé des appareils qui sont tous fondés sur le même principe, et qui semblent répondre plus complétement que le système Tyer à toutes les nécessités du service des chemins de fer. La description de ces différents systèmes dépasserait en étendue les limites que comporte ce volume. Nous nous contenterons en conséquence de faire connaître d'une manière générale le principe sur lequel ils reposent tous.

Ce principe est le suivant : On place sur la voie deux circuits télégraphiques, formés de fils de cuivre et disposés de telle manière que deux convois ne peuvent avancer l'un vers l'autre en sens contraire, sans faire partie du même circuit voltaïque, et sans se trouver réunis par un même fil conducteur. Dès lors une sonnerie ou un signal avertissent du danger les conducteurs de chaque convoi.

Nous nous bornons à cette énonciation générale des différents systèmes qui sont communs à MM. de Castro, du Moncel, Guyard, Achard et Bellemare, ne pouvant entrer dans l'examen spécial de chacun d'eux, ni dans les discussions qui se sont élevées entre leurs auteurs, relativement à la valeur comparée de ces systèmes ou à la priorité relative de leur invention (1).

On vient de lire l'exposé général des différents systèmes qui ont été proposés jusqu'à ce jour pour établir une correspondance entre les trains et les stations plus ou moins éloignées. On reconnaîtra donc sans peine l'inconvénient capital que présente cette méthode d'avertissement électrique. A l'aide des moyens qui viennent d'être exposés, on ne peut que former des signaux, et même en nombre fort restreint. Or, trois ou quatre signaux convenus d'avance sont insuffisants pour donner avis des accidents et des cas imprévus qui surviennent pendant le voyage. Par ces différents appareils, le problème proposé n'est donc résolu que d'une manière incomplète.

Le *télégraphe des locomotives*, ou le *télégraphe volant*, imaginé et mis en service sur l'une des lignes du Piémont, par le chevalier Bonelli, nous semble répondre d'une manière beaucoup plus heureuse aux conditions exigées. Avec les appareils dont nous avons exposé plus haut le principe général, on ne peut envoyer aux stations que trois ou quatre signaux convenus d'avance; avec le *télégraphe volant*, on peut faire fonctionner tous les télégraphes; on peut même imprimer la dépêche. De plus, et l'idée même d'un aussi admirable résultat ne s'était encore présentée à l'esprit de personne avant les expériences de M. Bonelli, on peut, avec ce nouveau système, établir une correspondance entre deux trains courant sur une même voie, quel que soit le sens de leur marche respective. Tout se réunit donc pour appeler l'intérêt et l'attention du public sur cet appareil remarquable, dont nous allons nous efforcer de donner une description exacte.

(1) L'ordre chronologique des différents systèmes dont nous venons de parler est le suivant : 1° M. Tyer, breveté en France, le 12 août 1852; 2° M. de Castro, breveté en France, le 31 octobre 1853; 3° M. du Moncel, breveté, le 20 juin 1854 ; 4° M. Guyard, mémoire publié en juillet 1854 ; 5° M. Achard, breveté en 1855 ; 6° M. Bellemare, breveté en janvier 1856.

Le *télégraphe Bonelli* ne repose pas sur le même principe qui sert de base aux divers systèmes d'*avertissement électrique* que nous venons d'examiner. C'est un principe tout nouveau, comme on va le voir.

Un fil métallique, parfaitement isolé sur toute sa longueur, étant établi entre deux stations éloignées, si l'on met ce fil en communication, par l'une de ses extrémités, avec une pile voltaïque, et que son autre extrémité se trouve en contact avec le sol, afin de compléter le circuit voltaïque, ainsi qu'on le fait dans tous les télégraphes électriques, on obtiendra un courant galvanique susceptible de former des signaux. Mais, d'après une loi physique que l'expérience a établie, l'intensité d'un courant galvanique est en raison inverse de la longueur du fil et de l'épaisseur, ou, selon l'expression scientifique, de la *section* du fil conducteur. D'après cela, si, sur le passage du fil télégraphique, on établit diverses communications électriques entre ce fil et différents appareils à signaux échelonnés le long de la voie, le fil dont nous parlons ne pourrait servir à distribuer avec exactitude et régularité, dans ces différentes *dérivations*, un courant électrique d'une intensité égale. En effet, l'intensité du petit courant, établi du fil principal au fil secondaire, étant inversement proportionnelle à la longueur du fil et à la résistance de l'appareil, varierait constamment avec la position du convoi sur le chemin parcouru ; par suite de cette variation dans l'intensité du courant, il serait impossible d'établir une transmission régulière de dépêches entre les convois en marche et les stations, à plus forte raison entre plusieurs convois situés à une distance constamment variable les uns des autres (1).

(1) C'est contre cet écueil que sont venus échouer un assez grand nombre d'inventeurs qui ont eu la pensée d'établir des communications électriques entre une locomotive et les stations qu'elle parcourt. Les expérimentateurs, assez nombreux, qui ont voulu aborder ce problème, se sont contentés d'établir la communication électrique à l'aide d'un fil de mince section. Mais la variation qui résulte de la différence de la longueur du conducteur selon la place occupée par le convoi sur l'étendue de la ligne,

Mais si, au lieu de se servir d'un simple fil d'un faible diamètre, comme le sont les conducteurs des télégraphes électriques ordinaires, on emploie pour conducteur une *barre métallique d'une assez grande dimension*, couchée le long des rails et isolée avec soin, les conditions que nous considérons ici seront totalement changées. D'après la loi énoncée plus haut, la résistance qu'éprouve l'électricité à se mouvoir dans un conducteur est en raison inverse de la section de ce conducteur. Ici, la section, c'est-à-dire les dimensions du conducteur, étant considérables, la résistance au passage de l'électricité sera nulle ou insignifiante par rapport à celle des embranchements, et ces derniers ayant d'ailleurs des résistances égales, le courant envoyé par la barre métallique se répandra dans tous les embranchements avec une intensité sensiblement égale pour tous, ce qui permettra dès lors de les employer efficacement aux fonctions télégraphiques. C'est sur ce principe que repose la théorie du télégraphe des locomotives de M. Bonelli. Examinons maintenant les détails de sa construction.

devait faire échouer ces tentatives. Les essais entrepris dans cette méthode trop élémentaire méritent pourtant d'être signalés, puisqu'ils ont préparé la voie aux résultats postérieurs.

L'auteur des premiers essais pratiques exécutés au début de ces tentatives, et le premier en date pour ce genre d'expériences, est un pauvre géomètre-arpenteur de Bar-sur-Seine, nommé Maigrot. Simple paysan, mais doué de véritables dispositions mécaniques, il avait embrassé le métier de charron. Ayant ensuite consacré toutes ses ressources à acquérir une instruction qu'il n'avait pu se procurer dans sa jeunesse, il put exercer dans sa contrée les fonctions de géomètre-arpenteur. Bien au courant du mouvement des idées scientifiques et industrielles, il s'occupa de l'utile problème des *moniteurs électriques* sur les chemins de fer, et il conçut, pour sa solution, un plan tout à fait analogue à celui que nous venons d'exposer. Venu à Paris, en 1852, pour faire connaître ses idées et demander l'expérimentation de son système, il obtint cette autorisation de la compagnie du chemin de fer d'Orléans. Le 23 février 1853, Maigrot soumit donc son appareil à des expériences publiques à la gare du chemin de fer d'Orléans, en présence d'un grand concours de personnes compétentes, parmi lesquelles M. Hermann, ingénieur en chef du chemin d'Orléans, M. Jules Erckmann, etc. Ces expériences réussirent parfaitement;

Le conducteur principal consiste en une barre de fer de 4 millimètres de diamètre sur 20 de hauteur, ce qui donne une section suffisante pour une ligne de 80 à 100 kilomètres. Il est fixé entre les rails du chemin de fer, élevé à une certaine distance au-dessus du sol, grâce à deux isolateurs en terre cuite, qui présentent la forme de champignons, et sont posés sur les traverses de bois qui supportent les rails. La barre métallique se trouve, de cette manière, placée à quelques centimètres au-dessus du sol. Outre le mérite de la solidité, cette disposition du conducteur principal présente l'avantage de faciliter beaucoup les réparations si elles sont nécessaires; elle diminue le danger qu'il y a pour les employés à se servir du télégraphe pendant les forts orages, et ne nécessite pas les moyens de traction qui sont nécessaires pour tendre les fils ordinaires des télégraphes.

Un glissoir métallique, fixé au wagon où se trouve le conducteur du convoi, établit une communication permanente entre la barre conductrice et l'appareil télégraphique qui est disposé dans le même wagon, tandis que la communication de ce même appa-

des signaux furent transmis avec la plus grande facilité à une station placée en avant, par le mécanicien emporté par sa locomotive. Cependant, la compagnie ne jugea pas à propos de pousser plus loin ces expériences ou d'adopter ce système, et l'inventeur dut reprendre la route de son pays, sans avoir tiré d'autres fruits de ses efforts et de ses dépenses. Seulement, afin de s'assurer la propriété de son appareil, il demanda un brevet d'invention, qui lui fut délivré le 15 décembre 1852.

Nous avons pris connaissance, au ministère du commerce, de ce brevet, pris au nom de MM. Maigrot, *forgeron-charron*, et Faitot. Il renferme l'exposé d'un système tout à fait identique avec celui que nous avons décrit plus haut : un fil télégraphique tendu le long de la ligne, de distance en distance (chaque 500 mètres), une bande métallique coupant les rails perpendiculairement ; enfin, sous le wagon, une tige destinée à rencontrer ce conducteur à son passage, et à servir à transmettre des signaux à la première station principale située en avant du convoi. Il n'y a donc pour nous aucun doute que la priorité dans l'exécution pratique de ce genre d'appareil n'appartienne au forgeron de Bar-sur-Seine. Que le juste hommage de nos sympathies aille témoigner au pauvre inventeur oublié dans sa province, que le courage et le travail, mis au service d'une œuvre utile, trouvent tôt ou tard leur récompense dans la reconnaissance publique !

reil avec le sol, s'opère par l'essieu du wagon, les roues et les rails. Ce frotteur, ou glissoir, consiste en une lame de tôle mince et cambrée en forme d'arc ; elle se replie quatre fois, de manière à former quatre petits arcs métalliques qui assurent un contact toujours complet. Tout ce système forme un ressort d'une résistance médiocre, afin de prévenir l'usure qui résulterait d'un frottement trop énergique. Comme il n'est pas toujours nécessaire de faire fonctionner l'appareil, on peut, à volonté, établir ou supprimer la communication du train avec la ligne, en soulevant la traverse où est fixé le glissoir, à l'aide d'une manivelle que l'on tourne de l'intérieur du wagon, et qui soulève cette traverse au moyen d'un levier coudé.

Les changements de voie, les croisements de rails, les passages à niveau, présentaient des difficultés pour l'établissement de la barre conductrice, car il importait que la ligne télégraphique ne portât point obstacle aux manœuvres des trains et ne gênât pas la circulation des voitures ordinaires sur la voie. Pour les changements de voie et les croisements de rails, M. Bonelli interrompt la barre au-dessus du sol, et la continue au-dessous par une tige de fer de mêmes dimensions, noyée dans un tube de fer rempli de bitume. Dans les passages à niveau, il place la barre au-dessous du niveau des rails, de manière qu'elle soit protégée contre les roues des charrettes et des voitures qui franchissent la voie. Dans les gares mêmes, où les obstacles provenant des aiguilles, plaques et croisements, se multiplient, M. Bonelli propose de continuer la ligne par une partie souterraine en contournant la station. Il est certain, en effet, que, sur ces points, le chef du convoi peut se dispenser de rester en communication avec les stations, puisqu'il est en sûreté et qu'il a d'ailleurs toujours sous la main une station télégraphique ordinaire ; dans ce cas, le conducteur soulève la traverse qui supporte les ressorts, de manière à éviter tous les obstacles.

Le prix de la construction d'une pareille ligne télégraphique, sur un chemin d'une seule voie, est de 450 francs par kilomètre.

Le système de M. Bonelli s'applique pourtant aussi aux chemins à double voie. Dans ce cas, il suffit de placer une bande métallique entre les rails de chaque voie, et de relier ces bandes aux deux extrémités.

Le premier essai de ce nouveau système de communication télégraphique entre les locomotives et les stations, a eu lieu, le 19 mai 1855, sur le chemin de fer de Turin à Gênes. Pour cette première expérience, l'inventeur ne fit pas usage d'une locomotive, mais tout simplement d'un chariot portant l'appareil télégraphique destiné à former les signaux, et muni du frotteur métallique qui établissait une communication avec le conducteur placé au milieu des rails. M. Bonelli prit place sur ce chariot, avec un employé du télégraphe et six autres personnes. On mit alors le véhicule en mouvement, à l'aide de deux leviers prenant appui sur le sol, et que l'on manœuvrait vigoureusement au moyen d'une manivelle. On put de cette manière imprimer au petit équipage une vitesse de près de 6 lieues à l'heure. Le chariot étant parvenu dans la partie de la voie où se trouvait placé le conducteur, l'expérience put commencer. Tandis que l'on courait à grande vitesse, la conversation s'engagea entre la station et le véhicule emporté sur les rails.

— Comment marchez-vous? demanda M. Bonelli.

— Très bien, lui répondit-on. Menotto se félicite de votre succès.

— Mille remerciements. Nous courons très vite tout en causant.

— Où êtes-vous en ce moment?

— A 2 kilomètres de la station. Le chef de la station y est-il? Demandez si nous ne courons aucun danger?

— Il n'y a personne. Vous ne courez point de danger, puisqu'il ne part point de locomotives. Je vous préviens cependant qu'il arrivera dans l'autre voie un train parti de Villeneuve à six heures un quart.

— Quelles sont les personnes qui se trouvent à la station?

— M. le vice-directeur et M. Pungiglione, qui entre à l'instant.

— Saluez-le de la part du directeur qui s'éloigne à grande vitesse.

— M. Pungiglione vous rend ses salutations avec plaisir. Où êtes-vous maintenant?

— A l'extrémité de la ligne. Nous retournons; nous avons fait 4 kilomètres.

Au moment où sa course était le plus rapide, l'inventeur expédia la dépêche suivante au comte Cavour, au ministre Paleocapa et au directeur général des travaux publics, M. Bona :

« Le directeur des télégraphes a l'honneur de vous prévenir » que le télégraphe des locomotives a pleinement réussi.

» De la voiture qui parcourt la ligne à toute vitesse.

» BONELLI. »

Ce premier essai fut suivi, le 24 mai, d'une nouvelle expérience plus décisive, dans laquelle on substitua au chariot mû à bras un wagon traîné par une locomotive. Le wagon portait un appareil Morse de petites dimensions, semblable à ceux dont on commence à faire usage aux armées pour les communications télégraphiques entre les troupes en campagne. Cet appareil est contenu dans une très petite caisse que l'on peut porter sous le bras. La caisse est munie d'une sonnette, que le courant électrique met en branle, et qui sert à appeler l'attention du correspondant et à l'avertir qu'une dépêche va être expédiée.

En allant et revenant sur la ligne de Turin à Montcalieri, la locomotive échangea, avec la plus grande facilité, une correspondance avec la station du chemin de fer. Voici les dépêches qui furent transmises.

La locomotive au moment du départ. — Nous sommes sur la ligne. Comment recevez-vous nos signaux?

De la station. — Très bien! Avec quelle rapidité marchez-vous?

La locomotive. — Nous partons en ce moment, et sommes au mur d'enceinte.

De la station. — Vous nous avertirez quand vous serez à trois kilomètres.

. . . .

La locomotive. — Très bien! Quand voulez-vous que nous partions?

De la station. — Nous vous le dirons.

La locomotive. — Quelle heure est-il?

De la station. — Il est une heure moins cinq... Où êtes-vous?

La locomotive. — Au Lingotto.

De la station. — Vous pouvez partir.

La locomotive. — Attendez cinq minutes.

Un autre essai, plus curieux encore que le précédent, consista à établir une correspondance entre deux locomotives en marche. Le moyen de communication entre les deux locomotives était toujours le conducteur placé entre les rails, seulement, les communications avec les stations étaient supprimées. Voici l'étonnant dialogue où l'on a vu pour la première fois deux machines à vapeur, courant chacune de son côté, converser entre elles par l'intermédiaire de l'électricité. Il n'est peut-être pas très éloquent, mais nous donnerions en échange tous les discours de Tite-Live — avec ceux de Quinte-Curce par-dessus le marché.

1re *locomotive.* — Nous sommes sur la ligne. Nous partons.

2e *locomotive.* — Où êtes-vous?

1re *locomotive.* — Arrêtés à Montcalieri. Dites-nous quand vous serez en voiture?

2e *locomotive.* — Nous sommes en route, et marchons à grande vitesse.

1re *locomotive.* — Combien êtes-vous de personnes?

2e *locomotive.* — Vingt environ.

1re *locomotive.* — Répondez plus précisément.

2e *locomotive.* — Nous sommes dix-huit... La commission présente ses salutations à M. Bonelli.

1re *locomotive.* — Merci.

2e *locomotive.* —Nous avons passé le Lingotto. Nous sommes arrivés.

Cette correspondance se prolongea une heure et demie. Les deux locomotives, placées sur la même voie, marchaient l'une contre l'autre, se rejoignant et s'éloignant alternativement. Cet essai qui, dans d'autres circonstances, aurait été plein de difficultés ou de dangers, n'avait au contraire rien que de très rassurant, grâce à la communication continuelle qui existait entre les mécaniciens guidant leur machine. Depuis une heure jusqu'à deux heures et demie, les deux locomotives purent ainsi courir ou s'arrêter, selon les indications qu'elles se transmettaient l'une à l'autre, et même, dans la course la plus rapide, elles ne cessèrent pas un instant de correspondre entre elles.

Pendant les mois de juin et de juillet 1855, ces expériences ont été reproduites avec un égal succès. Enfin, dans une expérience faite peu de temps après, devant les rois de Sardaigne et de Portugal, les ducs de Brabant et d'Oporto, et toute la cour de Turin, le roi de Sardaigne, placé dans un wagon, reçut, pendant le trajet, la transmission d'une dépêche qui venait d'arriver pour lui de Trieste.

A la suite de ces résultats, le gouvernement sarde a ordonné la construction de cet appareil télégraphique, comme moyen de sécurité, entre Busalla et Pontedecimo, sur le plan incliné des Giovi.

En France, la nouvelle administration des lignes télégraphiques, qui déploie un zèle et une activité très dignes d'éloges, n'était pas restée indifférente à la nouvelle de la découverte du savant piémontais. Dès l'annonce des résultats qui viennent d'être rapportés, le directeur général du service télégraphique français envoya à Turin l'un de ses inspecteurs, M. Gaillard, avec mission d'y étudier le télégraphe des locomotives. Les expériences dont ce dernier fut rendu témoin le convainquirent de la réalité et de l'importance de cette découverte, et dans le rapport qu'il adressa à l'administration des télégraphes, M. Gaillard demanda qu'il fût établi sur l'un des chemins de fer des environs de Paris, une ligne d'essai destinée à soumettre à des expériences sérieuses le télégraphe des locomotives.

Cette importante expérience a été exécutée à Paris de la manière la plus complète ; l'inventeur s'était rendu en France dans ce but. Ayant obtenu l'autorisation de faire l'essai de son système sur la ligne du chemin de fer de Paris à Saint-Cloud, M. Bonelli a fait poser la barre télégraphique sur une étendue d'environ 8 kilomètres, depuis la sortie des fortifications jusqu'à l'entrée de la gare de Suresne.

La plupart des journaux de Paris ont rendu compte du remarquable succès qui a couronné les expériences du télégraphe des locomotives, pendant le mois de novembre 1855. Nous reproduirons ici l'article du *Moniteur* qui donne les dimensions de la barre télégraphique, et constate l'exactitude irréprochable des communications qui ont été échangées entre les locomotives et les stations.

« M. le ministre de l'agriculture, du commerce et des travaux publics, dit le *Moniteur*, accompagné de M. le comte de Cavour, président du conseil des ministres du royaume de Sardaigne, des membres de la commission d'enquête sur l'exploitation des chemins de fer, et de la plupart des directeurs, administrateurs et ingénieurs de nos principales lignes de chemins de fer, s'est rendu hier à la gare de la rue Saint-Lazare pour assister aux expériences du télégraphe des locomotives de M. le chevalier Bonelli, directeur général des télégraphes électriques des États sardes. Cet ingénieux système, dont il a été fait plusieurs fois mention à l'époque des expériences intéressantes qui ont eu lieu sur le chemin de fer de Turin à Gênes, a pour but, on se le rappelle, de mettre en communication permanente un train lancé à toute vitesse, soit avec les diverses stations de la ligne, soit avec les autres trains qui peuvent le précéder ou le suivre sur la même voie. Le procédé de M. le chevalier Bonelli repose sur l'emploi des appareils de la télégraphie électrique ordinaire, combiné avec un système particulier de conducteur métallique installé sur la voie, et en communication constante avec les télégraphes des stations et des trains. L'appareil conducteur vient d'être tout récemment établi sur l'une des voies de la ligne de Paris à Saint-Cloud, depuis la sortie des fortifications jusqu'à l'entrée de la gare de Suresnes, c'est-à-dire sur une étendue d'environ 8 kilomètres. Il consiste en une tringle de fer laminé, de 20 à 25 millimètres de hauteur, de 4 millimètres d'épaisseur, posée de champ dans l'axe de la voie, et supportée à 10 centimètres environ au-dessus du niveau des rails, par des isolateurs de porcelaine fixés sur les traverses de la voie au moyen de broches de fer. Dans les points où cette tringle rencontre un croisement de voies ou un passage à niveau, elle est interrompue sur une étendue de 5 à 6 mètres ; mais ses deux parties sont mises en communication par un fil métallique recouvert de gutta-percha, enterré dans le sol. Un conducteur ou frotteur métallique fixé au train, établit la communication entre la tringle dont nous venons de parler et l'appareil télégraphique disposé dans un wagon. Le frotteur consiste en une espèce de patin à bascule qui touche cette tringle en plusieurs points, sur une étendue de près de 2 mètres, et glisse sur elle à frottement, sous l'action de ressorts destinés à combattre l'effet des oscillations de la marche du train.

» Enfin les appareils de correspondance adoptés par M. le chevalier Bonelli sont des télégraphes à une seule aiguille de Wheatstone, les seuls qui paraissent jusqu'ici pouvoir fonctionner avec une complète régularité sur un train entraîné avec grande vitesse.

» L'administration du chemin de fer de l'Ouest avait fait disposer pour les expériences deux trains renfermant chacun un wagon-salon muni d'un appareil de correspondance. S. Exc. M. le ministre de l'agriculture, du commerce et des travaux publics, M. le comte de Cavour, M. le chevalier Bonelli et une partie des membres de la commission ont pris place dans le salon du premier train ; les autres membres de la commission et les personnes convoquées aux expériences sont montés dans le second train. Les deux trains se suivaient à une distance d'un kilomètre quand ils ont commencé à échanger des dépêches ; le premier a commandé au second de s'arrêter et de stationner sur la voie, et il s'en est éloigné à toute vapeur, sans que la régularité de la correspondance s'en soit ressentie. Bientôt, sur son ordre, le second train s'est mis en mouvement et l'a suivi avec une égale vitesse. Les deux trains se faisaient mutuellement connaître leur position respective sur la ligne. Ils étaient séparés par une distance d'environ 5 kilomètres, et ils marchaient l'un et l'autre avec une vitesse moyenne de 50 à

60 kilomètres à l'heure. Les dépêches étaient échangées sans le moindre trouble et avec la même facilité qu'elles auraient pu l'être entre les bureaux de deux stations voisines.

» Leurs Excellences MM. les ministres, ainsi que toutes les personnes présentes, ont été vivement surpris des résultats remarquables de ces expériences, dont le succès semble promettre à l'exploitation des chemins de fer un précieux élément auxiliaire de sécurité. »

Aucun doute ne peut donc exister aujourd'hui sur l'efficacité et sur la régularité parfaite de l'admirable système de correspondance télégraphique à l'usage des convois imaginé par M. Bonelli.

Il importerait de soumettre à des essais du même genre les différents systèmes *d'avertissement électrique* dont nous avons parlé plus haut, et qui ont été proposés par MM. de Castro, du Moncel, Guyard, Achard et Bellemare. Les appareils de M. de Castro expérimentés en Espagne les 15 et 25 novembre 1855, ont donné les résultats les plus satisfaisants, la presse de Madrid a parlé avec enthousiasme de ces expériences auxquelles le gouvernement espagnol paraît prendre un intérêt sérieux. Il serait à désirer que les appareils des inventeurs français que nous avons fait connaître fussent appelés chez nous à subir de leur côté l'épreuve décisive de l'expérimentation pratique qui leur a manqué jusqu'à ce jour. Nous n'avons pas besoin de faire remarquer de quelle importance serait pour la sécurité des voyageurs l'adoption de ces appareils, si leur efficacité était démontrée par la pratique. Un bon système d'avertissement à distance des convois serait une garantie excellente pour la sécurité d'un chemin de fer. L'emploi du télégraphe des locomotives de M. Bonelli présenterait aussi d'immenses avantages. Enfin, le procédé d'enrayage électro-magnétique de M. Achard serait une addition extrêmement utile au matériel ordinaire des trains. De la combinaison de tous ces moyens, il doit évidemment sortir un jour d'excellents résultats. Si à l'installation du télégraphe des locomotives, qui permet aux convois en marche de correspondre librement et continuellement entre eux, on ajoute la faculté de pouvoir enrayer les convois d'une manière presque subite, grâce à l'électro-magnétisme, il est certain que de précieux moyens de sécurité seront acquis au service des chemins de fer. Quand une locomotive en marche pourra, à chaque instant, donner avis du lieu de sa situation et des incidents qui peuvent signaler son voyage, il est certain que les causes les plus fréquentes d'accidents seront annulées. Ce n'est que par une négligence, presque impossible à admettre, qu'avec de tels moyens de signaler le passage des convois, on pourra à l'avenir voir se renouveler le choc de deux trains marchant en sens opposé. S'il arrive quelque accident en voyage, il ne sera plus nécessaire de perdre beaucoup de temps pour dépêcher un piéton à la station télégraphique la plus voisine. Quelques secondes suffiront pour que la locomotive transmette, du lieu même où elle se trouve, l'avis de sa situation, fût-elle à cent lieues du secours qu'elle réclame.

Sans doute, les procédés télégraphiques, quelque parfaits qu'on les suppose, ne sauraient être considérés comme un préservatif absolu contre les rencontres de trains et autres accidents de même gravité. Mais, ajoutés à tous les autres moyens qui sont depuis longtemps en usage sur nos lignes pour sauvegarder les convois, ils constitueraient un ensemble de précautions capables d'inspirer aux voyageurs la confiance que tout commande de leur assurer. Si les accidents affreux dont le chemin de fer de Lyon et le railway américain ont été récemment le théâtre, ont, à juste titre, attristé et effrayé le public, on est heureux de penser que la science a trouvé dans ces faits déplorables un motif puissant de stimulation. Ainsi, attendons avec confiance le résultat de ces nouvelles tentatives de la science et de l'art : il sera toujours temps d'en revenir aux pataches.

APPLICATION DE L'ÉLECTRICITÉ

À

L'INFLAMMATION DES MINES.

L'art de la guerre s'est toujours empressé de tirer parti de toutes les découvertes de la science; les applications de l'électricité ne pouvaient donc manquer d'être mises à profit pour le service des armées actives.

Le télégraphe électrique a été mis très utilement en usage dans la guerre de Crimée.

Le fil conducteur dont on se sert pour la correspondance électrique des troupes en campagne, est recouvert d'une enveloppe isolante de gutta-percha; on le couche habituellement sur le sol, entre les deux postes télégraphiques. Si le terrain le permet, on l'isole plus exactement en le soutenant en l'air au moyen de simples bâtons que plantent en terre, en courant, sept hommes affectés à ce service. Le genre d'appareil qui sert à former les signaux varie beaucoup, car on a recours tout à la fois au télégraphe à simple aiguille, qui est, comme on le sait, employé de préférence en Angleterre, pour la correspondance télégraphique ; au télégraphe de Morse, qui imprime sur le papier la dépêche en caractères permanents, et même au télégraphe à cadran, en plaçant sur la circonférence du cadran un certain nombre de signaux dont le sens est convenu d'avance.

M. Hipp, de Berne, mécanicien, qui jouit dans les États helvétiques d'une réputation méritée, avait présenté à l'Exposition un *télégraphe électrique militaire* qui, par ses dispositions très heureusement entendues, réunit tous les avantages que l'on doit demander à un instrument de cette destination spéciale. Il est essentiellement commode et portatif. Son volume très faible permet de réunir dans une boîte de petite dimension tout l'accessoire et tout le matériel de la correspondance électrique, y compris la pile voltaïque, qui est une espèce de pile à sable d'une disposition nouvelle. L'appareil qui forme les signaux est un télégraphe de Morse. On a ainsi l'avantage de pouvoir conserver au besoin le texte même de la dépêche expédiée, et justifier ainsi l'authenticité du message. Plusieurs commissions scientifiques de la Suisse, qui ont étudié avec soin l'appareil de M. Hipp, en ont reconnu les avantages; aussi est-il probable qu'il remplacera bientôt, dans les diverses armées de l'Europe, les instruments de natures assez disparates qui ont été employés jusqu'à ce moment.

Mais de toutes les applications de l'électricité aux usages de la guerre, aucune ne présente une utilité plus manifeste que celle qui a pour objet l'inflammation des mines à de grandes distances. Depuis un assez grand nombre d'années, le courant électrique a été mis en usage pour provoquer, à travers toutes les distances possibles, l'explosion des fourneaux de mines. Cette application nouvelle de l'électricité est devenue l'objet d'études attentives pour l'arme savante du génie, et, grâce aux travaux de plusieurs officiers distingués, elle est devenue assez pratique dans ses procédés pour pouvoir être adoptée dans nos travaux militaires. A l'étranger, les mêmes études ont été faites simultanément, de telle sorte que cette question, bien que récente, est déjà assez avancée aujourd'hui. En Espagne, par exemple, des essais nombreux et efficaces ont été entrepris dans cette direction.

D'un autre côté, tout le monde a lu, dans les diverses relations du dernier et terrible épisode du siége de Sébastopol, la preuve que nos ennemis n'étaient pas restés non plus en arrière dans cette application nouvelle de la science à la défense et à l'attaque des places. Après la prise de la tour Malakoff, c'est par des fils électriques, partant de l'intérieur de la ville, que les Russes en fuite ont pu faire sauter, sans danger pour eux, les immenses fortifications qu'ils abandonnaient devant l'irrésistible élan de notre glorieuse armée.

C'est par une circonstance providentielle que le grand ouvrage de Malakoff et celui du Redan ont échappé à la terrible destruction qui a anéanti, sous les yeux de nos soldats, les immenses fortifications abandonnées par les vaincus. Au moment où nos alliés pénétraient dans les ouvrages du Redan pour les occuper, un sapeur-mineur, en explorant à la hâte les batteries russes, rencontra sous ses pieds un câble assez fort, qu'il s'empressa de couper d'un coup de hache. Vérification faite, on reconnut que ce câble n'était autre chose qu'un large fil métallique recouvert d'une couche épaisse de gutta-percha. Ce fil aboutissait à une poudrière énorme, pratiquée sous le Redan, et dont la découverte seule fit pâlir les plus hardis lorsqu'ils songèrent à l'effroyable explosion à laquelle ils venaient d'échapper. Le fil se prolongeait, à travers la ville, jusqu'à la mer, où il plongeait pour aller rejoindre l'autre rive, d'où devait partir l'étincelle électrique destinée à enflammer le volcan. Ce fil était à peine coupé, que les forts de Sébastopol sautaient les uns après les autres, remplissant les tranchées de leurs débris : le Carénage, le bastion du Mât, le bastion Central, les forts de la baie, les arsenaux, les docks et les principaux édifices de la ville assiégée s'écroulaient sous l'action des mines.

Un hasard aussi heureux a sauvé de la destruction et de ses terribles conséquences les fortifications de la tour Malakoff. Les Russes avaient établi un fil électrique entre l'intérieur de la ville et le magasin à poudre de Malakoff, qui contenait des approvisionnements immenses. Ce fil fut aperçu à temps, et on s'empressa de le couper. Sans cette circonstance, les Russes, au moyen de la pile voltaïque à laquelle aboutissait ce fil, et qui était placée dans une salle de la grande caserne du faubourg Karabelnaïa, auraient incendié la poudrière, et provoqué une explosion terrible, qui eût porté dans nos rangs la destruction et la mort. D'après une autre relation, c'est par l'éclat d'une bombe que le fil conducteur aurait été providentiellement brisé (1).

(1) Il s'est passé à cette occasion un fait très beau, accompli avec tant de naturel et de simplicité qu'il est resté presque ignoré. La découverte qu'on avait faite, et quelques détonations partielles qui s'étaient manifestées, accréditèrent, parmi les soldats, le bruit que la tour Malakoff tout

On lira sans doute avec intérêt l'exposé des procédés et des moyens empruntés à la physique, qui permettent d'obtenir ces étonnants résultats. Ce n'est pas seulement, en effet, pour les usages homicides de la guerre que peut être invoquée cette application de l'agent électrique. On a recours, à chaque instant, pour des travaux divers, à l'emploi de la mine. On s'en sert pour faire sauter les rochers et les masses de terre dans les travaux des ports. L'exploitation des carrières, le creusement des tranchées pour les chemins de fer, etc., nécessitent encore l'emploi de la mine. Dans tous ces cas, il est important de préserver, mieux qu'on ne le faisait autrefois, la vie des personnes auxquelles cette opération est confiée.

Commençons par rappeler les moyens qui étaient employés pour diminuer les dangers de cette opération, avant l'application des procédés électriques, moyens auxquels on a recours encore aujourd'hui dans le plus grand nombre des cas.

Pour faire sauter les mines, voici les divers moyens qui ont été mis en usage jusqu'à ce jour.

Le plus communément, on se sert d'un très long sac de poudre, que l'on dispose dans une rigole de bois, fixée au cadre de la galerie de la mine. Cette méthode est d'un effet très sûr, à la condition que le terrain ne soit pas trop humide, et que le sac ne soit mis en place que peu de temps avant l'explosion du fourneau. Mais elle a l'inconvénient de remplir les galeries des gaz irrespirables, dégagés par la combustion de la poudre, et de les rendre ainsi inabordables pendant plusieurs heures. On a donc imaginé, pour remplacer le sac de poudre, plusieurs artifices dont quelques-uns sont assez ingénieux. C'est ainsi qu'on

entière était minée et qu'on allait sauter. A la nouvelle de ce bruit, qui prenait à chaque instant plus de consistance, tous ceux parmi les généraux, les officiers supérieurs et les officiers qui se trouvaient en dehors de l'enceinte, accoururent, et vinrent se placer de leur personne au centre et dans la partie la plus exposée de l'ouvrage, afin de donner l'exemple aux soldats, et de montrer l'importance qu'il y avait de rester à tout prix dans cette position décisive pour le succès de l'opération générale.

dispose une corde sans fin, glissant dans un auget de bois, et qui conduit jusqu'au milieu du fourneau une mèche enflammée. On fait encore usage de la *fusée porte-feu*, qui, renfermant en elle-même le principe de son mouvement, et guidée aussi par une rigole de bois, communique le feu très rapidement à une grande distance. Enfin, on a encore songé à se servir de détentes analogues à celle du fusil, que l'on peut faire partir à l'aide d'une ficelle et à un signal donné. Ces divers systèmes offrent, dans la pratique, ou de l'incertitude ou du danger; c'est donc au long sac de poudre, lentement inflammable, vulgairement nommé *saucisson*, que l'on a recours le plus souvent pour ce genre d'opération.

Mais personne n'ignore que l'inflammation des mines par le moyen le plus généralement employé, c'est-à-dire par la fusée ou *saucisson*, est féconde en dangers pour les ouvriers chargés de ce travail. Ces accidents proviennent de trois causes : 1° du défaut de soin des ouvriers qui, malgré les ordres qu'on leur donne, bourrent souvent les mines avec des leviers de fer; 2° de la trop prompte inflammation de la fusée, qui ne leur laisse pas le temps suffisant pour s'éloigner ; 3° du retard trop considérable apporté à l'inflammation de cette fusée. De ces trois causes, la dernière est celle qui amène le plus d'accidents. Comme on fait en général partir plusieurs mines à la fois, on ne peut guère savoir, à un instant donné, si elles ont toutes fait explosion, et il peut arriver qu'une ou plusieurs d'entre elles se trouvent en retard. Dans ce cas, les ouvriers qui ont abandonné leur abri pour reprendre leur travail, se trouvent considérablement exposés quand il survient une dernière explosion.

C'est pour parer à ces fâcheux accidents que l'on s'est occupé, depuis bien longtemps, de trouver un système d'inflammation des mines, d'un effet certain et exempt de dangers.

L'idée de consacrer l'électricité à provoquer l'inflammation des mines s'est présentée à l'esprit des physiciens dès le moment où l'on eut connaissance des propriétés du fluide électrique. L'utilité, la prédestination, pour ainsi dire, de l'électricité pour mettre le feu aux mines, était si frappante, que cette pensée dut s'offrir aux physiciens dès l'époque où l'on posséda les premières notions sur les propriétés du fluide électrique. On ignore généralement que la première idée de cette application appartient à Franklin. Ce savant, à la physionomie si singulière, qui fut l'un des premiers physiciens de son temps, sans avoir jamais fait la moindre étude de physique, qui, dans tout le cours de sa vie, accorda quelques mois à peine à ses expériences, et sut néanmoins, dans ce court intervalle, s'immortaliser par trois créations éternellement admirables : une théorie générale des phénomènes électriques, l'analyse physique des phénomènes, jusque-là méconnus, de la bouteille de Leyde, enfin la découverte des paratonnerres, avait dû la plus grande partie de ses succès à la passion qui le tourmentait d'appliquer les conquêtes de la science aux usages de la vie. Toute découverte lui semblait superflue et indigne de l'attention des hommes, quand on ne pouvait en concevoir l'application directe ou éloignée aux besoins de la société. L'électricité offrait, sous ce rapport, ample matière à ses généreux désirs, et personne n'ignore les belles applications qu'en tira son génie. Cependant, comme on a jusqu'ici négligé de lui rapporter l'idée première de l'emploi de l'électricité pour l'inflammation de la poudre, nous citerons les termes mêmes dans lesquels il en a parlé. Franklin s'exprime ainsi dans ses *Lettres sur l'électricité*, à la date du 29 juin 1751 :

« Je n'ai pas appris qu'aucun de vos électriciens d'Europe ait encore réussi à enflammer la poudre à canon par le feu électrique. Nous le faisons de cette manière : On remplit une petite cartouche de poudre sèche, que l'on bourre assez fortement pour en écraser quelques grains ; on y enfonce ensuite deux fils d'archal pointus, un à chaque bout, en sorte que les deux pointes ne soient éloignées que d'un demi-pouce au milieu de la cartouche, alors on place la cartouche dans le cercle d'une batterie ; quand les quatre vases se déchargent, la flamme, sautant de la pointe d'un fil d'archal à celle de l'autre dans la cartouche, au travers de la poudre, l'enflamme, et l'explosion de cette poudre se fait au même instant que le craquement de la décharge. »

. . . .

Dans cet aperçu bref, et tout à fait dans sa manière, le physicien américain posait parfaitement le principe de l'emploi de l'électricité pour enflammer la poudre à distance. Si l'on recouvre, en effet, de poudre un fil métallique, et que l'on fasse rougir ce fil par une étincelle électrique ou par tout autre moyen, on peut déterminer, à travers toutes les distances, l'inflammation de la poudre.

Seulement, au temps au Franklin, la machine électrique était la seule source d'électricité connue ; cette machine embarrassante, et qui ne fonctionne d'ailleurs qu'avec une extrême difficulté par les temps humides, n'aurait pu se prêter avec avantage aux applications militaires (1). Pour provoquer l'explosion des mines, on continua donc à se servir des procédés anciennement en usage.

La pile électrique, qui fut découverte en 1800 par Volta, apporta le moyen de provoquer l'explosion de la poudre, sans aucune des difficultés qui avaient empêché jusque-là l'emploi de l'électricité dans les opérations militaires. Lorsqu'un courant voltaïque parcourt un fil métallique, aucun phénomène particulier ne s'observe ; la température du fil conducteur ne s'élève point si ce fil est d'un certain diamètre. Mais si on réduit le fil à de faibles dimensions, si son épaisseur est très faible relativement à l'intensité du courant qui le parcourt, l'électricité, trouvant un obstacle à son écoulement, par l'issue insuffisante ouverte à son passage, provoque dans le fil une élévation considérable de température ; le métal s'échauffe au point de rougir et même d'entrer en fusion. C'est par ce moyen que l'on exécute, dans les cours de physique, l'expérience intéressante de provoquer la fusion des métaux les plus réfractaires, tels que le platine, le palladium, etc. Réduits à l'état d'un fil très mince et très court que l'on attache aux deux extrémités d'une pile voltaïque

(1) Nous devons dire, cependant, que dans une série d'expériences faites en 1855, à Vienne, en Autriche, on a réussi à provoquer l'inflammation des mines à de très grandes distances en se servant simplement de la machine électrique avec des conducteurs recouverts de *gutta-percha*.

en activité, on voit ces métaux rougir et fondre dès que le courant vient à les traverser. On peut même volatiliser par ce moyen des métaux qui restent fixes aux températures les plus élevées de nos fourneaux. L'or, par exemple, soumis à une semblable expérience, se réduit en vapeurs; car on retrouve, après l'expérience, sur les objets environnants, une poussière de couleur pourpre qui n'est que de l'or très divisé, qui s'est condensé après sa volatilisation. On comprend donc que le petit appareil dont nous venons de parler, qui se compose d'un fil de platine très mince, environné d'une substance inflammable et mis en communication avec les conducteurs d'une pile de Volta, constitue une véritable amorce susceptible d'être enflammée à distance. Dès que l'on fait passer dans ce fil le courant électrique, le fil de platine rougit et enflamme la poudre. Et si l'on place au milieu d'un fourneau de mine cette boîte d'amorce, elle doit provoquer son explosion dès que le courant voltaïque sera établi.

D'après cela, si l'on réunit les deux extrémités du fil conducteur d'une pile de Volta par un fil très mince de platine, entouré de toutes parts d'une substance très inflammable, telle que du pulvérin ou du coton-poudre, et qu'on mette la pile en activité, le fil métallique devient une véritable amorce susceptible d'être enflammée à distance. Dès que l'on fait passer le courant électrique dans ce fil, il rougit et enflamme la poudre.

La pile de Volta permettait donc de substituer aux machines électriques, trop peu portatives à la guerre, un instrument beaucoup plus maniable. Aussi, dès les premiers temps de la découverte de la pile voltaïque, Gillot, auteur d'un *Traité de la guerre souterraine*, publié en 1805, signalait-il les services que peut rendre à l'art du mineur l'agent rapide et sûr de l'électricité. Toutefois, aucun essai de ce genre ne fut encore tenté à cette époque.

Ce n'est qu'en 1832 que des expériences sérieuses furent exécutées à ce sujet en France. Elles furent faites par le lieutenant Fabien dans une de nos écoles régimentaires du génie. Mais on ne put arriver alors à rien de pratique. Les fils de laiton employés commè conducteurs, étaient isolés au moyen d'une enveloppe de résine. Or, ce mode d'isolement électrique était imparfait, car, en raison de la friabilité de la résine, l'enveloppe était exposée à se rompre aux inégalités du terrain, en laissant le métal à découvert. Dès lors le courant électrique était interrompu, car il se perdait dans le sol, et l'expérience n'était plus exécutable.

La *gutta-percha*, substance éminemment élastique et qui jouit d'un pouvoir isolant électrique extrêmement prononcé, fut importée en France, il y a une douzaine d'années, et l'on connaît les applications que cette matière a reçues dans la télégraphie électrique. C'est grâce à son emploi, par exemple, que l'on a pu établir les télégraphes sous-marins, dont l'exécution eût été impossible sans le secours de cette précieuse substance. La gutta-percha offrait toutes les conditions nécessaires pour l'isolement des conducteurs voltaïques employés à produire l'inflammation des mines; aussi les essais de ce genre ne tardèrent-ils pas à être repris.

C'est à Montpellier, en 1845, que ces nouvelles expériences furent exécutées par le commandant de l'école régimentaire du génie. Cet officier obtint, dès le début, des résultats qui n'ont pas été dépassés depuis, et qui, peu de temps après, furent mis à profit par les diverses armées de l'Europe. Les mineurs anglais s'en servirent aussi pour jeter à la mer des masses énormes de rochers qui gênaient la navigation sur leurs côtes. Voici le procédé qui fut employé à cette époque, et qui est le même, d'ailleurs, dont on se sert encore aujourd'hui dans nos écoles militaires.

Un fil de platine très mince, environné d'une substance très inflammable, est placé au centre du fourneau de mine que l'on veut faire sauter. Cette amorce est mise en communication avec le conducteur d'une pile de Volta, recouvert avec soin de gutta-percha sur toute son étendue. Il suffit, pour enflammer la mine, d'établir le courant électrique, c'est-à-dire, de mettre la pile placée à distance et à l'abri, en communication avec ce conducteur. Aussitôt que cette communication existe, l'électricité circule dans le fil, l'amorce rougit et enflamme la mine.

Il arrive souvent, à la guerre, particulièrement dans l'attaque et la défense des places, que plusieurs fourneaux doivent partir à la fois. Dans ce cas, chacun des fourneaux est pourvu d'une boîte d'amorce en communication avec la source de l'électricité; le courant voltaïque peut traverser simultanément ces boîtes et déterminer leur explosion, pourvu que le fil n'entre nulle part en fusion.

L'ingénieux système que nous venons de décrire est aujourd'hui en usage dans la plupart des armées d'Europe. Il donne, en général, des résultats satisfaisants quand on opère à une distance qui n'excède pas quelques centaines de mètres, et quand on ne veut pas faire partir à la fois plus de deux ou trois fourneaux de mines. Huit ou dix éléments d'une pile de Bunsen, de grandeur moyenne, suffisent en pareil cas. Mais si l'on veut porter le feu à une distance plus considérable, il faut augmenter de beaucoup le nombre et la dimension des éléments, ce qui apporte des difficultés à l'application de ce procédé.

Le jour de l'inauguration solennelle du télégraphe sous-marin, entre Douvres et Calais, on voulut se donner la joie de mettre le feu à une pièce de canon, d'une rive à l'autre de la Manche, en se servant du fil conducteur qui reliait les deux pays à travers ce bras de mer. Cette merveilleuse expérience réussit parfaitement; le courant électrique, parti d'une pile installée sur le rivage français, mit le feu à une pièce de canon placée sur le rempart de Douvres. Mais il fallut, pour y parvenir, employer une énorme batterie voltaïque, car elle était formée par la réunion de cent quarante éléments de Bunsen.

M. Verdu, lieutenant-colonel du corps du génie espagnol, avait été témoin, en Angleterre, de cette expérience étonnante. Frappé de l'inconvénient qui résultait de la nécessité d'employer un nombre aussi considérable d'éléments voltaïques, quand on veut porter le calorique à des distances très éloignées, il songea à parer à cette difficulté, et il y parvint en combinant l'usage de la pile ordinaire avec celui de la machine de Ruhmkorff. Mais quel est l'appareil que les physiciens désignent sous le nom de *machine de Ruhmkorff?* Malgré son nom tudesque, M. Ruhmkorff est un fabricant d'instruments de physique de Paris, qui a eu le mérite de construire un appareil ingénieux et portatif, à l'aide duquel on manifeste aisément les divers effets de l'électricité d'induction. Comme le lecteur s'apprête à nous demander encore ce qu'il faut entendre par *électricité d'induction,* nous nous empressons de le satisfaire.

On désigne sous le nom de *courants voltaïques induits*, ou *courants d'induction*, des courants électriques qui se développent instantanément dans un fil de métal, quand on approche, à une certaine distance de ce fil, le conducteur d'une pile voltaïque en activité. Ces courants, qui ont été découverts de nos jours par le célèbre physicien anglais Faraday, proviennent de l'action qu'exerce, à distance, l'électricité sur les corps conducteurs placés dans son voisinage. Entre autres propriétés singulières, ils offrent ce caractère de n'exister que pendant un temps très court, et de ne prendre naissance que lorsqu'on établit ou que l'on interrompt le passage de l'électricité dans le circuit inducteur. Aussi les machines destinées à produire de l'électricité d'induction, telles que celles de Clarke et de M. Ruhmkorff, consistent-elles toujours en un système mécanique, qui établit et interrompt successivement le passage de l'électricité dans un conducteur métallique.

La *machine de Ruhmkorff*, ainsi désignée pour rappeler le nom de l'habile constructeur à qui nous la devons, est une large et forte bobine, semblable, par sa forme extérieure, à la bobine d'un électro-aimant rectiligne de grandes dimensions; elle est disposée horizontalement contre un épais plâteau de verre qui sert à l'isoler. Quant à sa disposition intérieure, elle se compose d'un fil de cuivre d'un fort diamètre, enroulé un grand nombre de fois autour d'un faisceau cylindrique de fils de fer, l'action électro-magnétique ayant pour résultat d'accroître singulièrement les effets de l'électricité d'induction. Par-dessus ce rouleau du gros conducteur, dans lequel doit circuler le fluide électrique fourni par une pile de Bunsen, est enroulé un second fil d'un diamètre très petit, et de plusieurs milliers de mètres de longueur. Par un moyen particulier, on interrompt et l'on rétablit un grand nombre de fois, dans la même seconde, le passage de l'électricité dans le gros fil ; à chacune de ces interruptions du courant, l'électricité d'induction se manifeste dans le fil mince, et donne naissance aux divers effets que l'on veut produire.

L'un des effets qui résultent de l'électricité d'induction, c'est la production de fortes étincelles, par suite de la tension considérable de l'électricité qui circule dans le fil induit. C'est en raison de cette tension considérable, que l'électricité d'induction semble présenter des caractères qui ne sont pas identiques avec ceux de l'électricité qui provient de la pile, bien qu'au fond il n'existe aucune différence dans la nature de ces deux manifestations de l'électricité. Elle paraît, en effet, se rapprocher plutôt de l'électricité dite *statique*, fournie par les machines électriques à frottement, que de l'électricité *dynamique*, qui prend naissance dans les piles de Volta.

Comme nous venons de le dire, l'électricité d'induction franchit plus aisément que ne le ferait l'électricité des piles voltaïques, de petites interruptions ménagées dans la continuité des conducteurs métalliques, en donnant naissance à des étincelles. Et comme, dans les machines destinées à produire l'électricité d'induction, ces courants se succèdent à des intervalles extrêmement rapprochés, les étincelles peuvent se multiplier, un très grand nombre de fois, dans un temps assez court.

Ainsi, l'électricité d'induction peut fournir des étincelles électriques très vives, et il n'est nécessaire, pour obtenir ce résultat, que d'employer une pile très faible ; un seul élément de Bunsen, employé à mettre en action la machine de Ruhmkorff, donne des étincelles, même avec un conducteur d'une longueur considérable.

L'appareil d'induction, construit par M. Ruhmkorff, permettait de répéter, avec l'électricité d'induction, toutes les expériences que l'on exécute avec les machines électriques ou la bouteille de Leyde, et spécialement l'inflammation des substances combustibles par l'étincelle électrique. C'est d'après ces faits bien connus des physiciens, que M. Verdu eut l'idée d'appliquer cette machine à l'explosion des mines, car elle permettait de réduire à un ou deux seulement le nombre considérable d'éléments voltaïques qu'il aurait fallu employer sans cela pour porter l'inflammation à de très grandes distances.

En 1853, M. Verdu fit, avec M. Ruhmkorff, des expériences très curieuses où l'on vit pour la première fois une application pratique des phénomènes de l'électricité d'induction, qui n'était pas sortie jusque-là du domaine des laboratoires de physique. Ces expériences, qui eurent lieu à La Villette dans les ateliers de M. Jules Erckman, fabricant de fils télégraphiques, donnèrent les résultats les plus remarquables, surtout en ce qui concerne la distance à laquelle furent transportés les effets de l'électricité; on a pu enflammer de la poudre jusqu'à une distance de 25,000 mètres (1).

Tout l'appareil qui sert à obtenir ces remarquables effets consiste dans la machine ordinaire de Ruhmkorff. Seulement, on interpose dans le conducteur, au point où l'on veut provoquer l'explosion, une fusée très inflammable, dans laquelle les deux bouts du fil voltaïque d'induction constituent la solution de continuité.

(1) Voici une note qui nous a été remise par M. Jules Erckman et qui précise exactement le chiffre de ces distances :

« Nous avons commencé, dit M. Erckman, par opérer sur 400 mètres » de fil, puis successivement sur 1 000, 2 000, 3 000, 5 000, 7 000, » 10 000, 15 000, 20 000, 25 000. Enfin le 12 août 1853, nous avons » opéré sur 26 000 mètres.

» C'étaient des fils de cuivre de $0^m,00175$ de section, revêtus d'une » couche de gutta-percha de 3°.

» Au moyen de deux fortes tiges de fer, que nous avons enfoncées dans » le sol, l'une en communication avec l'un des pôles de la pile, l'autre

Il paraît établi que c'est avec la machine de Ruhmkorff, ainsi disposée, que les Russes ont fait sauter la plupart de leurs mines et détruit, derrière eux, leurs ouvrages de défense.

Nous venons de dire que, dans ses expériences avec M. Ruhmkorff, le colonel Verdu avait fait usage de *fusées très inflammables*, mais il importe de donner quelques détails sur l'espèce toute particulière de ces fusées. Il ne faut pas croire, en effet, qu'une substance combustible quelconque, telle que du pulvérin ou du coton-poudre, pût s'enflammer toujours et en toutes circonstances grâce à l'étincelle d'un appareil d'induction. L'effet calorifique de cette étincelle serait souvent insuffisant pour provoquer l'inflammation de la poudre; la durée de cette étincelle n'est que d'un *millionième de seconde;* or, il faut, pour enflammer la poudre, que l'étincelle ait au moins un *trois-centième de seconde* de durée. En outre, si la résistance au passage de l'électricité est trop considérable, ce qui peut provenir de différentes circonstances, et principalement de la trop grande longueur du fil conducteur, l'étincelle devient insuffisante pour faire partir la mine. Il importait donc de construire les fusées de telle manière que, l'action calorifique étant favorisée, l'inflammation des mines fût toujours certaine.

Ce problème constituait une sérieuse difficulté; le hasard est venu en fournir une solution aussi curieuse qu'imprévue.

Pendant les longues épreuves préliminaires auxquelles fut soumis, en 1851, le câble conducteur du télégraphe sous-marin de

» avec l'extrémité du fil conducteur, nous avons ainsi formé un circuit » de 72 kilomètres.

» Ensuite nous intercalâmes sous le fil conducteur des fusées détonnantes, formées de godets en gutta-percha remplis d'un mélange de » poudre de chasse et de fulminate de mercure.

» Nous en plaçâmes cinq, l'une à 24 000 mètres de l'appareil, la » deuxième à 24 500, la troisième à 25 000, la quatrième à 25 000; » enfin la dernière passait dans une fougasse chargée de poudre de mine.

» Aussitôt que l'appareil Ruhmkoff eût été mis en action, l'explosion » des fusées et la détonation de la fougasse eurent lieu.

» Tels sont les chiffres des distances effectives. »

Douvres à Calais, le constructeur de ce câble, M. Stateham, avait reconnu, dans une portion du conducteur, une solution de continuité. En l'examinant avec attention, en ce point, il reconnut avec surprise que, lorsqu'on faisait fonctionner la pile pour exécuter les signaux télégraphiques, des étincelles passaient et se succédaient rapidement au point où la gutta-percha se trouvait partiellement enlevée. Ce phénomène physique était anormal, car, pour voir s'élancer ainsi des étincelles entre les deux bouts d'un conducteur, il faut employer des courants d'une intensité extrêmement considérable, et tout à fait hors de proportion avec les faibles courants voltaïques qui parcourent le fil d'un télégraphe. En étudiant les circonstances dans lesquelles ces étincelles apparaissaient, M. Stateham reconnut qu'elles tenaient à ce que le fil de cuivre, dépouillé de son enveloppe de gutta-percha, conservait pourtant certaines empreintes noires conductrices de l'électricité; c'était par cette voie que les étincelles pouvaient se transmettre et se propager, comme celles que fournit la machine électrique, c'est-à-dire à la manière de l'électricité statique. Or, ces empreintes n'étaient autre chose que de légères taches de sulfure de cuivre, corps conducteur de l'électricité; elles s'étaient produites par suite du contact prolongé du métal avec la gutta-percha *vulcanisée*, c'est-à-dire imprégnée de soufre. C'est d'après cette observation que M. Stateham construisit, pour favoriser l'inflammation électrique, des fusées que l'on a désignées dès lors sous le nom de *fusées Stateham*. Ce moyen secondaire d'inflammation électrique n'avait pas encore reçu beaucoup d'applications; mais M. Ruhmkorff en ayant eu connaissance, s'empressa de s'en servir pour ses expériences, et il réussit, grâce à cet intermédiaire, à déterminer dans toutes les circonstances possibles l'explosion des mines.

La manière de préparer les *fusées Stateham* n'offre aucune difficulté. On se procure un bout de fil de cuivre recouvert de gutta-percha; il suffit, pour cela, de prendre un fragment de l'un de ces conducteurs télégraphiques que l'on fabrique aujourd'hui en grande quantité pour la télégraphie sous-marine. On détache la gutta-percha du fil métallique qu'elle enveloppe. Sur cette gaîne de gutta-percha, qui retient à sa surface interne les parcelles de sulfure de cuivre destinées à favoriser le passage de l'étincelle, on pratique, d'un coup de ciseau, une petite ouverture, et l'on introduit ensuite dans l'enveloppe de gutta-percha les deux bouts du fil conducteur de la pile qui doit faire partir la mine, en les maintenant à 2 ou 3 millimètres de distance l'un de l'autre; enfin on remplit l'intervalle de fulminate de mercure, pour rendre l'inflammation de la poudre plus facile. On prépare d'avance un certain nombre de ces fusées, et on les essaie préalablement, car la couche de sulfure de cuivre étant nécessairement distribuée d'une manière inégale, on ne peut savoir d'avance quel sera l'effet d'une de ces fusées. On conserve, pour s'en servir, celles qui produisent, par le courant électrique, la décharge la plus vive.

C'est en faisant usage de ce curieux engin que MM. Verdu et Ruhmkorff ont pu rendre tout à fait infaillible, dans sa réussite, le procédé de l'inflammation de la poudre par l'étincelle de l'appareil d'induction.

Les résultats obtenus à la suite des travaux du savant officier espagnol, étaient, comme on le voit, déjà bien importants. Au lieu du nombre considérable d'éléments voltaïques qu'il fallait précédemment employer pour porter le calorique à de très grandes distances, on pouvait, grâce à l'emploi de la machine de Ruhmkorff, réduire à deux seulement le nombre des éléments de la pile. En 1854, un officier de notre armée, M. Savare, capitaine au corps du génie, continuant les mêmes essais, a perfectionné la méthode de M. Verdu d'une manière remarquable, en trouvant le moyen de l'appliquer à déterminer simultanément l'explosion d'un nombre quelconque de fourneaux de mines.

Pour distribuer successivement une étincelle électrique à un certain nombre de fourneaux de mines, en se servant de la machine de Ruhmkorff, le capitaine Savare a imaginé le système suivant, dont les dispositions sont extrêmement ingénieuses.

Le conducteur qui part de l'un des pôles de la machine de

Ruhmkorff, se ramifie en autant de branches qu'il y a de fourneaux; ces divers rameaux convergent de nouveau vers un seul fil conducteur qui retourne à l'autre pôle. La terre elle-même peut remplir l'office de ce conducteur de retour. Les choses étant ainsi disposées, la première onde électrique lancée par la machine passe tout entière par celle des ramifications qui offre le moins de résistance, l'inflammation n'est donc portée qu'au seul fourneau correspondant; mais si l'explosion a pour effet de rendre désormais ce premier rameau imperméable au courant, l'électricité, à son second passage, sera obligée de prendre une autre route; il y aura donc explosion d'un second fourneau et suppression d'un second rameau; et finalement le courant, refluant ainsi de branche en branche, agira successivement et avec une grande rapidité dans toutes les directions. Ainsi, tout le succès de l'opération dépend de l'efficacité des moyens employés pour que chaque explosion interrompe la communication dans la branche de dérivation correspondante. Pour obtenir ce résultat, M. Savare a formé d'un métal fusible les fines pointes entre lesquelles éclate l'étincelle dans les divers fourneaux qu'il s'agit d'enflammer. Ces pointes se liquéfient par l'inflammation de la poudre, se dispersent et ne laissent plus poser à terre qu'une enveloppe isolante de *gutta-percha*, tout à fait incapable de livrer passage au courant qui viendrait à se présenter.

L'essai de ces nouveaux appareils fut fait, en 1854, par M. Savare, au polygone de Grenelle, en présence de M. le général Sallenave, directeur des fortifications, de M. Schuster, commandant général du génie de l'armée de Paris, et de plusieurs autres officiers supérieurs. Les deux principales expériences consistèrent : 1° à produire l'explosion simultanée de dix petits fourneaux de mines, au moyen d'un fil unique partant de la machine destinée à communiquer le feu; 2° à faire sauter une mine, à une distance de 700 mètres, au moyen d'un seul fil, allant de la machine à la mine. Ces fils étaient isolés du sol et supportés par de petits poteaux de bois : un tambour donnait le signal du feu par trois coups de baguette.

Toutes ces expériences réussirent parfaitement ; les deux mines firent explosion, au signal donné, et l'on ne put percevoir entre les deux explosions un intervalle de plus d'une seconde.

Il importe d'ajouter que, de retour en Espagne, le colonel Verdu s'est occupé, de son côté, de la même question, et qu'il est parvenu à produire, avec autant de succès que M. Savare, l'explosion simultanée d'un grand nombre de fourneaux de mines. Ces expériences ont été faites au polygone du génie de Guadalaxara, à une distance de 3000 mètres, avec un seul conducteur isolé et tendu en ligne droite. Avec un seul élément de Bunsen, et en se servant des fusées Statelham chargées de fulminate de mercure, M. Verdu est parvenu à produire l'explosion simultanée de dix fourneaux de mine, interposés dans le même circuit à 3000 mètres de l'appareil. Les moyens qu'il a employés diffèrent de ceux dont M. Savare s'est servi en France : nous les indiquerons en peu de mots.

Pour faire partir à la fois un grand nombre de mines, M. Verdu les distribue en groupes, qui sont placés dans un circuit particulier et enflammées successivement. Supposons, par exemple, qu'il s'agisse d'enflammer vingt fourneaux. On les divise en groupes de cinq, séparés les uns des autres par une distance aussi grande qu'on le voudra. On fait communiquer les cinq fusées de chaque groupe par un seul fil, dont l'une des extrémités s'enfonce dans le sol, et dont l'autre est près de l'appareil. En touchant successivement le pôle du courant induit avec chacun des quatre bouts libres que l'on tient ensemble à la main, ce qui exige à peine une seconde de temps, on obtient vingt explosions simultanées à de grandes distances, par exemple à 500 mètres. M. Verdu n'a trouvé, du reste, aucune limite quant à la distance à laquelle l'explosion peut avoir lieu, ni quant au nombre de fourneaux à faire partir. Ainsi, dans une expérience faite à 3500 mètres, l'explosion simultanée des mines fut telle, que l'on ne put percevoir que le bruit d'une seule détonation.

Ce n'est pas seulement, avons-nous dit, pour les usages de la guerre, que l'application de l'électricité à l'inflammation des mines peut être invoquée avec succès. Dans le cours des travaux de différente nature qui réclament l'emploi de la mine, le procédé d'inflammation électrique présente, sous le rapport des résultats matériels, des avantages considérables. Nous ne saurions mieux faire, pour mettre ce fait en évidence, que de rappeler les beaux résultats qui ont été récemment obtenus dans les travaux du port de Cherbourg, grâce à l'emploi du système d'explosion électrique qui a été imaginé, pour ce cas spécial, par M. Th. du Moncel, l'habile physicien dont nous avons déjà eu plus d'une fois à invoquer les recherches, en passant en revue les applications industrielles de l'électricité.

Depuis quinze ans, des travaux considérables s'exécutaient dans le port de Cherbourg. On y creusait, au milieu du roc, un bassin de près d'un kilomètre de longueur, sur une profondeur de 20 mètres. Mais les travaux, dirigés par les ingénieurs des ponts et chaussées, n'avançaient pas avec une activité suffisante au gré de l'administration. On avait perdu beaucoup de temps, dépensé beaucoup d'argent et de poudre, pour n'obtenir qu'un mince résultat. En 1854, le gouvernement, espérant que l'intérêt privé atteindrait plus rapidement et plus sûrement le but que l'intérêt officiel, se décida à mettre ces travaux en adjudication. Deux ingénieurs, qui avaient déjà fait leurs preuves à Alger et à Marseille, MM. Dussaud et Rabattu, se chargèrent de l'entreprise.

Le premier soin de MM. Dussaud et Rabattu fut d'abandonner le système de mines qui avait été suivi jusque-là par les employés du gouvernement; ils pensaient avec raison que, pour ébranler le rocher de manière à le rendre exploitable, il ne suffisait pas, comme on l'avait toujours pratiqué, de faire jouer de petites mines chargées de 2 ou 3 kilogrammes de poudre; mais, qu'il fallait employer, comme on l'avait fait à Alger, des mines énormes, se composant de plusieurs milliers de poudre et enflammées au même instant.

La réussite de ce système d'exploitation par de grandes mines ne pouvait être assurée que par l'emploi des moyens électriques. Les entrepreneurs s'adressèrent à M. du Moncel, pour le prier d'organiser un système d'explosion électrique d'une manipulation facile et dont les effets fussent immanquables. Le système qui fut proposé par M. du Moncel a merveilleusement réussi, et a dépassé tout ce que l'on pouvait en attendre. De telle sorte qu'il est maintenant établi que l'emploi de l'électricité, comme moyen d'inflammation des mines, présente tout à la fois, sécurité pour les ouvriers chargés du travail, certitude pour l'opération, augmentation de force ou d'effet mécanique de la poudre, résultant de la simultanéité d'explosion, enfin économie de 60 à 70 pour 100 dans le procédé d'inflammation. Aussi, ce système a-t-il été définitivement adopté pour les travaux du port de Cherbourg. Les entrepreneurs font partir tous les trois mois une de ces mines, qui se compose ordinairement de six fourneaux, et détache tout d'un coup plus de 50000 mètres cubes de rocher, en ne produisant qu'une détonation unique. Ce spectacle attire toujours une foule de curieux dans le port militaire de Cherbourg.

En quoi le système employé par M. du Moncel diffère-t-il de celui qui avait été adopté par ses prédécesseurs?

Le point important consistait à obtenir une simultanéité complète d'explosion, en opérant sur des mines immenses qui renfermaient chacune jusqu'à 4000 kilogrammes de poudre. Tout l'effet avantageux de ces espèces de volcans qui, du reste, n'exercent leur action que souterrainement, dépend de la simultanéité d'action des ébranlements partiels qui sont occasionnés par les explosions. Pour obtenir cette simultanéité, M. du Moncel a eu recours au procédé qui avait donné de si bons résultats entre les mains de MM. Verdu et Savare; seulement, il l'a modifié avec avantage.

On a vu que, dans les expériences exécutées en Espagne par

M. Verdu, et en France par M. Savare, on avait fait partir six ou huit mines en n'employant qu'un seul circuit voltaïque. Pour mieux assurer l'explosion, M. du Moncel a préféré diviser les mines par groupes de deux, et avoir recours à trois ou quatre circuits. Pour obtenir la simultanéité d'explosion dans ces différents circuits, ce physicien a fait usage d'un moyen qui nous paraît plus certain dans ses effets que celui dont s'était servi M. Savare.

Pour envoyer simultanément le courant électrique dans les cinq fils aboutissant aux cinq mines à enflammer, on aurait pu se contenter de placer sur une bande de bois, ou de gutta-percha, cinq plaques métalliques en communication avec les cinq circuits. En frottant vivement une tige métallique communiquant, par un fil, avec l'appareil de Ruhmkorff, on aurait envoyé simultanément l'électricité dans les cinq circuits, car les plaques métalliques, disposées sur le support isolant de gutta-percha, auraient transmis l'électricité dès que le contact aurait été établi par le conducteur, rapidement promené à leur surface. M. du Moncel a préféré faire usage d'un appareil moins simple, mais qui produit le même résultat. Au lieu d'une bande de bois, il a pris une roue épaisse de gutta-percha, mise en mouvement par un ressort de pendule, et dont la circonférence porte cinq plaques métalliques, séparées les unes des autres par un intervalle de 2 centimètres environ. Sur cette circonférence appuie un frotteur qui, par l'intermédiaire d'un bouton d'attache et d'un fil, est mis en rapport avec celui des pôles de l'appareil de Ruhmkoff qui fournit l'étincelle à distance. Les plaques elles-mêmes communiquent, par l'intermédiaire de lames métalliques appliquées sur les deux surfaces planes de la roue, à cinq ressorts frotteurs, mis en relation par des boutons d'attache avec les cinq fils des circuits. Enfin, une détente à encliquetage, destinée à brider le ressort quand il est tendu, permet, à un instant donné, de dégager le mouvement de la roue. Le jeu de cet appareil est facile à concevoir : quand la roue entre en mouvement, elle présente successivement au frotteur les différentes plaques de sa circonférence ; mais comme celles-ci, par leurs relations avec les autres frotteurs, se trouvent mises en communication avec les différents circuits, le courant est envoyé successivement d'un circuit à l'autre dans un temps inappréciable.

Terminons en indiquant en quelques mots la manière de construire ces mines monstres, dont on a fait usage avec tant de succès au port de Cherbourg.

Une mine de ce genre se compose ordinairement de deux chambres carrées, de la contenance de 3 ou 4 mètres cubes, creusées à environ 12 mètres au-dessous de la surface du rocher, et que l'on remplit de poudre. Pour opérer ce creusement, MM. Dussaud et Rabattu ouvrent d'abord un puits de 1 mètre de profondeur, puis ils font partir du fond de ce puits deux galeries horizontales d'environ $1^m,50$ de hauteur sur 5 mètres de longueur; c'est à l'extrémité de ces galeries qu'ils creusent les chambres où la poudre est placée. La poudre n'est pas déversée directement dans ces chambres ; car, dans le long travail du bourrage de ces mines, elle pourrait devenir humide et rester sans effet. C'est dans de grands sacs en gutta-percha, hermétiquement fermés, qu'elle est déposée avec la fusée d'explosion. Chacun de ces sacs contient 2000 kilogrammes de poudre. Quand ce travail est fait, et que les deux bouts de la fusée sont attachés aux fils conducteurs recouverts de gutta-percha, on maçonne solidement, à pierre et à plâtre les galeries, et l'on remplit de terre le puits de descente, de sorte que les mines ne sont plus en rapport avec l'extérieur que par les simples conducteurs, qui ont eux-mêmes été noyés dans la maçonnerie.

Si nous nous sommes un peu étendu sur ces derniers appareils d'électricité, c'est que nous sommes convaincu qu'ils sont appelés à recevoir un jour des applications très nombreuses. Leur emploi pour l'explosion des mines n'est, en effet, qu'une seule face de la question multiple des applications que peut recevoir la machine de Ruhmkorff, consacrée à provoquer simultanément sur plusieurs points une étincelle électrique. Cet instrument serait, par exemple, employé avec une sûreté parfaite par l'artillerie, dans un grand nombre de circonstances. Entre autres applications, il pourrait servir à provoquer la décharge simultanée d'une batterie composée de plusieurs pièces de canon, — à enflammer des brûlots à distance, — à démolir, sous l'eau, les navires submergés, tels par exemple que les navires russes coulés dans le port de Sébastopol, — à enflammer les mines sous-marines, etc. Dans toutes ces circonstances, l'emploi de l'appareil qui vient de nous occuper, serait un progrès immense pour la sécurité des hommes préposés à ces différentes manœuvres. M. du Moncel, à qui nous devons une excellente notice, récemment publiée, sur la machine de Ruhmkorff, fait encore remarquer que le même système pourrait être utilisé avec avantage, dans l'artillerie ordinaire, pour mettre le feu au canon. La lumière par laquelle s'opère la transmission du feu, dans les pièces d'artillerie, est une cause perpétuelle d'accidents pour nos canonniers; car l'air, qui rentre par cette lumière, peut entretenir incandescentes des flammèches restées au fond du canon, et déterminer ensuite l'explosion de la poudre que l'on introduit pour charger de nouveau la pièce. Avec le procédé électrique, la lumière serait supprimée; on la remplacerait par une fusée, que l'on disposerait facilement de manière à la maintenir fixe et à la faire servir toujours, ce qui mettrait à l'abri de ce dernier genre d'accidents. Enfin, pour les feux d'artifice, et pour les travaux de siége qui demandent la simultanéité dans les explosions, aucun moyen ne saurait remplacer ce procédé électrique. L'artillerie française, qui a toujours été la première de l'Europe, ne manquera pas d'étudier, pour en tirer le meilleur parti, les moyens précieux et nouveaux que la science met entre ses mains.

APPLICATIONS

DE

LA PHOTOGRAPHIE.

On a quelque temps hésité, lorsqu'il s'est agi de classer, à l'Exposition universelle, les produits photographiques. Devait-on les considérer comme objets purement industriels, et les placer, dès lors, dans les galeries consacrées à l'industrie proprement dite? Pouvait-on, au contraire, leur faire l'honneur anticipé de les élever au rang des œuvres d'art, et leur donner accès, à ce titre, dans les magnifiques salles du palais des Beaux-Arts? La première pensée est celle qui a prévalu, et il suffisait, pour s'en convaincre, de jeter un coup d'œil sur l'exposition photographique de la Belgique, qui se trouvait glorieusement placée au-dessus de l'intéressant étalage de l'honorable M. Troostenberghe, de Bruges, inventeur de bottines imperméables et de souliers sans couture. Toutes les œuvres photographiques envoyées de Bruxelles, Gand et autres villes de la Belgique, servaient de décor de fond et comme de repoussoir à une superbe rangée de souliers *à 36 francs la douzaine*, confectionnés par cet artiste en chaussures.

Quoi qu'il en soit des préjugés actuels de l'opinion, sur l'importance de la photographie et sur le rang qui doit lui appartenir parmi les œuvres de l'intelligence moderne, nous allons soumettre à une revue générale l'ensemble des produits de cet art nouveau qui figuraient à l'Exposition universelle. Nous donnerons ainsi une idée fidèle de l'état actuel de la photographie et des résulats fournis par ses plus récentes applications. Dans cet examen nous ne suivrons point la voie d'une sèche analyse. Nous voulons surtout étudier ici la photographie dans son ensemble, c'est-à-dire faire connaître l'état actuel de ses procédés, les résultats qu'elle a déjà permis d'obtenir dans chacune de ses applications, et signaler les emplois nouveaux qu'elle est appelée à recevoir dans le domaine de la science ou des arts.

Une image photographique peut être obtenue, comme tout le monde le sait, sur une lame d'argent ou sur une feuille de papier. De là la division en *photographie sur métal*, ou *daguerréotypie*, du nom de son inventeur, Daguerre, et en *photographie sur papier*, ou *talbotypie*, comme on dit en Angleterre, pour rappeler la part considérable qu'a prise à la découverte de ce procédé M. Fox Talbot. Mais la photographie sur plaque, la *daguerréotypie* est aujourd'hui à peu près entièrement abandonnée. Après quelques années de luttes, elle a fini par succomber devant sa rivale. La formation des images sur une plaque de cuivre argenté n'a été, en effet, qu'un expédient transitoire que l'on avait adopté faute de mieux; ce n'était qu'un moyen d'arriver au but qui se trouve atteint aujourd'hui. Quand les progrès de la science ont permis de se débarrasser de ce lourd et incommode arsenal de la daguerréotypie, dès que l'on a pu s'affranchir de cet insupportable miroitage, qui ôtait tout leur charme aux épreuves, on a, d'un commun accord, abandonné l'usage du procédé primitif, qui avait, d'ailleurs, l'inconvénient insigne de ne donner qu'une seule image et une image qui était *renversée*. Après avoir contribué de la manière la plus puissante à créer les merveilles que nous admirons aujourd'hui, après nous avoir rendu les services les plus précieux, la photographie sur métal a donc cédé à une autre sa place au soleil du progrès; et maintenant c'est à peine si la génération nouvelle songe à lui accorder un hommage de reconnaissance ou un souvenir de regret. *Sic transit gloria mundi!* Qui nous aurait dit, il y a quelques années, que ces chefs-d'œuvre, dont nous admirions la perfection inimitable et l'exquise harmonie, nous paraîtraient un jour à peine dignes d'arrêter nos regards! Passons donc vite sur la daguerréotypie et les rares échantillons qui la représentaient au Palais de l'Industrie :

Elle est morte, Seigneur, laissons en paix ses *plaques !*

Mais la photographie sur papier brille au contraire de jeunesse et d'avenir, et nous devons lui accorder ici une place proportionnée à celle qu'elle occupait à l'Exposition universelle avec ses productions si nombreuses et si variées.

La photographie sur papier se pratique aujourd'hui par deux procédés différents : 1° avec des négatifs sur papier ; 2° avec des négatifs sur verre.

Le premier de ces procédés est, avec fort peu de modifications, celui qui a été imaginé dès l'origine de la photographie par M. Fox Talbot, à Londres, et qui fut popularisé, en France, par M. Blanquart-Evrard. Il consiste à former une image négative sur une feuille de papier enduite du composé chimique qui doit noircir à la lumière, c'est-à-dire d'iodure d'argent. En plaçant ensuite ce négatif sur un papier imprégné lui-même de chlorure d'argent, et soumettant ces deux papiers superposés à l'action de la lumière, on obtient alors une image directe, c'est-à-dire un dessin reproduisant exactement le modèle.

Dans le second procédé, que l'on désigne sous le nom de *photographie sur verre*, et qui a été créé par M. Niepce de Saint-Victor, au lieu de former l'image négative sur une simple feuille de papier, on forme cette image sur une glace, afin de donner, grâce au poli du verre, plus de netteté et de finesse au dessin. Pour cela, on étend sur une glace une couche d'une matière organique rendue impressionnable à la lumière par son mélange avec un peu d'iodure d'argent. Cette matière organique est le blanc d'œuf (albumine), ou bien le *collodion*, substance végétale translucide et d'aspect gommeux, qui est employée, depuis quelques années, avec le plus grand succès, pour remplacer l'albumine dans cette opération.

Les avantages que présentent les glaces, pour former les négatifs dans la photographie sur papier, se comprennent sans peine. Le poli parfait, l'égalité de surface que présente le verre, permettent de donner à l'image des traits parfaitement nets et arrêtés, effet qui se produit avec beaucoup moins de perfection quand on forme l'épreuve négative sur le papier. Le défaut d'homogénéité de cette dernière substance, l'inégalité de son grain, sa pénétrabilité trop facile, son imbibition inégale par les liquides, ne permettent pas, en effet, de donner aux lignes du dessin toute la netteté désirable. Ce négatif sur verre une fois obtenu, sert, comme les négatifs sur papier, à donner un nombre indéfini d'épreuves positives *qui se tirent toujours sur papier.*

Ainsi, les produits de la photographie dite *sur verre* n'ont rien qui, en apparence, les distingue de ceux de la photographie sur papier, et il résulte de là une certaine confusion dans l'esprit du public, qui comprend difficilement, en effet, qu'on lui désigne, sous des noms différents, des produits obtenus sur la même matière. Toute difficulté disparaît pourtant, si l'on se souvient que l'expression de *photographie sur verre* signifie, épreuve obtenue avec le collodion ou l'albumine sur un négatif de glace, et *photographie sur papier*, épreuve obtenue avec un négatif sur papier simple.

Ces deux procédés, dont l'un remonte aux premières époques de l'art, et l'autre constitue une de ses acquisitions récentes, se partagent aujourd'hui la prédilection des amateurs, et rien n'est plus intéressant que de comparer les qualités et la valeur relatives des produits obtenus par l'emploi de chacun d'eux. Cette comparaison pouvait d'ailleurs se faire très aisément dans les salles de l'Exposition, et l'on pouvait, en quelques instants, puiser dans l'examen de quelques épreuves choisies tous les renseignements nécessaires à cet égard.

Parmi les photographes français il en est deux, en effet, qui représentent avec une supériorité incontestable chacun des procédés rivaux. M. Baldus est resté fidèle à la méthode de Talbot, qu'il manie avec une facilité et un succès merveilleux; MM. Bisson frères ne font usage que du collodion. Or, on trouvait réunies dans la même salle, et placées côte à côte, les épreuves de ces deux artistes; comme pour rendre au public la comparaison plus facile encore entre ces deux procédés, le même monument avait été reproduit par chacun de ces photographes, et ces épreuves figuraient ensemble sous les yeux du spectateur. La façade intérieure du Louvre était exposée à la fois par MM. Baldus et Bisson; la comparaison entre les deux procédés, on pourrait presque dire entre les deux écoles, était ainsi rendue facile pour tous. D'un côté, une magnifique *Vue de l'Arc de triomphe de l'Etoile*, et une autre épreuve de dimensions considérables, puisqu'elle est de près d'un mètre, représentant les *Arènes d'Arles*, toutes deux obtenues par M. Baldus; — d'un autre côté, l'admirable *Porte de la Bibliothèque impériale du Louvre*, et une très belle *Vue panoramique du Pont-Neuf*, dues toutes deux aux frères Bisson, permettaient d'établir la comparaison entre les deux méthodes qui se disputent aujourd'hui la faveur des artistes.

De cette comparaison, le spectateur éclairé tirait sans doute la conclusion suivante : L'emploi du collodion fournit des résultats admirables par la précision, la netteté et le fini du dessin; mais l'effet général du tableau est froid, par suite de cet excès même de précision; en outre, le ton est un peu fade et manque de vigueur; de telle sorte que ces tableaux merveilleux, qui, vus de près, ont toutes les qualités que l'on demande aux plus beaux dessins, perdent de leur effet quand on les regarde à une certaine distance. Le procédé Talbot, c'est-à-dire le procédé sur papier simple donne, au contraire, les reliefs les plus vigoureux, et réalise le modelé extérieur avec une puissance étonnante. Il offre aussi l'avantage d'une singulière richesse de tons divers qui, presque toujours, répondent très fidèlement à ceux du modèle. Malheureusement, son exécution présente de grandes difficultés. M. Baldus est peut-être, parmi nos photographes, le seul qui sache en tirer de très remarquables résultats, et nous croyons que cette difficulté de mise en pratique est l'obstacle qui a empêché, et qui probablement continuera d'empêcher cette méthode de rester d'un usage général.

Après ce premier aperçu sur l'ensemble des moyens dont la photographie dispose aujourd'hui, entrons dans l'examen des genres divers de ses produits, qui figuraient à l'Exposition, en suivant la division consacrée, c'est-à-dire en étudiant ce qui se rapporte : 1° aux monuments, 2° aux portraits, 3° aux paysages, 4° aux reproductions d'objets qui intéressent les arts et les sciences naturelles. Comme, selon les termes de son programme, l'Exposition universelle avait reçu, en ce qui concerne la photographie, des envois des principales nations de l'Europe, il résultera de cet exposé une sorte de tableau de l'état actuel de la photographie chez ces diverses nations.

Monuments. — Une supériorité éclatante ne saurait être contestée à la France, pour la reproduction photographique des monuments. Rien ne peut égaler les produits de ce genre qui avaient été exposés par les photographes français. Par la perfection du fini, la dimension remarquable des épreuves, la puissance des effets et l'harmonie des tons, les reproductions architecturales exécutées par nos artistes s'élevaient à une distance immense au-dessus des œuvres analogues présentées par nos voisins. Sans doute, la série de monuments grecs et byzantins, exécutée sur collodion, envoyée de Londres par M. Robertson, offrait quelques qualités, et l'on peut en dire autant des vues intérieures du Palais de Cristal, dues à un autre photographe anglais, M. P. de la Mothe; mais rien, dans ces œuvres, ne rappelait les beautés, vraiment hors ligne, des productions françaises. Le *Pavillon du Louvre*, et l'*Arc de triomphe de l'Etoile* exécutés par M. Baldus, par la fermeté du dessin et la vigueur extraordinaire du ton, sont les deux épreuves qui donnent l'idée la plus élevée des ressources de la photographie pour la reproduction des monuments.

De toutes les vues de monuments exposées par MM. Bisson frères, la plus remarquable et la plus complète est certainement la *Porte de la Bibliothèque du Louvre*, qui est en même temps une des plus belles pages qui existent en photographie. Il est impossible de reproduire avec plus de vigueur, de relief et de vérité, les ornementations infinies de cette riche et prodigue architecture. Le *Pavillon du Louvre*, des mêmes artistes, a droit aux mêmes éloges. *La vue panoramique de Paris*, longue d'un mètre et demi, doit encore être citée comme très remarquable. Cette vue embrasse toute la partie de Paris qui s'étend depuis le Panthéon jusqu'à l'Hôtel de ville. On voit au milieu de l'épreuve la Cité et ses vieilles maisons, dominées par les tours monumentales de Notre-Dame et l'élégante flèche gothique de la Sainte-Chapelle. A droite, s'étendent le quartier latin, la montagne Sainte-Geneviève et le faubourg Saint-Marceau ; à gauche, les ponts, qui se suivent et s'étagent à perte de vue. Il est à regretter seulement que cette belle épreuve soit formée de deux morceaux raccordés, car le ton de chaque partie n'est pas toujours égal, et la ligne qui les réunit est difficile à dissimuler.

Portraits. — Si la supériorité appartenait manifestement à la France pour la reproduction photographique des monuments, il ne faut pas hésiter à reconnaître qu'elle lui échappait en ce qui concerne le portrait. La prééminence, en ce genre, nous paraît avoir été incontestablement acquise à M. Hanfstœngl, de Munich. M. Hanfstœngl est un des artistes les plus distingués de l'Allemagne, et avant de s'adonner à la photographie, il tenait, à Munich, la première place dans l'art de la lithographie, si admirablement représenté au delà du Rhin. On voit, par ces portraits, jusqu'où la photographie peut atteindre, quand elle est maniée par un artiste savant et inspiré. Ses portraits, faits au collodion, réunissent toutes les qualités du genre : vigueur, harmonie et pureté des lignes, modelé admirable et grands effets artistiques. C'est ce qui frappe d'une manière toute particulière dans ses portraits du peintre Kaulbach, de Munich, des professeurs Pfeiffer et Lange, de Munich, du professeur Tiersch d'Erlangen, de l'acteur Emile Debrien et du célèbre chimiste Justus

Liebig. Les épreuves que nous venons de citer sont, en effet, exemptes de ces tons par trop sombres, qui déparent quelques autres œuvres de M. Hanfstœngl.

Quand on compare ces beaux portraits de l'artiste de Munich aux œuvres analogues exposées par nos photographes du boulevard, images fades et maniérées, sans modelé et sans vigueur, où la lourde retouche a imprimé ses tristes et trop reconnaissables empreintes, on ne se sent guère disposé à accorder une attention sérieuse à ces derniers produits. Le type de ces reproductions banales est à un tel point uniforme, qu'elles semblent toutes sorties de la même fabrique. Cela n'est ni beau, ni laid; c'est supportable. Ajoutons que la plupart de ces portraits sont enluminés.

Cette triste et détestable pratique, qui consiste à revêtir les portraits photographiques d'une couche de couleur, et à transformer en aquarelles, plus ou moins bien exécutées, les œuvres de la lumière, tend malheureusement à se répandre beaucoup. On ne saurait trop s'élever, au nom du goût, contre cette déplorable habitude qui menace d'une déconsidération sérieuse l'avenir de la photographie appliquée aux portraits.

Si les photographes de profession, qui avaient envoyé à l'Exposition universelle les produits de leur boutique banale, ne nous offraient rien qui fût digne d'être signalé, il serait injuste de méconnaître les qualités recommandables que présentaient divers produits dus à divers amateurs et artistes français. Nous citerons par exemple MM. Nadar, Le Gray, Bertsch et Arnaud, comme obtenant de beaux et artistiques résultats dans l'exécution du portrait. Toutefois aucun d'entre eux, nous le répétons, ne nous a paru approcher de la perfection du peintre photographiste de Munich.

On paraît suivre, en Angleterre, les mêmes errements qu'en France, en ce qui concerne les portraits photographiques, car l'exposition anglaise ne nous présentait guère que des portraits coloriés. Tout ce que l'on peut dire, par conséquent, du mérite de ces prétendues photographies, c'est que la miniature en est achevée et la couleur reluisante. Tel est le cas des portraits de M. S. Lock. Il y avait encore, dans la même travée, quelques épreuves formées sur glace et coloriées à l'envers du papier; c'étaient de tristes ébauches.

La Belgique nous avait gratifié de quelques portraits dont les qualités disparaissaient, pour la plupart, sous l'inévitable coloriage. MM. Ch. D'Hoy, à Gand, et Alph. Plumier, à Bruxelles, sont les auteurs de ces produits, qui donnent une médiocre idée de l'état de la photographie dans la patrie de Téniers.

Nous ne terminerons pas ce qui concerne les portraits photographiques, sans signaler une application intéressante du mégascope, c'est-à-dire de la lanterne magique, à l'exécution des portraits de grandeur naturelle (1). Une épreuve, amplifiée par une lentille, est reçue sur le papier sensible, et donne ainsi un portrait de grandes dimensions. Toutefois comme la lentille, en étalant une image, affaiblit nécessairement son intensité lumineuse, on n'obtient, en fixant cette image, qu'un dessin indécis et vaporeux, qui éveille immédiatement dans l'esprit l'idée, fort juste d'ailleurs, des ombres chinoises. Aussi les portraits de ce genre exposés par M. Thompson et par M. Bingham, artistes avantageusement connus d'ailleurs dans des genres plus sérieux, étaient-ils fort laids; ils ressemblaient à des personnages de Séraphin. Cette méthode nouvelle offre pourtant un certain intérêt scientifique, et elle méritait, à ce titre, d'être signalée.

Un autre essai nouveau, qui se rattache au portrait photographique, se trouvait également représenté à l'Exposition : c'est le procédé qui consiste à transporter sur un fond noir en toile cirée, une épreuve formée sur collodion. M. Dejonge, qui s'intitule l'inventeur de ce nouveau moyen, avait exposé plusieurs spécimens de ce procédé appliqué au portrait. Nous ne féli-

(1) La première application du mégascope à l'exécution des portraits photographiques a été faite à Vienne, en 1849, par MM. Gerothwold et Tanner, habiles photographes aujourd'hui à Paris.

citerons pas l'inventeur. Cela est noir et lugubre comme un enterrement. Un photographe très connu du boulevard Montmartre avait exposé deux grands portraits exécutés par cette méthode. Le modèle, représenté en toilette de bal, était noyé dans une nuit sombre. On croyait voir les personnages d'une fête, au milieu de laquelle on viendrait subitement à éteindre les bougies. Les procédés de Rembrandt appliqués à la photographie sont d'un fort triste effet : qu'on nous débarrasse de ces noirceurs!

Paysage. — Si les artistes anglais échouent manifestement dans le portrait photographique, il faut convenir qu'ils prennent leur revanche avec éclat dans une application de la photographie aussi importante que la précédente, car elle lui ouvre des perspectives toutes nouvelles, en la faisant entrer d'une manière définitive dans la sphère des beaux-arts : nous voulons parler du paysage. La reproduction des sites extérieurs, les tableaux champêtres, les vues d'arbres et de forêts, et tout ce que comprend l'art du paysagiste proprement dit, n'a été abordé par la photographie que depuis quelques années à peine, et l'on avait même longtemps mis en doute qu'elle pût jamais entrer avec avantage dans ce domaine, jusqu'ici uniquement réservé au pinceau et au crayon. Mais si, en France, un très petit nombre d'essais ont été faits jusqu'à ce jour dans cette direction, on paraît l'avoir suivie en Angleterre avec plus de persévérance et de soin. C'est là ce qui explique la prééminence qui appartient aujourd'hui aux photographes anglais dans l'exécution du paysage. Parmi les nombreux produits de cette nature qui avaient été exposés par eux, on trouvait de petits chefs-d'œuvre de dessin et d'harmonie, de véritables tableaux qu'un maître ne dédaignerait point de signer.

La *Vallée de Huharfe*, par M. Roger Fenton, était, comme photographie artistique, une des plus belles pages de l'Exposition. Tous les tons de la nature se trouvent reproduits sur cette belle épreuve avec une fidélité admirable; et la photographie n'a peut-être jamais exprimé avec autant de vérité, les dégradations dans les effets de la lumière. L'ombre qui descend des arbres sur le second plan, produit, à la surface de l'eau, un des contrastes les plus puissants et les plus harmonieux, à la fois, que puisse réaliser la peinture. Tout, en un mot, dans cette œuvre remarquable, est fait pour inspirer les plus hautes espérances pour les applications futures de la photographie à l'art du dessin.

M. Roger Fenton est loin d'ailleurs d'être le seul photographe anglais dont on ait admiré les œuvres à l'Exposition. Il y avait là tout un bataillon de peintres, dont les produits presque égaux en valeur, et toujours obtenus par le même procédé (le collodion), méritaient une égale attention. Après M. Fenton, on pouvait remarquer au même titre MM. Maxwell Lyte, Withe, Rownsend, John Lamb, Scherloch, Llederhyn, qui obtiennent dans la reproduction du paysage les résultats les plus surprenants. Tout est réussi, dans les remarquables et fines épreuves de ces artistes : les ombres sont douces et transparentes; l'eau est limpide et claire; les lointains, doux et vaporeux, fuient dans un horizon admirablement estompé. Ne pouvant tout citer, contentons-nous de signaler chez M. Maxwell Lyte, le *Village de Gavarnie*, le *Pont de Betharam*, et une série de petites marines; chez M. White, des études d'arbres, des routes à travers les forêts; chez M. Rownsend, un effet de neige admirablement rendu; chez M. Lamb, une *Vue de la rivière du Don;* chez M. Scherloch, de très jolis paysages; chez M. Llederlyn, une vue de Bristol et un très joli *pont couvert de mousse*, et chez M. Newton, président de la société photographique de Londres, un assez grand nombre de belles épreuves, parmi lesquelles un pont vu en perspective et d'un effet très curieux. Tout l'ensemble de ces œuvres prouve que l'école anglaise a atteint la perfection dans la reproduction du paysage.

Cependant notre admiration pour les produits photographiques des artistes anglais, en ce qui tient au paysage, ne doit pas nous rendre injuste pour les œuvres analogues dues aux artistes de notre pays. Cette nouvelle application de la photographie, bien qu'abordée tout récemment en France, compte déjà parmi nous d'habiles représentants dont les œuvres, bien que conçues dans un autre esprit, peuvent être admirées après celles des artistes de la Grande-Bretagne.

MM. Baldus, Martens et A. Giroux doivent être placés en tête des photographes français qui se consacrent à la reproduction du paysage.

L'œuvre principale présentée par M. Baldus à l'Exposition, en ce qui concerne le paysage photographique, était la *Vue panoramique du Mont-Dore* qui n'a pas moins de 1 mètre 30 centimètres de long. On comprend difficilement, malgré les grandes dimensions de cette épreuve, comment l'artiste a pu faire embrasser à son tableau un horizon si vaste. Le centre du paysage immense reproduit par M. Baldus, est occupé par le lac de Chambon, qui semble remplir le cratère de quelque volcan éteint, et qui occupe un espace circulaire au milieu du tableau. Le sol formé de lave refroidie, qui règne sur le premier plan, se relève, à gauche, en une colline arrondie, couverte par une forêt de sapins. Quelques îles boisées, oasis jetées sur l'immensité du désert, semblent flotter à la surface du lac, et en interrompent la monotonie. Au fond, plusieurs villages sont assis au milieu de ces solitudes. Le tableau est fermé au fond par les pics lumineux du Mont-Dore, du Puy-de-Sancy et du Collier-de-Diane, qui ressemblent à de grands nuages immobiles à l'horizon.

Deux vues de l'Auvergne accompagnaient ce grand spécimen : le *Pont de la Sainte*, site fantastique, tout hérissé de rochers terribles et nus, et un *Moulin au bord de l'eau*, tableau ravissant que l'on dirait sorti de la palette de Dupré. C'est un moulin posé au bord d'une eau calme et transparente, au fond d'une étroite vallée que dominent des roches couvertes d'arbres verdoyants. Le ciel, l'écueil ordinaire du paysage photographique, se trouve absent de cette épreuve, ce qui contribue peut-être à la douceur et à l'harmonie de son ensemble.

Les paysages de M. Baldus sont exécutés par le procédé Talbot, c'est-à-dire avec un négatif sur papier. La plupart des autres paysages photographiques dus à nos artistes français sont faits, au contraire, sur collodion.

M. Martens est un de nos photographes les plus distingués. Graveur habile, il s'est depuis longtemps adonné tout entier aux travaux photographiques, et il a de bonne heure montré, par de nombreuses preuves, l'influence que doit exercer la photographie sur le progrès des arts. C'est dans le paysage que M. Martens produit surtout ses plus beaux effets. La *Vue du lac de Genève*, prise près de Montreux, est une de ces pages devant lesquelles on s'arrête saisi de surprise et d'admiration. M. Martens parcourt sans cesse les glaciers des Alpes, les vallées de la Suisse ou celles des Pyrénées, prenant le travail du photographe par un côté fécond en labeurs et en fatigues, mais riche aussi en résultats artistiques. De ses ardentes excursions, il rapporte de magnifiques souvenirs qui pourraient inspirer, comme la vue de la nature, le pinceau des Rousseau, des Dupré et des Diaz. Les nombreuses vues de *Glaciers*, exécutées par M. Martens, qui figuraient à l'Exposition, étaient remarquables par un grand nombre de qualités, et surtout par le mérite de la difficulté vaincue en ce qui concerne les effets de neige, qu'il est si difficile d'obtenir, sans dureté pour les parties voisines des demi-teintes. Au reste, les admirables *Vues des Pyrénées* de M. le baron J. Vigier, avaient depuis longtemps appris comment on peut parvenir à surmonter ce dernier obstacle.

Après M. Martens, on doit citer, parmi nos photographes paysagistes, M. Giroux, qui le premier, en France, a révélé la possibilité d'obtenir de beaux résultats dans l'exécution du paysage. Par la douceur et l'harmonie de leur ensemble, les paysages de M. Giroux peuvent rivaliser avec ceux de l'école anglaise, et c'est le meilleur éloge à leur adresser. Nous dirons seulement que le ton roux, que cet artiste affectionne, ne plaît pas à tous les yeux, et que le ton d'un noir adouci, généralement en usage, nous paraît bien plus agréable dans ses effets. On prétend que

M. Giroux obtient ses beaux résultats en corrigeant après coup ses négatifs. Que le photographe exempt d'un tel péché lui jette la première pierre !

Pour ne pas étendre outre mesure cette revue, nous sommes forcé de ne mentionner que par un mot les épreuves de paysage du marquis de Bérenger, qui sont très harmonieuses et réunissent à la finesse du dessin le choix artistique des motifs ; — celles de M. Aguado, si connues de tous les photographes de Paris, autant par leur mérite intrinsèque que par la position de l'auteur, qui est le Mécène éclairé de l'art photographique, — celles de M. Lesecq, qui avait exposé de très belles études d'arbres, — celles de M. Fortier, de M. Le Gray, de M. Heilmann, de M. Eugène Piot, de M. Ferrier, etc., etc. Terminons cette revue en regrettant que plusieurs de nos photographes, qui se sont fait un nom dans le paysage, se soient abstenus d'envoyer quelques spécimens à l'Exposition. MM. Roman, Vigier, P. Gaillard et Mestral, sont des autorités dans ce genre spécial, et leur abstention a été remarquée.

En résumé, toutes les œuvres photographiques qui se rapportaient au paysage étaient remarquables par un ensemble de qualités excellentes, chez les photographes français comme chez les artistes de la Grande-Bretagne. Il est donc établi que l'invention de Daguerre occupe, dès aujourd'hui, dans le domaine des arts la place importante que l'on avait jusqu'ici essayé de lui contester.

Reproductions des œuvres d'art et objets d'histoire naturelle. — En continuant de suivre l'ordre que nous avons adopté pour l'examen des produits photographiques réunis à l'Exposition universelle, nous arrivons à la reproduction des œuvres d'art, c'est-à-dire de la gravure, de la sculpture et du bas-relief.

Le public connaît, comme existant déjà depuis quelques années dans le commerce, la plus grande partie des reproductions de gravures qui figuraient à l'Exposition. M. Benjamin Delessert eut le premier l'heureuse pensée de faire servir la photographie à répandre, au milieu du public et des artistes, les gravures des anciens maîtres. Celles de Marc-Antoine Raimondi sont, en ce genre, les plus estimées et les plus coûteuses. M. Delessert, après en avoir rassemblé la collection, en a exécuté par la photographie des reproductions identiques, de telle sorte que l'on peut aujourd'hui, pour un prix minime, posséder l'œuvre tout entière du graveur bolonais : la *Vierge aux nues*, la *Descente de croix*, le *Massacre des Innocents*, la *Sainte Cécile*, les *Deux femmes au Zodiaque*, et tous les autres chefs-d'œuvre dus au génie de Raphaël et transportés sur le cuivre par l'admirable burin de Raimondi.

Ce premier essai a donné naissance à d'autres publications du même genre. Des éditeurs intelligents ont livré au public l'*œuvre de Rembrandt* et celle d'*Albert Durer*, photographiées avec talent par MM. Bisson frères. MM. Baldus et Nègre ont, de leur côté, reproduit une partie de l'*œuvre de Lepautre*; enfin, M. Aguado a exécuté le même travail pour Téniers. Les spécimens de toutes ces œuvres intéressantes figuraient à l'Exposition ; mais comme elles sont déjà connues et appréciées du public, nous ne pouvons que répéter ici ce qui a été déjà dit à ce sujet, c'est-à-dire remercier les auteurs de ces publications d'avoir employé leur talent et leur zèle à mettre en évidence les ressources que fournit la photographie pour multiplier des gravures rares ou épuisées, et qui sont pour les artistes un sujet continuel d'études.

De toutes les œuvres photographiques qui figuraient à l'Exposition, il en est peu d'aussi dignes d'attention, que la magnifique épreuve qui reproduit un bas-relief de Justin, représentant le *Calvaire*. La photographie n'a jamais traduit avec une telle puissance les effets du relief et le jeu de lumière fouillant les replis du marbre : c'est le stéréoscope vu à l'œil nu. Cette œuvre, l'une des plus belles qui existent en photographie, est due à M. Alph. Bilordeaux, qui s'est consacré d'une manière spéciale à la reproduction des bas-reliefs et autres morceaux artistiques. Les mêmes qualités que l'on admire dans le *Calvaire* se retrouvent dans d'autres productions du même artiste, et particulièrement dans son *Retour des cendres de l'Empereur*, sa *Résigna-*

tion et sa *Résurrection* d'après un bas-relief d'Émile Châtrousse. On remarquait encore, dans l'exposition du même artiste, la *Fondation de Marseille*, l'*Invasion*, le *Couronnement d'épines* et le groupe d'*Héloïse et d'Abeilard.*

Voulez-vous cependant connaître le véritable maître en ces sortes de reproductions, comme d'ailleurs dans la plupart des autres applications de la photographie? Regardez les copies de la *Vénus à la Coquille* de Jean Goujon, de la *Vénus de Milo* et de quelques bas-reliefs de Clodion. A l'inimitable douceur du dessin, au jeu savant de la lumière, à la ravissante perfection du modelé, vous reconnaîtrez la touche d'un maître, celle de M. Bayard. M. Bayard, simple employé au ministère des finances, n'est point de ces artistes amoureux de la renommée et du bruit, toujours impatients de jeter leur nom aux échos de la publicité. C'est un praticien modeste, qui ne vit que pour la photographie, et qui se montre toujours surpris et presque gêné quand on le proclame le plus habile maître en cet art merveilleux. Mais parce que M. Bayard ne tient pas à être distingué du reste de ses laborieux confrères, ce n'est pas une raison pour que la critique l'oublie. La critique scientifique a d'ailleurs une dette à payer à cet artiste dont elle a un peu trop négligé les travaux, parce qu'ils ne s'offraient pas d'eux-mêmes et qu'il fallait les deviner. M. Bayard a été l'un des créateurs de la photographie sur papier. Au moment où cette découverte n'existait encore que dans les limbes de la science, c'est-à-dire avant les publications de M. Talbot, il avait déjà trouvé seul, dans son recoin ignoré, la manière de fixer sur le papier les images de la chambre obscure. Ce fait est aujourd'hui à peu près inconnu. C'est pour cela que, si le lecteur le permet, je raconterai, par forme de digression, comment M. Bayard fut conduit à découvrir la photographie sur papier, et comment sa découverte demeura un secret pour tous. Le récit n'est point long, d'ailleurs; ce n'est guère, on va le voir, que l'histoire d'une pêche.

M. Bayard est le fils d'un honnête juge de paix, qui exerçait ses fonctions dans une petite ville de province. Pour occuper ses loisirs, le magistrat cultivait un jardin. Dans ce jardin était un petit verger, où des pêches admirables mûrissaient au soleil d'automne. M. Bayard père se plaisait, chaque année, à envoyer à ses amis quelques corbeilles de ces beaux fruits, et dans son naïf orgueil de propriétaire, il tenait, en les envoyant, à indiquer par un signe irrécusable que ces fruits sortaient bien de son verger. Il avait imaginé, pour cela, un moyen singulier, et qui n'était, à l'insu de son auteur, qu'un véritable procédé photographique. Sur l'arbre, en train de mûrir ses produits, il choisissait une pêche. C'était, comme bien vous pensez, la plus belle des pêches, une de ces *pêches à trente sous*, qui étaient destinées plus tard, grâce à M. Alexandre Dumas fils, à jouer un si grand rôle dans le monde, ou plutôt dans le *demi-monde* dramatique. Pour la préserver de l'action du soleil, notre juge de paix avait soin d'envelopper de feuilles cette pêche prédestinée. Lorsque, ainsi abrité des rayons solaires, le fruit avait acquis les dimensions voulues, il le dépouillait de son enveloppe de feuilles et le laissait alors librement exposé à l'influence du soleil. Seulement, il collait sur sa surface les deux initiales de son nom, artistement découpées en caractères de papier. Au bout de quelques jours, quand on venait à enlever ce papier protecteur, les deux initiales se détachaient en un blanc vif sur le fond rouge du fruit, qu'elles marquaient ainsi d'une estampille irrécusable dont le soleil avait fait les frais.

Ce phénomène, dont il était témoin chaque année, avait naturellement frappé le jeune esprit de M. Bayard fils. Enfant, il s'était amusé à répéter ce même jeu de la lumière docile, sur des morceaux de papier rose tressés en forme de croix. Les parties du papier cachées par la superposition d'autres bandes conservaient leur couleur rose, tandis que les autres étaient promptement décolorées. Plus tard, ayant essayé, comme tant d'autres, de fixer les images de la chambre obscure, M. Bayard eut l'idée d'employer, pour arriver à ce résultat, ce papier rose de carthame qui avait servi aux distractions de son enfance. Mais, placé dans la chambre noire, ce papier rebelle ne s'impressionnait point par l'agent lumineux. C'est alors que M. Bayard eut l'idée de remplacer cette matière paresseuse par le chlorure d'argent, c'est-à-dire par l'agent photographique dont on fait usage aujourd'hui. Il parvint ainsi à obtenir de véritables épreuves de photographie sur papier, avec cette condition, si remarquable pour l'époque, d'être des *images directes*, c'est-à-dire qui n'exigeaient point la préparation préalable d'un type négatif. Sur l'épreuve obtenue dans la chambre noire, les clairs correspondaient aux lumières du modèle, et les noirs aux ombres. Son procédé consistait à exposer le papier imprégné de chlorure d'argent à l'action de la lumière, mais seulement *jusqu'à un certain degré*, que l'expérience lui avait appris à connaître. Quand on voulait s'en servir pour obtenir l'image photographique, on faisait tremper ce papier dans une dissolution d'iodure de potassium et on l'exposait, dans la chambre obscure, à l'action de la lumière. Les rayons lumineux avaient pour effet de blanchir, ou, pour mieux dire, de jaunir faiblement le sel d'argent dans les parties éclairées. Il ne restait plus qu'à fixer l'épreuve au moyen de l'hyposulfite de soude.

Tel est le procédé de photographie sur papier qu'avait imaginé M. Bayard, et qu'il eut, pour sa réputation future, le tort de vouloir garder secret. C'est ainsi qu'étaient obtenues ces admirables épreuves que M. Despretz nous montrait, il y a quinze ans, dans son cours de physique à la Sorbonne, et que nous nous faisions passer de main en main, sans pouvoir deviner par quels procédés magiques se réalisaient de telles merveilles. Comment deviner aussi que ces beaux effets ne dérivaient que de l'observation attentive de l'action du soleil sur une pêche, et que ce savoureux présent de l'ancienne Perse avait exercé une telle influence sur le progrès de la physique contemporaine?

Ces mêmes épreuves qui nous avaient tant charmés à la Sorbonne, je crois bien les avoir reconnues, — non sans quelque bonheur, — dans le cadre envoyé par M. Bayard à l'Exposition. Il est bien entendu seulement que M. Bayard ne les obtient plus d'après ses anciens procédés. Il fait usage, comme presque tout le monde, de la photographie sur verre; seulement il la met en pratique avec une entière perfection.

Terminons par l'examen des produits photographiques qui se rapportent à l'histoire naturelle.

Des soins infinis, des sommes incalculables sont consacrées, depuis des siècles, à reproduire, par la main du dessinateur et du graveur, les objets qui servent aux études ou aux descriptions des naturalistes. Or, ces images ne sont presque jamais traduites par le burin que d'une manière incomplète ou infidèle. Il est impossible, en effet, que l'artiste fasse assez abnégation de son propre jugement pour que, dans un grand nombre de cas, il ne remplace point ce que la nature lui présente par ce qu'il voit lui-même, ou par ce qu'il croit voir. Or, la photographie est venue apporter les moyens de reproduire les objets d'histoire naturelle avec une absolue fidélité. On comprend donc que nos photographes se soient empressés d'appliquer leurs procédés aux études de l'histoire naturelle. Malheureusement, tout est neuf dans cet ordre de travaux, et les opérations y diffèrent beaucoup de celles que l'on met en usage pour les autres applications de la photographie. Aussi, les produits de ce genre que l'on voyait à l'Exposition doivent-ils surtout nous intéresser, en ce qu'ils permettent de constater l'état de cette partie au moment actuel, et qu'ils marquent le point de départ des progrès qui ne tarderont pas à s'accomplir dans cette direction nouvelle.

L'imperfection des résultats obtenus jusqu'ici dans l'application de la photographie aux sciences naturelles, nous paraît tenir surtout à ce que l'on a presque toujours fait usage de lentilles à verres combinés. L'emploi de ces volumineuses lentilles permet d'obtenir l'instantanéité dans la production de l'image; mais il offre l'inconvénient de déformer considérablement les objets. Cette combinaison de verres, qui a pour résultat de concentrer en un seul foyer une quantité considérable de rayons lumineux, permet sans doute d'accélérer beaucoup l'impression photogénique, et elle donne ainsi les moyens de saisir rapidement les objets ou les êtres dont la mobilité constitue un obstacle sérieux pour la reproduction photographique. Mais si l'on peut retirer des avantages de ces appareils, pour certaines applications aux sciences naturelles, pour reproduire, par exemple, les animaux vivants, il est certain que cette rapidité d'impression ne s'obtient qu'aux dépens de l'exactitude de la copie, et que l'image du modèle est sensiblement altérée par suite de la trop courte distance focale de l'objectif. C'est ce qui explique les imperfections que présentent toutes les reproductions d'animaux vivants que l'on voyait à notre Exposition. Pour réussir entièrement, dans ce nouvel ordre de travaux photographiques, il nous paraît donc indispensable d'opérer à l'avenir avec des lentilles simples, qui ont l'avantage de n'occasionner aucune déformation dans l'objet reproduit, ou bien en conservant les lentilles à verres combinés, d'augmenter la longueur de leur foyer.

Un perfectionnement particulier est dû à M. Louis Rousseau, préparateur au Muséum d'histoire naturelle de Paris, dans la manière de disposer la chambre obscure pour la reproduction des pièces d'histoire naturelle. Par suite de la position verticale que présente la lentille dans la chambre obscure ordinaire, on n'avait pu, jusqu'ici, recevoir l'image d'un objet qu'autant qu'on le plaçait dans une position horizontale. Or, cette situation obligée mettait obstacle à la reproduction de la plupart des spécimens qui se rapportent à l'histoire naturelle, pour les pièces anatomiques, par exemple, et surtout pour celles qui ne peuvent être étudiées que sous l'eau. M. Louis Rousseau est parvenu à surmonter cette difficulté. Au lieu de conserver la situation verticale à la lentille, il a placé cette dernière horizontalement, c'est-à-dire qu'il a disposé la chambre obscure *au dessus de l'objet à reproduire*, en plaçant cet objet lui-même horizontalement à la manière ordinaire, sur une table ou sur un support. Avec cette *chambre obscure renversée*, on peut évidemment prendre l'impression photographique des pièces anatomiques et autres dans les conditions qu'exige leur reproduction. C'est grâce à l'emploi des lentilles simples et de l'appareil renversé, que M. Rousseau a pu obtenir des résultats d'une haute importance pour les applications futures de la photographie aux études scientifiques.

En passant en revue les produits de ce genre qui figuraient à l'Exposition, nous donnerons une idée exacte de l'état actuel de cette application spéciale de la photographie et des résultats qu'elle a permis d'obtenir jusqu'à ce jour.

De toutes les parties des sciences naturelles, l'anthropologie, ou l'étude des races humaines, est évidemment celle qui est appelée à jouir la première des avantages que la photographie met en nos mains. Un peintre photographiste, voyageant dans les différents pays du monde, peut y former la plus riche des collections ethnologiques. Déjà les galeries de notre Muséum se sont enrichies de beaucoup de ces spécimens. Quelquefois même, sans qu'il soit nécessaire d'aller les chercher en leurs régions lointaines, on peut profiter des visites que nous font, par intervalles, quelques individus appartenant aux races étrangères, pour en recueillir et en conserver les types. On voyait, par exemple, à l'Exposition deux épreuves remarquables, faites par M. Rousseau, et qui représentent deux individus, homme et femme, appartenant à la tribu des Hottentots (Boschimans). Ces deux individus figuraient dans les représentations de l'Hippodrome, où ils étaient assez peu remarqués. Mais la science avait des motifs d'être moins indifférente que la foule, et elle s'est empressée de relever le type de cette irrécusable postérité de la Vénus hottentote. On peut reconnaître, sur l'épreuve photographique, la particularité d'organisation qui distingue cette race, et s'assurer, *de visu*, de l'authenticité de la proéminence anatomique qui appartient à cette tribu.

Un autre spécimen, dû au même artiste, démontre que le procédé photographique, appliqué à l'étude des races, pourra tirer quelques avantages de l'emploi de la chambre obscure renversée. M. Rousseau avait exposé l'image, effrayante de vérité, de la tête d'un Russe blessé à la bataille d'Inkermann, et mort à l'hôpital de Constantinople. Après avoir été embaumée dans cette ville, cette tête avait été expédiée au Muséum d'histoire naturelle de Paris, où M. Rousseau l'a photographiée. Il est impossible de rendre avec plus d'exactitude les particularités anatomiques de la physionomie humaine. Seulement, en même temps qu'il retraçait fidèlement les signes anatomiques de l'espèce, l'instrument reproduisait avec une vérité non moins saisissante les hideux caractères de la mort. On détourne les yeux de cette repoussante image, qui aura, près du public, un succès de terreur.

Après l'anthropologie, l'anatomie est, parmi les sciences naturelles, celle qui attend le plus de services des applications de la photographie. Deux belles planches dues à M. Rousseau sont, sous ce rapport, un heureux début. Elles représentent, de face et de profil, la tête d'un enfant de sept ans, où, grâce à une coupe ostéologique, on peut étudier la manière dont se fait la dentition chez l'homme. Les mâchoires, mises à découvert, laissent voir une première rangée complète de dents, qui constitue *les dents de lait;* une autre rangée, composée des dents de la seconde dentition, est prête à prendre leur place à mesure que les précédentes tomberont.

Ce qui a été obtenu pour l'ostéologie pourra sans doute être réalisé pour la myologie, c'est-à-dire pour l'étude des muscles. On peut donc espérer qu'il sera permis un jour de remplacer par des photographies, prises sur nature, ces planches d'anatomie humaine destinées aux études, qui sont d'une exécution si difficile, et par conséquent si dispendieuses.

Les objets *d'anatomie sous l'eau* pourront également être reproduits par le même moyen, c'est-à-dire, grâce à l'emploi de la chambre obscure renversée. Cette possibilité est suffisamment démontrée par deux épreuves de M. Rousseau, qui représentent deux vers intestinaux de l'espèce désignée sous le nom d'*ascaride lombricoïde;* l'un de ces ascarides est entier, l'autre ouvert, pour montrer son organisation intérieure. On voit, enfin, dans les épreuves de M. Rousseau, la coupe transversale d'un cerveau humain qui a séjourné depuis douze ans dans un liquide.

Ajoutons que tout fait espérer que la botanique pourra invoquer à son tour le secours de la photographie. Seulement, il faudra employer des moyens de grossissement assez puissants pour que, dans les parties végétales reproduites, on puisse faire ressortir ce qui échappe à la vue simple. Les corps opaques ne pouvant être examinés et grossis au microscope, qu'en dirigeant sur eux, par des lentilles convergentes, un grand foyer de lumière, les opérateurs devront disposer des appareils particuliers d'éclairage et de grossissement applicables à ce cas spécial. Ce sujet exige donc des études nouvelles.

Quant à la reproduction photographique des objets opaques et transparents que l'on ne peut voir qu'au microscope, ce problème est depuis assez longtemps résolu. M. Bertsch s'est le premier en France adonné à ce genre de travail, et l'on voyait à l'Exposition plusieurs de ses spécimens parfaitement exécutés, bien que les pièces anatomiques eussent été quelquefois grandies jusqu'à six cents fois. Les épreuves exposées par MM. Bertsch et Arnaud représentaient les détails, invisibles à l'œil nu, des liquides ou des tissus organiques, la contexture des os, des parasites de différents animaux et les parties intéressantes de l'organisation des insectes et des plantes. Elles avaient été obtenues sur glace colodionée, au moyen d'un instrument imaginé par M. Bertsch, et composé de manière à mettre l'opérateur à l'abri des phénomènes de diffraction, des franges et des anneaux colorés, ce qui permet d'obtenir des contours très nets avec des grossissements qui peuvent aller jusqu'à six cents fois. Par l'emploi des procédés photographiques instantanés, M. Bertsch est parvenu à vaincre une grande cause d'insuccès dans ce genre d'expérience. En effet, l'instabilité des appareils, et les vibrations qu'ils éprouvent au moindre mouvement produit dans le voisinage du lieu où l'on opère, ne permettent d'obtenir d'images nettes qu'autant que ces dernières sont saisies instantanément. Avec des grossissements semblables, une vibration, si petite qu'elle soit devient naturellement quelques centaines de fois plus considérable; l'image n'est donc jamais fixe sur l'écran, en sorte qu'il faut la saisir pour ainsi dire au passage et produire le cliché en une petite fraction de seconde.

L'emploi de la photographie, pour fixer les images amplifiées du microscope solaire, et représentant les particularités de l'organisation des animaux, est précieuse à tous les titres, car aucun autre procédé connu de reproduction ne pourrait fixer ce genre d'images avec autant de fidélité.

Dans les salles de l'Exposition, on trouvait plusieurs reproductions de ce genre dues à des photographes anglais et allemands. Elles étaient pourtant bien inférieures à celles de MM. Bertsch et Arnaud. Après avoir, les premiers, fait connaître parmi nous, cette intéressante application de la photographie, MM. Bertsch et Arnaud ont exécuté une riche collection de spécimens microscopiques, qui constitueraient un appendice précieux aux ouvrages d'anatomie et de physiologie. Mais cette application spéciale de la photographie, qui a rencontré en Angleterre les encouragements les plus puissants, a été jusqu'ici entièrement négligée parmi nous. Il est pénible de dire, en effet, que pour n'avoir trouvé aucun appui, aucun patronage sympathique dans cette voie difficile et ardue, MM. Bertsch et Arnaud se sont vus à peu près contraints de renoncer à poursuivre des études qui promettaient à l'avenir de si importants résultats.

Les essais d'application de la photographie à la reproduction des spécimens micrographiques d'histoire naturelle tentés en Angleterre, depuis peu d'années, étaient représentés à l'Exposition par diverses épreuves dues au révérend W. Towler Kingsley. C'est en 1853, postérieurement aux travaux de MM. Bertsch et Arnaud, que le révérend Towler Kingsley communiqua au *Journal de la Société des arts* la description d'un microscope à l'aide duquel il reproduisait, par la photographie, des images amplifiées à un grand nombre de diamètres. Il a continué depuis cette époque à s'occuper de ce genre de travaux.

Les cadres envoyés par M. Kingsley à l'Exposition universelle renfermaient une collection d'épreuves d'un assez grand intérêt, et disposées avec un ordre qui révélait le savant habitué aux classifications méthodiques. C'étaient des sujets anatomiques empruntés à la classe des insectes, — les organes de la respiration, de la nutrition, de la locomotion, — des formations siliceuses, — des sections de tiges appartenant à des plantes de la plus petite espèce, etc., reproduits sur le papier avec une amplification considérable. Toutefois, ces planches étaient bien inférieures, sous le rapport de la netteté du dessin, à celles de MM. Bertsch et Arnaud.

La *Société photographique* de Londres avait aussi présenté à l'Exposition un ensemble de reproductions micrographiques d'histoire naturelle. Mais, pas plus que les précédentes, elles ne pouvaient entrer en ligne de comparaison avec les œuvres de notre compatriote M. Bertsch, le créateur de cette application de la photographie aux sciences naturelles.

Nous clôturerons par une réflexion générale cette revue sommaire de l'état actuel de l'art photographique et de ses principales applications.

L'admirable invention de Daguerre semble parvenue aujourd'hui à un terme bien rapproché de sa perfection. Toutes les merveilles, toutes les richesses qu'elle étale à nos yeux, montrent qu'elle touche de bien près aux limites de son pouvoir. Ce qui doit donc nous préoccuper désormais, ce sont les applications que l'on doit faire de ce moyen si perfectionné. Des progrès immenses peuvent être accomplis dans cette direction. La photographie ne s'est montrée, jusqu'à ce jour, qu'un insuffisant auxiliaire pour la science et les beaux-arts : c'est dans cette double voie qu'il faut s'appliquer à l'introduire. Elle peut devenir, dans la sphère des arts, une source féconde, un sujet inépuisable d'études; elle fournira un jour aux sciences naturelles un secours que rien ne saurait remplacer. Que le rôle et la mission de cette création admirable de notre siècle tendent donc à s'élever constamment ! Qu'elle descende de l'atelier mercenaire où elle dégénère et languit, parce qu'elle n'y progresse pas, pour entrer dans le sanctuaire de l'artiste et dans le cabinet du savant; et qu'ainsi nous la voyions grandir en s'appuyant sur ce qu'il y a de plus noble et de plus élevé au monde : sur la science qui étend et fortifie notre esprit, sur les beaux-arts, qui charment et adoucissent nos cœurs.

APPLICATION DE LA PHOTOGRAPHIE À L'ART DE LA GRAVURE.

Il y a quarante ans aujourd'hui, la photographie prenait naissance entre les mains de Joseph Niepce. Après avoir imaginé et construit avec son frère une machine à air chaud, le *pyréolophore*, qui reposait sur le principe même de la *machine Éricsson*, le remarquable appareil dont il a déjà été parlé dans le cours de cet ouvrage, Joseph Niepce s'apprêtait à constituer la photographie, c'est-à-dire la plus étonnante des créations scientifiques de notre époque. Le modeste et persévérant inventeur avait, comme on le voit, la prescience et l'instinct des grandes choses.

Nous avons eu entre les mains une épreuve photographique représentant l'humble maison des champs où Niepce exécuta ses travaux. On ne peut contempler sans émotion cet asile modeste qui fut le berceau de la photographie naissante. C'est un simple et bourgeois manoir, tout entouré de foisonnantes charmilles; derrière cet humble séjour, la Saône coule lentement à travers un paysage d'une monotone sérénité; au-devant, passe sans façon la grande route, tachant de sa poussière jaunâtre et siliceuse les verts buissons dont le domaine est entouré. Sous les combles de cette honnête maison, l'œil recherche et découvre avec intérêt une fenêtre étroite et surbaissée, que bien des amateurs de mes amis ne verraient pas sans un attendrissement délicieux, car c'est dans cette mansarde, ouvrant sur la campagne, que Niepce avait installé ses appareils, c'est là qu'il passa vingt années de sa vie laborieuse, préparant en silence cette merveilleuse découverte dont ses successeurs devaient seuls connaître tout le prix.

On a à peu près perdu de vue, de nos jours, le véritable but que Niepce s'était proposé au début de ses expériences photographiques. Il est cependant doublement intéressant de le rappeler, au moment où le problème que Niepce avait soulevé à l'origine de la photographie vient d'être résolu par la science de notre époque. Pendant les longues recherches auxquelles fut consacrée une partie de sa carrière, Niepce s'était proposé d'obtenir, sur une plaque métallique exposée dans la chambre obscure, une empreinte formée par l'action chimique de la lumière et reproduisant l'aspect de la nature extérieure. Ce cliché métallique, soumis au tirage typographique, devait ensuite fournir un nombre illimité d'épreuves sur papier. Or, tel est précisément le résultat qui vient d'être tout récemment obtenu. Après mille détours, la photographie est donc revenue à son point de départ; elle est remontée, on peut le dire, à son origine et à sa source, grâce à un ensemble de travaux que nous nous proposons de faire connaître dans ce chapitre qui formera comme un appendice du tableau que nous venons de présenter de l'état présent de l'art photographique.

Le lecteur apprendra peut-être avec intérêt la série de circonstances qui ont si longtemps retardé la solution du problème capital de la photographie, c'est-à-dire son application à la gravure; c'est ce que nous allons exposer tout en faisant connaître les principes sur lesquels repose l'application des procédés photographiques à l'art du graveur.

Et d'abord, comment Niepce fut-il amené à se poser ce problème étrange, d'obtenir des gravures sur papier par la seule impression chimique des rayons lumineux, à une époque où la science était si peu dirigée vers des recherches d'un tel ordre? Niepce fut conduit dans cette voie difficile par suite de l'admiration générale qu'excitait en France les produits de la découverte, alors toute récente, de la *lithographie*. A peine importé parmi nous, cet art singulier éveillait partout un intérêt extrême. On s'étonnait avec raison de voir imiter en quelques instants, avec un bout de crayon et un fragment de pierre polie, les produits de l'art pénible et compliqué du graveur. En réfléchissant sur ce résultat remarquable, Niepce osa penser qu'il ne serait peut-être pas impossible d'aller encore plus loin. Dans ces curieuses reproductions qui étonnaient et qui charmaient l'Europe, le génie de Senefelder avait banni la main du graveur, et laissé au seul dessinateur l'exécution du travail; Niepce rêva d'exclure à son tour la main du dessinateur même, et de demander à la nature seule tous les frais de l'opération. Au bout de dix ans de tentatives et d'efforts assidus, il toucha le but qu'il s'était proposé, et voici quels moyens lui avaient permis de l'atteindre.

Un grand nombre de substances résineuses se modifient par l'action de la lumière; exposées aux rayons solaires, elles acquièrent des propriétés qu'elles ne possédaient pas auparavant. Telle est, en particulier, la résine noire et demi-liquide connue sous le nom de *bitume de Judée*. Soluble dans certains liquides, avant d'avoir été exposée au soleil, elle y devient insoluble après avoir été soumise à l'action des rayons lumineux. C'est sur ce fait que Joseph Niepce fonda sa méthode de photographie appliquée à la gravure, ou ce qu'il appelait l'*héliographie*, c'est-à-dire l'art d'écrire ou de graver par l'action du soleil.

Il opérait sur une lame d'étain : il aurait pu se servir de cuivre ou d'acier, car il avait essayé ces deux métaux, et il serait certainement revenu à leur emploi, en raison de leur plus grande dureté, qui leur permet de suffire à un tirage considérable; cependant, c'est sur l'étain qu'il opérait de préférence. Sur cette lame d'étain, il étendait avec précaution une couche de bitume de Judée; cette couche, une fois sèche, il exposait la plaque dans la chambre noire, pour y recevoir l'impression lumineuse. Dans les parties éclairées de l'image formée par la lentille, le bitume se modifiait de manière à devenir insoluble dans l'essence de lavande; les parties obscures ne subissaient, au contraire, aucune altération. De telle sorte que quand, au sortir de la chambre obscure, on plongeait la plaque dans l'essence de lavande, les parties résineuses non modifiées par la lumière, c'est-à-dire les ombres du dessin, disparaissaient en se dissolvant, tandis que les parties résineuses modifiées par l'action solaire, c'est-à-dire les clairs, restaient sans se dissoudre. On obtenait ainsi une plaque métallique recouverte d'un enduit résineux, qui reproduisait fidèlement les détails de la vue extérieure recueillie par la chambre obscure. Ainsi préparée, cette plaque était traitée à la manière des gravures à l'eau-forte, par de l'acide azotique étendu d'eau, qui attaquait et creusait le métal dans les parties non défendues par la résine. En débarrassant ensuite la plaque de cette couche résineuse, il restait une véritable planche à l'eau-forte, qu'il suffisait de soumettre au tirage typographique pour en obtenir des épreuves sur papier. M. Lemaître, graveur de Paris, qui s'était chargé du tirage des planches, conserve encore aujourd'hui quelques spécimens de ces premiers essais, monuments intéressants et curieux de l'enfance de cet art.

On a beau cependant être homme de génie, homme d'habileté exquise ou de patience infatigable, on a beau trouver dans son imagination féconde la source d'inestimables trésors, il est, dans les recherches scientifiques, quelque chose qui résiste au génie, qui rend toute habileté vaine, qui déconcerte la patience la plus obstinée, et impose une barrière à l'imagination la plus active : c'est l'imperfection de l'instrument dont l'opérateur fait usage. Tel fut l'obstacle que Joseph Niepce rencontra. Les lentilles que l'on taillait, il y a trente ans, pour la construction des chambres obscures, étaient loin de réunir les conditions si remarquables de réfrangibilité qu'elles présentent de nos jours; on ne pouvait pas alors, comme on le fait aujourd'hui, se procurer, pour un prix modique, des objectifs d'une pureté irréprochable. En outre, la trop grande longueur que l'on donnait au foyer de la lentille, faisait perdre une certaine partie du bénéfice de la lumière qui traversait l'instrument. Toutes ces causes devaient empêcher l'inventeur de réaliser toutes ses espérances. Par son procédé héliographique, on obtenait sans doute des gravures sans l'intervention du burin; mais il fallait, pour arriver à ce résultat, un temps considérable; sept à huit heures devaient être employées à prendre une vue dans la chambre obscure, et cette circonstance suffisait pour empêcher toute application sérieuse d'un tel procédé.

C'est alors que Niepce, croyant, à tort ou à raison, avoir épuisé sa veine scientifique, et désespérant d'aller plus loin, seul et sans ressources au fond de sa province ignorée, se décida à s'associer avec Daguerre. Occupé de recherches analogues à celles de Niepce, et ayant réussi, grâce à l'intervention d'un ami commun, à s'immiscer dans la connaissance de ses travaux, Daguerre s'offrait à l'inventeur pour perfectionner sa découverte, et lui faire porter ses fruits. A bout de sacrifices, Niepce crut devoir accepter le secours de cette collaboration inattendue.

Le rôle précis de Daguerre, dans le perfectionnement des procédés héliographiques de Niepce, est encore aujourd'hui mal connu; il est difficile de savoir dans quelle mesure exacte le peintre du *Diorama* a coopéré à la découverte admirable à laquelle, nouvel Améric Vespuce, il a donné son nom. Daguerre a-t-il dû son remarquable succès à de simples tâtonnements empiriques auxquels l'intelligence ne présida pas toujours, comme on serait porté à le croire sur quelques publications incohérentes qu'il nous a données après sa découverte? Avait-il, au contraire, suivi un plan rigoureux et obéi à une méthode véritablement scientifique? Il est difficile de se prononcer sur cette question. On a jusqu'ici éludé, comme à dessein, cette physionomie indécise et mal caractérisée, de sorte qu'il est permis de dire que, pour Daguerre, la postérité n'a pas encore commencé.

Quoi qu'il en soit, dès qu'il fut initié à la connaissance des procédés héliographiques de Niepce, Daguerre en changea immédiatement les bases. Le premier inventeur ne voyait dans l'épreuve photographique formée sur métal, qu'un moyen d'arriver à la gravure; sans cela, il se fût simplement appliqué à obtenir des images sur papier, comme d'autres opérateurs l'avaient essayé avant lui. Ce fut Daguerre qui décida son collaborateur à abandonner ce projet; c'est le peintre du *Diorama* qui eut l'idée d'obtenir sur métal, au lieu d'un cliché destiné à la gravure, un type unique qu'il fallait renouveler pour chaque épreuve. Nous n'avons pas besoin de rappeler les résultats admirables auxquels la photographie fut conduite en entrant dans cette voie nouvelle. Ils sont de nature à ne faire regretter à personne la déviation imprimée par Daguerre à la marche primitive de l'invention.

Quelle que fût cependant la perfection des produits daguerriens, ou plutôt en raison de cette perfection même, chacun regrettait de voir ces merveilleuses images condamnées à rester à jamais à l'état de type unique; tout le monde comprenait l'importance que devait offrir la transformation des plaques de Daguerre en planches propres à la gravure, et susceptibles, par conséquent, de suffire, grâce à l'impression typographique, à un tirage illimité. Savants, industriels et artistes, appelaient de leurs vœux ce perfectionnement important.

Il y avait alors, dans la presse scientifique de Paris, un savant dont l'absence s'y fait encore regretter; c'était M. Donné, esprit distingué, et comme chacun sait, écrivain habile. Comme nous tous, qui, par profession et par goût, surveillons avec ardeur le mouvement des choses scientifiques, M. Donné suivait avec l'intérêt le plus vif la marche et les progrès de l'invention admirable qui préoccupait alors tant d'esprits. C'est à lui que fut réservé l'honneur de cette tentative utile, qui consistait à ramener la photographie dans la voie qu'elle avait perdue. M. Donné essaya le premier de transformer les plaques daguerriennes en planches propres à la gravure. A l'aide d'un acide convenablement choisi, il parvenait, en opérant sur une plaque daguerrienne, à attaquer le métal, de manière a obtenir une planche susceptible de fournir des épreuves sur papier par le tirage typographique.

. . . .

Il y avait pourtant, dans la nature même d'une telle opération, des conditions qui devaient mettre obstacle à toute réussite. Le mercure qui, déposé inégalement sur la plaque de Daguerre, sert à tracer le dessin photographique, y forme une couche d'une ténuité infinie; le calcul seul peut donner une idée des faibles dimensions de ce voile métallique. Les inégalités de surface, que l'acide a pour effet de produire en agissant sur la plaque daguerrienne, ne peuvent donc montrer qu'un très faible relief, et cette circonstance fait comprendre les défauts que devaient présenter, sous le rapport de la vigueur, les gravures obtenues par ce moyen. D'ailleurs, la mollesse de l'argent limitait extraordinairement le tirage; on ne pouvait obtenir ainsi plus de quarante ou cinquante épreuves. C'est en vain qu'un physicien habile, M. Fizeau, essaya de perfectionner ces procédés. Les moyens détournés, mis en usage par M. Fizeau, pour la gravure des épreuves daguerriennes, ne purent être adoptés dans la pratique, et son procédé demeura infructueux dans les mains du cessionnaire de son brevet.

Mais, sur ces entrefaites, un événement de la plus haute importance dans l'histoire de la photographie, vint détourner les esprits de ce genre de recherches; ce fut la découverte de la photographie sur papier. Imaginée dans son principe et dans ses détails d'exécution par M. Fox Talbot, en Angleterre, popularisée en France par les travaux et les efforts persévérants de M. Blanquart-Évrard, la photographie sur papier imprima aux idées des opérateurs une direction toute différente. La singulière perfection des produits de cette branche nouvelle des arts photographiques, les travaux nombreux qu'il avait fallu exécuter pour y atteindre, absorbèrent longtemps l'attention des amateurs et des artistes. D'ailleurs la photographie sur papier qui, avec un premier type, l'épreuve négative, permet d'obtenir un nombre presque indéfini d'épreuves positives, semblait devoir rendre désormais superflu l'art de la gravure photographique; ce dernier problème avait donc, en apparence, perdu une grande partie de son utilité.

Il ne manquait pas néanmoins de bonnes raisons à opposer aux personnes qui prétendaient que la photographie sur papier permettait de se passer de la gravure photographique. Le tirage d'une épreuve positive est toujours une opération délicate, et malgré tous les perfectionnements ingénieux apportés par M. Blanquart-Évrard à cette partie du manuel photographique, il est bien difficile qu'elle puisse jamais devenir industrielle. Aussi les bonnes épreuves sur papier sont-elles maintenues, dans le commerce, à un prix assez élevé pour leur faire perdre une partie de la supériorité qu'elles présentent sur les produits de la lithographie ou de la gravure. Une autre raison à invoquer, c'est le défaut de stabilité des épreuves de photographie sur papier. On sait que les images photographiques sur papier pâlissent manifestement par une exposition de plusieurs années à la lumière, et qu'elles semblent menacées de disparaître en entier par suite d'une exposition plus prolongée à la même influence. Sans doute, toutes les épreuves ne subissent point ce genre d'altération; il est incontestable, pourtant, que cet effet se réalise souvent. Il provient de ce que, malgré la continuité des lavages à l'eau distillée qui doivent terminer l'opération, le papier retient toujours une certaine quantité d'hyposulfite de soude; la présence de quelques traces de ce sel suffit pour provoquer, au bout d'un temps plus ou moins long, la disparition de l'argent métallique qui forme le dessin.

Mais toutes ces raisons, tant valables soient-elles, n'auraient peut-être que médiocrement touché la laborieuse tribu des photographes, sans une autre circonstance qui est venue contribuer plus que toute autre à ramener l'attention vers la gravure.

La photographie sur papier est parvenue aujourd'hui à un degré tellement avancé de perfection, qu'il est bien difficile qu'elle aille beaucoup plus loin; il est permis de dire que cet art merveilleux touche dès aujourd'hui à ses colonnes d'Hercule. Or, l'existence incontestée d'un tel fait était, pour les photographes, l'incitation la plus puissante à chercher quelque création nouvelle. Dire à la photographie, l'art progressif par excellence, qu'elle a atteint ses limites dernières, qu'elle n'a plus rien à inventer, et qu'elle doit se borner, à l'avenir, à répéter docilement les pratiques que l'expérience a consacrées, c'était la pousser le plus directement possible à de nouvelles conquêtes. C'est ce qui n'a pas en effet manqué de se produire. Quand il a été une fois bien démontré que la photographie n'avait plus rien à demander à ses laborieux adeptes, tout aussitôt il a été décidé, d'une commune voix, qu'il fallait, sans autre retard, attaquer le dernier problème, c'est-à-dire la gravure des épreuves.

Ce problème présentait de grandes difficultés. On ne pouvait songer à graver avec la plaque daguerrienne elle-même; la non-réussite de M. Fizeau montrait qu'il n'y avait rien à attendre de ce côté. Mais il restait les épreuves sur papier. Il n'était pas impossible de transporter sur le cuivre ou l'acier, l'empreinte d'une photographie sur papier, et cette empreinte, composée d'une substance inattaquable par l'eau-forte, pouvait permettre d'obtenir une planche sur métal gravée et susceptible de fournir, par le tirage, des épreuves en nombre illimité.

C'était là une idée excellente. Aussi est-elle venue en même temps à deux habiles praticiens, à M. Talbot, l'heureux et célèbre inventeur de la photographie sur papier; à M. Niepce de Saint-Victor, propre neveu de Joseph Niepce et l'inventeur de la photographie sur verre.

Dans l'histoire de la photographie, la part de M. Talbot est trop belle pour qu'en certains faits secondaires, la vérité puisse lui sembler importune. M. Talbot nous permettra donc de dire que son procédé, pour la gravure des épreuves photographiques, était bien loin de contenir la solution de la difficulté proposée. En faisant usage de bichromate de potasse comme matière impressionnable à la lumière, M. Talbot est parvenu à graver sur acier, au moyen d'une épreuve photographique, des objets transparents. Mais il ne peut obtenir ainsi que des silhouettes d'objets laissant tamiser la lumière, tels que feuilles d'arbre, découpures, dentelles, etc.; il ne réussit point à reproduire les ombres; son procédé ne peut donc s'appliquer à la gravure des images photographiques.

M. Niepce de Saint-Victor a été plus heureux, seulement il n'a pas eu besoin de se mettre en frais d'imagination. Joseph Niepce, son oncle, avait, comme on l'a vu, réussi, il y a trente ans, à graver sur étain les images formées dans la chambre obscure. M. Niepce de Saint-Victor s'est borné à appliquer le même procédé pour graver sur acier une épreuve de photographie formée sur papier ou sur verre. Et ce procédé, sans aucune modification, sans aucune substitution importante dans les matières employées, a réussi entre ses mains, comme il avait réussi, il y a trente ans, dans les mains du premier inventeur. Voici donc comment on opère pour obtenir, à l'exemple de MM. Niepce de Saint-Victor et Lemaître, une gravure sur acier au moyen d'une épreuve photographique.

Comme le faisait Joseph Niepce, on étend sur la surface bien polie d'une plaque d'acier, une couche de bitume de Judée, dissous dans l'essence de lavande. Ce vernis, exposé à une chaleur modérée, se dessèche ; on le maintient ensuite à l'abri de la lumière et de l'humidité. Pour obtenir sur la plaque, ainsi préparée, la reproduction d'une épreuve photographique, on prend une épreuve *positive* obtenue sur verre, ou bien sur papier ciré, et par conséquent transparente. On applique cette épreuve positive contre la plaque métallique, et on expose le tout à la lumière solaire ou diffuse, pendant un quart d'heure pour le premier cas, une heure pour le second. Au bout de ce temps, la lumière, traversant les parties diaphanes du dessin, a modifié la substance résineuse qui recouvre la plaque. Et si on lave alors cette plaque avec un mélange formé de trois parties d'huile de naphte et d'une partie de benzine-Collas, on fait disparaître, en les dissolvant, les parties de l'enduit résineux que la lumière n'a pas touchées, c'est-à-dire les parties qui correspondent aux noirs de l'épreuve photographique. On a produit ainsi une planche d'acier, sur laquelle le dessin de l'image daguerrienne est retracé à l'aide d'une légère couche de bitume de Judée, qui correspond aux parties éclairées de l'image. Par conséquent, si l'on traite cette planche par l'eau-forte, on attaque l'acier dans les parties non abritées par le corps résineux, et l'on obtient de cette manière une planche en creux, qui, plus tard, encrée et soumise au tirage typographique, donne un nombre indéfini d'épreuves sur papier, parfaitement identiques avec le modèle daguerrien.

Les premières gravures obtenues par le procédé de M. Niepce de Saint-Victor étaient loin d'être parfaites. Si elles présentaient quelquefois une certaine délicatesse dans les traits, elles offraient dans les ombres beaucoup d'empâtements grossiers. Ce n'était guère que des ébauches qui exigeaient, pour être terminées, le secours du burin. Nous dirons même, en toute franchise, qu'elles ne nous paraissent point supérieures aux spécimens du même genre, exécutés, il y a trente ans, par l'ancien Niepce.

Cependant, lorsqu'une idée utile et juste est une fois lancée dans le monde de la science et des arts, elle ne tarde pas à y faire bon chemin. C'est ce qui vient de se produire pour l'application de la photographie à l'art de la gravure.

M. Niepce de Saint-Victor a perfectionné ses premiers essais en modifiant la nature et les proportions des dissolvants employés pour enlever les parties du bitume non impressionnées par la lumière. En ajoutant à ce bitume divers composés organiques, tels que l'éther sulfurique ou diverses essences, il est parvenu à activer beaucoup l'impression lumineuse et à abréger le temps de l'opération. C'est ainsi qu'il est parvenu à impressionner, dans la chambre obscure même, la plaque d'acier revêtue de l'enduit sensible de bitume de Judée.

Toutefois, le but que s'était proposé l'auteur de ces recherches, et qu'il a poursuivi avec ardeur pendant plusieurs années, n'a pas été atteint d'une manière complète. Le problème de la gravure photographique exigerait que la planche métallique propre à graver pût s'obtenir par le seul concours de la méthode chimique employée par l'opérateur, et sans qu'il fût nécessaire de recourir au travail ultérieur du graveur, à l'action du burin, pour corriger ou terminer la planche. Or, c'est là un résultat qui n'a pu être obtenu par M. Niepce de Saint-Victor. Les planches sur acier, qu'il a obtenues en suivant les procédés décrits ont toujours besoin, pour être terminées, et servir au tirage typographique, de subir de longues retouches, un travail pénible et compliqué de la part du graveur. Les frais qui résultent de cette nécessité, tout à fait inévitable, rendent fort peu économique le procédé de gravure employé par M. Niepce de Saint-Victor. L'expérience n'a donc pas répondu en entier aux espérances qu'avait fait concevoir l'annonce de sa découverte.

Mais, hâtons-nous de dire que, dans les derniers mois de 1855, le problème de la gravure photographique a reçu une solution inespérée. Le peu de succès pratique obtenu par la méthode de M. Niepce de Saint-Victor avait jeté sur ce genre de recherches une défaveur marquée, lorsque la publication d'un important travail de M. Poitevin, ingénieur civil, est venue prouver que les difficultés, regardées jusqu'ici comme insurmontables, pouvaient être heureusement levées. La gravure photographique est entrée, dès ce moment, dans une phase toute nouvelle, et c'est à partir de l'année 1856, que commence, on peut le dire, la troisième époque historique de la gravure photographique, car les essais primitifs de l'ancien Niepce, et les efforts tentés, en 1853, par son neveu, M. Niepce de Saint-Victor, peuvent constituer les deux premières de ces trois périodes historiques.

Voici la méthode imaginée par M. Poitevin, qui consiste essentiellement dans une application du fait de la réduction du bichromate de potasse par l'action de la lumière, fait découvert et déjà appliqué à la gravure photographique sur acier par M. Talbot (1).

Elle repose sur la propriété que possède la gélatine imprégnée de bichromate de potasse, et soumise ensuite à l'action de la lumière, de perdre la faculté de se gonfler dans l'eau, tandis que la gélatine ainsi préparée, mais non impressionnée par l'action

(1) Voyez page 229.

lumineuse, se gonfle considérablement (au point d'augmenter d'environ six fois son volume), quand on la plonge dans l'eau.

La curieuse modification subie, dans cette circonstance, par la gélatine imprégnée de bichromate de potasse, tient à ce que les sels d'acide chromique et surtout les bichromates, quand ils sont mêlés à des substances organiques, s'altèrent chimiquement au contact des rayons lumineux, l'acide chromique passant sous cette influence à l'état d'oxyde de chrome. Déjà diverses applications de ce fait avaient été réalisées en photographie. On a vu plus haut que M. Talbot l'a utilisé pour la gravure photographique sur acier. M. Testud de Beauregard s'en était servi pour obtenir sur papier des images positives de différentes teintes. Dans ces deux dernières applications, l'acide chromique réduit par la lumière et ramené à l'état d'oxyde de chrome, constitue le corps colorant qui forme le dessin. Mais dans l'application nouvelle qui a été faite de ce phénomène chimique par M. Poitevin, il y a une autre modification. L'acide chromique, réduit par l'action de la lumière, et changé en oxyde de chrome, transforme la gélatine en une substance particulière qui diffère de la gélatine ordinaire, en ce qu'elle n'est pas pénétrable par l'eau et, par conséquent, non susceptible de se gonfler par l'absorption de ce liquide.

Le fait qui sert de base à la méthode de M. Poitevin étant ainsi établi, peu de mots suffiront pour la décrire.

M. Poitevin transporte à volonté une épreuve photographique sur une pierre lithographique ou sur une lame de cuivre, pour en tirer des épreuves lithographiques sur papier ou des gravures sur cuivre. Pour le premier cas, le procédé de M. Poitevin consiste à déposer à la surface d'une pierre lithographique de la gélatine mêlée avec une solution de bichromate de potasse; on laisse sécher, puis on recouvre cette pierre avec un cliché négatif et on l'expose à l'influence de la lumière solaire; sous cette influence, le bichromate passe à l'état d'oxyde de chrome et devient insoluble. Au moyen de lavages à l'eau, on enlève la gélatine qui n'a pas été altérée; on passe le rouleau lithographique ou le tampon sur la pierre, et l'encre s'attache aux endroits seulement où il est resté de l'oxyde de chrome.

Voici maintenant la manière d'obtenir avec une épreuve photographique une planche de cuivre propre à servir au tirage typographique.

On applique une couche plus ou moins épaisse de dissolution de gélatine sur une surface plane, sur une lame de verre par exemple; on la laisse sécher et on la plonge ensuite dans une dissolution de bichromate de potasse; on laisse sécher de nouveau, et l'on impressionne, soit à travers un cliché photographique, soit à travers un dessin positif. Après l'impression lumineuse, dont la durée doit varier selon l'intensité de la lumière, on plonge dans l'eau la couche de gélatine; alors toutes les parties qui n'ont pas reçu l'action de la lumière se gonflent et forment des reliefs, tandis que celles qui ont été impressionnées ne prenant pas d'eau, restent en creux. On transforme ensuite cette surface de gélatine gravée, en planches métalliques, en la moulant, au moyen du plâtre, avec lequel on obtient immédiatement par les procédés de la stéréotypie, des planches métalliques, ou bien on la moule directement par la galvanoplastie, après l'avoir métallisée.

Par ce procédé, les dessins négatifs au trait fournissent des planches métalliques en relief pouvant servir à l'impression typographique, tandis que les dessins positifs donnent des planches en creux pouvant être imprimées en taille-douce.

La méthode de gravure photographique de M. Poitevin est appelée à un avenir sérieux. Elle offre cet avantage décisif que toute intervention du graveur en est bannie; elle répond, par conséquent, à la condition capitale du problème de la gravure photographique, qui consiste à se passer d'une manière complète du burin de l'artiste et à exécuter toute l'opération par le seul concours des moyens chimiques.

On voit que dans la méthode de M. Poitevin, la reproduction du cliché par la galvanoplastie joue un rôle très important. Qu'il nous soit permis de dire ici que nous avons toujours pensé que la galvanoplastie était, en effet, le seul moyen qui pût permettre de reproduire toutes les finesses des clichés photographiques. En 1854, nous avions même commencé divers essais avec M. Baldus, pour reproduire par la galvanoplastie les empreintes formées sur une lame d'acier recouverte de bitume de Judée et exposée à l'action de la lumière, selon le procédé de Niepce. Mais l'inégalité de l'action de la lumière, sur la couche sensible de bitume de Judée, est l'obstacle qui a arrêté cette tentative dont les résultats se montraient cependant très encourageants et très dignes d'intérêt (1).

L'application de la galvanoplastie à la gravure des épreuves photographiques a donc contribué beaucoup à la solution définitive de ce problème. Au moment où cette idée va porter ses fruits, au moment où l'application de la galvanoplastie à la gravure photographique, si bien réalisée par M. Poitevin dans son ingénieuse méthode, va peut-être révolutionner toute une branche des arts, il est de toute justice de rendre à ceux qui ont concouru à cette découverte utile l'hommage qui leur est dû. Le nom d'un artiste modeste, qui a été pour beaucoup dans l'application de la galvanoplastie à la gravure photographique, est aujourd'hui entièrement ignoré. Ce nom mérite

(1) Voici en quoi consiste le procédé que M. Baldus a suivi pour obtenir de très belles reproductions gravées d'épreuves photographiques. On prend une lame de cuivre sur laquelle on étend, comme l'a indiqué M. Niepce de Saint-Victor, une couche de bitume de Judée. Sur la lame de cuivre recouverte de la résine impressionnable, on superpose une épreuve photographique sur papier de l'objet à graver; cette épreuve est positive, et doit, par conséquent, se traduire en négatif sur le métal par l'action de la lumière. Au bout d'un quart d'heure environ d'exposition au soleil, l'image est produite sur l'enduit résineux, mais elle n'y est point visible, et on la fait apparaître, en lavant la plaque avec un dissolvant qui enlève les parties non impressionnées par la lumière, et laisse voir une image négative représentée par les traits résineux du bitume. Cependant le dessin est formé d'un voile si délicat et si mince, qu'il ne tarderait pas à disparaître en partie par le séjour de la plaque au sein du liquide. Pour lui donner une solidité et une résistance convenables, on l'abandonne pendant deux jours à l'action de la lumière diffuse. Le dessin étant consolidé de cette manière, par son exposition au jour, on plonge la lame de métal dans un bain galvanoplastique de sulfate de cuivre, et voici maintenant

cependant d'être recueilli, car il rappelle une destinée triste et touchante. Que l'on nous permette donc de faire connaître ici le rôle que ce pauvre artiste inconnu a joué dans la création de la gravure photographique, exécutée par l'intermédiaire de la galvanoplastie.

Si, au lieu de relever modestement les chroniques de la science du jour, nous aspirions à l'honneur d'écrire de beaux récits ou d'intéressantes histoires, nous aurions intitulé celle-ci : *Hurleman, ou le graveur à la jambe de bois.* En effet, Hurleman était graveur et il avait une jambe de bois. Cette jambe de bois, on ne savait pas précisément où il l'avait gagnée, mais ni lui ni ses amis ne l'auraient pas donnée pour beaucoup. Elle servait en effet d'interprète extérieur aux sentiments de son âme; elle était comme le confident et le traducteur de sa pensée. Hurleman était-il heureux, elle s'en allait bondissante et joyeuse sur le pavé sonore, exprimant sa gaieté par toutes sortes de pas étranges et de sauts désordonnés. Était-il, au contraire, en proie à quelque sombre humeur de noire mélancolie, la jambe de bois se traînait languissamment morne et silencieuse, trahissant par son allure désolée les secrets sentiments de l'âme de son maître. Ces jours de tristesse n'étaient d'ailleurs que trop fré-

les véritables merveilles du procédé. Attachez-vous la plaque au pôle négatif de la pile, vous déposez sur les parties du métal non défendues par l'enduit résineux une couche de cuivre en relief; la placez-vous au pôle positif, vous creusez le métal aux mêmes points et formez ainsi une gravure en creux; si bien que l'on peut à volonté, et selon le pôle de la pile auquel on s'adresse, obtenir une gravure en creux ou une gravure en relief, en d'autres termes, une gravure à l'*eau-forte*, pour le tirage à l'encre typographique, ou une gravure de cuivre en relief analogue à la gravure sur bois, pour le tirage à l'encre d'impression.

Mais ce procédé n'a bien réussi que pour reproduire des gravures. Pour soumettre au même moyen des épreuves ordinaires de photographie, il faut y appliquer, artificiellement, le *grain* qui existe dans les gravures, c'est-à-dire les éclaircies ménagées par le burin dans les ombres. Cette circonstance a été un obstacle que M. Baldus n'a pu surmonter; le procédé décrit ci-dessus ne se rapporte donc qu'au cas où l'on voudrait reproduire une gravure, et avec une épreuve sur papier de cette gravure, recomposer la planche métallique.

quents, car Hurleman était pauvre, de cette pauvreté qui touche à la misère; et c'est là sans doute ce qui lui avait attiré l'amitié et la mélancolique sympathie de Charles Muller, ce grand artiste, mort aussi, de son côté, de ce mal sinistre de la misère. Ce dont Hurleman souffrait le plus en ce triste état, c'était d'être sevré des plaisirs communs de l'artiste. Il ne connaissait que par leurs titres ces beaux livres et ces beaux recueils que vous parcourez d'un œil distrait. En fait de jouissances artistiques, il ne connaissait guère que celles qui ne coûtent rien, les musées, les expositions publiques de peinture aux jours non payants, et surtout ces grandes expositions gratuites que l'éclat de la nature offre chaque jour à l'admiration et à l'étude d'un artiste amoureux de son art. Hurleman tenait dans ce groupe d'élite une place distinguée. Il avait un talent remarquable dans cet art aux mille formes qui s'appelle la gravure; et comme tous les artistes qui, par état, sont obligés de faire l'éducation de leurs doigts, il était d'une adresse rare. Il ne connaissait point d'égal dans le manuel pratique des divers procédés de sa profession. D'un esprit inventif, il était plein de ressources. Aussi, lorsque, vers 1846, le projet fut formé de reproduire, au moyen de la gravure, les planches daguerriennes, c'est à lui que M. Fizeau, auteur de la découverte de ce procédé, songea pour se l'adjoindre en qualité de graveur. Hurleman se dévoua avec passion aux travaux de cette œuvre difficile. Aussi sa joie fut-elle grande, lorsque, dans la séance où les procédés de M. Fizeau furent communiqués à l'Académie des sciences, les félicitations et les éloges du savant aréopage vinrent en accueillir l'exposé. Mais où sa joie fut sans bornes, où son bonheur parut véritablement toucher au délire, c'est lorsque, quelques mois après, l'Académie, pour encourager ces recherches et fournir à leur auteur un témoignage de l'intérêt qu'elles avaient inspiré, décida de confier à M. Fizeau la reproduction en gravure d'une série importante de planches daguerriennes. Ce jour-là, lorsque Hurleman sortit de la réunion académique, sa joie dépassait toutes limites. Il ne pouvait tenir en place, il n'en finissait pas de témoigner son bonheur à ses amis. Sa jambe de bois semblait avoir le vertige, elle sautillait çà et là comme une folle, exprimant à sa manière la joie qui inondait l'âme de son maître ordinairement si triste.

Pour lui, encore tout bouleversé de cette émotion inattendue, au sortir de la séance académique, il se mit à courir dans tous les quartiers de Paris, afin d'acheter chez les divers marchands les objets nécessaires à l'exécution de son grand travail. Il fit ainsi, en quelques heures, dix lieues dans la ville, et ne suspendit sa course que le soir, quand l'émotion, la fatigue et les mille anxiétés de sa situation nouvelle, le forcèrent de s'arrêter à demi brisé. Il monta avec peine le haut escalier de sa froide mansarde de la rue du Four-Saint-Germain. Arrivé chez lui, il tomba épuisé. Bientôt, il se sentit saisi à la poitrine d'une douleur vive et lancinante; il se coucha en proie à une fièvre violente. Les forces du pauvre artiste n'avaient pu suffire à tant d'émotions; la nature, trop faible, succombait à tant d'assauts. Le lendemain, une fluxion de poitrine se déclarait. Le mal marche d'un pas rapide dans l'asile solitaire de la détresse. Deux jours après, Hurleman rendait le dernier soupir entre son jeune enfant et sa femme atterrée d'un coup si subit. On le porta, non loin de sa demeure, au cimetière du Mont-Parnasse. Mais, nouveau malheur! le jour même, sa pauvre femme, épuisée par tant d'émotions terribles, se sentit, à son tour, frappée aux sources de la vie. Elle se coucha dans ce même lit encore tout glacé du contact du corps de son mari, et elle sentit bien, à cette impression funèbre, que le terme de ses tristes jours était arrivé. On la pressait de se rendre à l'hospice voisin :

— Non, dit-elle, je veux mourir dans le lit où il est mort.

Elle mourut, en effet, le jour suivant; elle alla rejoindre, sous les cyprès du Mont-Parnasse, le pauvre Hurleman qui ne l'avait pas longtemps attendue. Dans cette chambre, remplie de tant de bonheur quatre jours auparavant, il ne restait plus qu'un orphelin.

Le lendemain, mon ami Baldus venait rendre visite au graveur pour le féliciter de la décision que l'Académie avait prise à son sujet, et examiner les premiers résultats de son travail. Il monta les six étages du pied leste de ses vingt ans, et sonna joyeusement à la porte de l'artiste. Personne ne répondit ; seulement une vieille voisine, attirée par le bruit, se montra sur le carré. La bonne femme avait recueilli chez elle, en attendant que l'on prît quelque décision à son égard, le jeune orphelin abandonné. Elle raconta les tristes événements qui venaient de s'accomplir, et introduisit le visiteur dans la chambre déserte des époux. La pièce était complétement vide; le graveur n'avait laissé pour tout héritage que la magnifique planche de Charles Muller, la *Madone* de Raphaël, que son ami lui avait offerte. Tout le mobilier de l'artiste avait peu à peu disparu sous la terrible aspiration de la misère ; mais il n'avait jamais consenti à se séparer de ce dernier souvenir de son ami. Baldus emporta la gravure ; il la mit en loterie auprès des artistes et en retira une somme de deux cents francs qui servit à faire entrer l'orphelin comme apprenti chez M. Lerebours, opticien. Peut-être le jeune homme n'apprendra-t-il qu'aujourd'hui, par la lecture de ces lignes, ces détails sur la vie de son père, si toutefois il a eu, dans son atelier, le temps d'apprendre à lire.

On s'est demandé plusieurs fois pourquoi le procédé de gravure photographique, breveté au nom de M. Fizeau, et dont M. Lerebours commença l'exploitation, avait tout d'un coup cessé de répandre ses produits. C'est qu'à cette époque les procédés de la galvanoplastie, encore fort peu connus en France, exigeaient, pour être appliqués avec succès à la gravure, une main habile et délicate. Et cette main qui a fait défaut, on le comprend maintenant, c'est celle du graveur à la jambe de bois.

Nous venons de faire connaître l'un des triomphes les plus éclatants, sans aucun doute, que la photographie ait remportés depuis son origine. Nous sommes convaincu, cependant, qu'il ne sera point accueilli avec les mêmes sentiments de satisfaction générale qui ont salué ses précédentes conquêtes, et nous-même sommes saisi, en l'annonçant, comme d'une involontaire tristesse. C'est que la photographie a été, dès son apparition, un juste sujet de craintes pour cette phalange d'élite qui vit du pinceau, du burin ou du crayon. Tous les arts qui se rattachent à la gravure et au dessin ont toujours, avec raison, entrevu un rival redoutable dans les procédés daguerriens et dans les applications infinies que l'on peut en faire pour l'imitation et la reproduction plastique. Or, il est impossible de se dissimuler que ces pressentiments ne soient, dans une certaine mesure, sur le point de se réaliser, et que toute une série d'industries importantes ou d'existences honorables ne se trouvent menacées d'un amoindrissement prochain. Ensuite, pour qui se rend un compte exact de la marche actuelle des sciences et de leur incessante application aux usages de la vie, il est un fait qui frappe de jour en jour les yeux avec plus d'évidence : c'est que partout, dans le monde des arts comme dans celui de l'industrie, dans les travaux manuels comme dans la sphère plus élevée des productions de la pensée, partout l'instrument tend à se substituer à l'intelligence, partout la machine tend à détrôner l'esprit. Le fait que nous venons de rapporter est un frappant symptôme de cette tendance visible de notre époque, et l'on comprend que bien des personnes ne reconnaissent point sans de secrètes alarmes ces premiers signes des temps nouveaux. Si l'invincible loi du progrès, qui pousse incessamment l'humanité vers des destinées nouvelles, doit se manifester à nous par un empiétement d'un tel ordre, on ne saurait sans doute se défendre d'accueillir avec quelque tristesse la première annonce de son avénement prochain; toutefois, ce qui doit atténuer de trop justes inquiétudes, c'est la pensée consolante qu'il existe au delà de nous une puissance supérieure qui souvent, d'un mal apparent, fait sortir le souverain bien. Laissons donc à l'avenir le soin d'éclaircir des mystères que notre faiblesse ne saurait pénétrer.

APPLICATIONS

DE

LA GALVANOPLASTIE.

Le physicien qui observa le premier la décomposition des dissolutions métalliques par la pile de Volta, réalisa une découverte d'une importance considérable pour les théories de la chimie. Il mit aux mains de la science une force nouvelle, un agent presque sans limites pour triompher des résistances que l'affinité oppose à la décomposition des corps, et il eut la gloire de dévoiler, par ce moyen, la nature, longtemps inconnue, d'une foule de composés naturels. Mais celui qui, examinant de plus près le métal précipité sous l'influence des forces électriques, reconnut dans ce corps toutes les propriétés ordinaires des métaux obtenus par la fusion, la ténacité, la ductilité, l'homogénéité de structure, en un mot tous les caractères qui distinguent nos métaux usuels, ce dernier fit une découverte capitale pour l'avenir de l'industrie. De cette observation, si simple en elle-même, devait résulter, dans un court intervalle, une révolution complète dans l'art de préparer les métaux et de les approprier à leurs divers usages. Grâce à cette découverte, l'art du fondeur de métaux et les travaux du ciseleur allaient être peu à peu remplacés par des procédés empruntés aux laboratoires de la chimie, et toute une classe de produits industriels et artistiques, qui ne s'exécutent qu'au prix de peines et de soins infinis dans les usines métallurgiques, devaient s'obtenir un jour, sans la moindre difficulté, par l'intervention lente et silencieuse de l'électricité.

Tels sont, en effet, les résultats que l'industrie commence à réaliser sous nos yeux, depuis qu'elle a réussi à faire entrer la pile voltaïque au nombre des instruments de ses travaux. Tout objet présentant des reliefs et des inégalités de surface peut être reproduit, grâce à un léger dépôt de cuivre déterminé par un courant électrique, et fournir ainsi, à peu de frais et sans embarras, une contre-épreuve parfaite de l'original. La *galvanoplastie*, c'est-à-dire l'art de copier, avec un métal, un modèle quelconque, peut donc servir à la reproduction de tout objet naturel.

Bien que la galvanoplastie n'ait pas encore reçu toute l'extension qu'elle est appelée à acquérir, la sphère de travaux dans laquelle elle s'exerce est déjà fort étendue. Les galeries de l'Exposition universelle présentaient, réunies dans une distribution systématique, toutes les applications de la galvanoplastie qui ont été faites jusqu'à ce jour; et si le lecteur veut bien nous suivre dans l'examen rapide des produits électro-chimiques que l'on admirait au Palais de l'Industrie, il pourra prendre une idée nette et exacte de l'état actuel de cet art nouveau, et des ressources qu'il offre, dès aujourd'hui, à l'industrie européenne.

Mais pour rendre cet examen plus facile, il sera bon de commencer par faire connaître brièvement en quoi consistent les procédés de la galvanoplastie, et par quels moyens s'obtiennent les reproductions métalliques dont nous avons à parler. Ces procédés reposent d'ailleurs sur des principes si simples, que chacun les comprendra sans peine.

Le but général de la galvanoplastie, c'est de reproduire en cuivre, en argent ou en tout autre métal, un objet quelconque, en opérant sur un moule pris sur l'original. Le dépôt métallique destiné à remplir ce moule s'obtient en décomposant, par un courant électrique, une dissolution saline contenant le métal à déposer, une dissolution de sulfate de cuivre, par exemple, s'il s'agit d'obtenir un dépôt de cuivre, une dissolution d'un sel d'argent, si l'on veut obtenir un dépôt d'argent, etc. Les opérations galvanoplastiques consistent donc : 1° à préparer le moule de l'objet à reproduire; 2° à obtenir dans l'intérieur de ce moule le dépôt du métal.

Les substances qui peuvent servir à la confection des moules ont présenté longtemps un obstacle sérieux dans les opérations galvanoplastiques. La cire à cacheter ou le plâtre, que l'on rendait préalablement conducteurs de l'électricité par une légère couche de plombagine pulvérisée, sont les seules substances dont on se soit servi au début. Mais le plâtre ne traduit pas avec une fidélité suffisante les reliefs très délicats du modèle; il ne pouvait servir que pour les objets d'une reproduction facile, tels que les médailles, les timbres, etc. La gélatine, moulée à chaud et arrachée du moule après le refroidissement, a remplacé plus tard ces deux matières avec avantage. Enfin la *gutta-percha*, dont l'emploi est plus récent, est venue fournir à la galvanoplastie une substance qui répond parfaitement à tous ses besoins.

C'est, on peut le dire, de l'époque où la gutta-percha a été introduite dans les ateliers de la galvanoplastie, que date l'essor véritablement sérieux qu'a reçu cette industrie nouvelle. On sait que la gutta-percha se ramollit par la chaleur; ainsi ramollie, on l'applique sur l'objet à reproduire, et la pression fait pénétrer cette matière éminemment plastique dans tous les creux du modèle; après le refroidissement, son élasticité permet de l'arracher du moule en conservant toute la fidélité et la délicatesse de l'empreinte formée. Ainsi préparé, le moule de gutta-percha est rendu conducteur de l'électricité en le recouvrant, à l'aide d'un pinceau, de plombagine en poudre; il ne reste plus, pour obtenir sa reproduction, qu'à le plonger dans le bain électro-chimique.

Ce bain, comme nous l'avons dit, est formé de sulfate de cuivre dissous dans l'eau. Comme la dissolution finirait par s'épuiser, on a la précaution de placer au sein de la liqueur un sac contenant des cristaux du même sel, qui se dissolvent dans l'eau pour remplacer au fur et à mesure celui qui disparaît par suite du dépôt métallique.

Quant à la pile qui sert à provoquer la précipitation du cuivre par l'action décomposante de l'électricité, elle n'offre rien de particulier. C'est l'appareil ordinaire que l'on trouve aujourd'hui à bas prix dans le commerce. On place cette pile en dehors du bain, ses fils conducteurs plongeant seuls dans le liquide. On attache le moule au pôle négatif, et le métal précipité par l'action électrique se portant à ce pôle, le cuivre réduit vient peu à peu remplir les creux du moule. Au bout de quelques jours, ce dernier se trouve recouvert en entier, et l'opération est terminée.

Le cuivre n'est pas le seul métal que l'on dépose par les procédés galvaniques; on peut aussi obtenir industriellement des dépôts d'argent pur. Dans ce cas, sans rien changer aux appareils, on remplace la dissolution de sulfate de cuivre par une dissolution de cyanure d'argent dans le cyanure de potassium, et l'on obtient de la même manière une précipitation d'argent métallique.

Cet exposé général, fort abrégé, des moyens employés pour obtenir les reproductions galvaniques, permettra au lecteur de suivre, avec connaissance du sujet, la revue des principaux spécimens galvanoplastiques exposés au Palais de l'Industrie. Comme le nombre de ces spécimens était considérable, nous serons tenus de suivre dans cette revue un ordre méthodique. Nous examinerons successivement :

1° Les objets d'art, tels que statuettes, bas-reliefs, etc., obtenus en cuivre galvanique;

2° Les objets d'art en argent galvanique;

3° Les applications de la galvanoplastie à la typographie et à la reproduction des planches gravées sur cuivre et sur acier;

4° La production de grandes masses de cuivre à l'usage de l'industrie.

Objets d'art en cuivre galvanique. — Les objets d'art exécutés en cuivre abondaient à notre Exposition. Un grand nombre d'artistes et de fabricants de Paris, entre autres MM. Gueyton,

Zier, Lefèvre, Lionnet, Pouey, Feuquière, etc., avaient exposé des spécimens de ce genre.

M. Gueyton avait exécuté une très belle reproduction en cuivre galvanoplastique argenté du magnifique bas-relief de Justin, représentant le *Calvaire*, dont nous avons déjà parlé à propos de la photographie. On doit au même artiste un buste de l'Impératrice, en cuivre argenté, obtenu d'une seule pièce, ce qui constitue le mérite et la difficulté de ces sortes de reproductions. Plusieurs autres produits d'un beau travail, présentés par M. Gueyton, seraient encore dignes d'être signalés.

MM. Zier et Lefèvre exposaient plusieurs spécimens artistiques d'une exécution irréprochable. Une réduction de la colonne Vendôme, due à M. Zier, attirait surtout les regards ; mais nous connaissons de cet artiste des œuvres plus recommandables encore par la difficulté d'exécution, et qui témoignent dans leur auteur d'une aptitude toute spéciale pour ce genre de travaux. M. Lefèvre, qui emploie particulièrement, pour ses moulages, la gélatine, produit avec cette matière plastique des effets précieux sous le rapport de la délicatesse et du fini. Les trois artistes que nous venons de nommer ont eu le mérite de se consacrer de très bonne heure à la galvanoplastie, et ils ont les premiers contribué à répandre et à populariser, dans le commerce français, les produits de cette nouvelle branche des arts.

M. Lenoir paraît l'inventeur d'une nouvelle manière de distribuer le courant électrique dans le bain galvanoplastique, qui a, dit-on, pour résultat de permettre de reproduire en galvanoplastie la ronde bosse. Par les moyens employés jusqu'ici, il fallait, pour obtenir une statue, un buste de grande dimension, ou un objet très fouillé, mouler partiellement, par moitié ou par quart, la statuette ou le buste, et réunir ensuite au moyen d'une soudure ces parties séparées. Le moyen employé par M. Lenoir permet d'obtenir directement et dans un seul bain les objets en ronde-bosse.

Le procédé de M. Lenoir consiste à remplacer le conducteur unique dont on faisait usage avant lui, par un conducteur divisé en un grand nombre de branches ou de ramifications. On introduit dans le creux du moule un faisceau de fils de platine servant de conducteur ; ces fils suivent intérieurement la forme du moule sans y toucher nulle part, et y déposent uniformément le métal du bain. On peut à volonté donner à la pièce qui tapisse, pour ainsi dire, l'intérieur du moule, telle force que l'on désire. Si dans la pratique, cette méthode nouvelle répond aux espérances qu'elle a fait concevoir, elle constituera une acquisition des plus importantes pour l'industrie galvanoplastique.

Beaucoup d'autres artistes de Paris avaient envoyé à l'Exposition divers spécimens intéressants, qui donnent une idée exacte des ressources que présente la galvanoplastie, pour multiplier et mettre à la portée de tous des objets de sculpture que l'on n'obtenait autrefois qu'à grands frais par la fonte et la ciselure du bronze. On peut dire, sous un certain point de vue, que la galvanoplastie est à la sculpture ce que la photographie est aux arts de la peinture et du dessin. De même que la photographie multiplie et rend ainsi accessibles à tous, les beaux produits de la gravure et les chefs-d'œuvre des grands dessinateurs, ainsi la galvanoplastie peut répandre entre toutes les mains les œuvres de la sculpture. S'il fallait citer un exemple de l'utilité de cet art, pour multiplier à bon marché des spécimens rares et précieux, on pourrait signaler la curieuse collection de médailles antiques de M. Beaure. Le numismate, qui ne pouvait autrefois se procurer qu'à des prix fort élevés les divers types des médailles historiques, peut aujourd'hui grossir aisément sa collection, grâce à ces produits nouveaux qui, toujours obtenus avec l'exemplaire le plus parfait pour chaque médaille, ont l'avantage d'offrir la reproduction rigoureuse du type le plus estimé.

Une application assez bizarre des procédés galvanoplastiques, due à un artiste de Paris, M. Gervaisot, consiste à reproduire en cuivre des fleurs et des plantes naturelles. Une fleur, par exemple, plongée dans un bain de sulfate de cuivre, que l'on soumet à un courant voltaïque, fournit une exacte représentation de ce modèle, que l'on peut ensuite argenter ou dorer par la pile. On peut ainsi réunir en un bouquet des fleurs de marguerites argentées, des bleuets recouverts d'une couche d'or, etc. Si de tels produits n'ont rien de flatteur sous le rapport de l'art, on ne peut nier pourtant qu'ils ne constituent une démonstration curieuse des effets singuliers que la galvanoplastie permet d'obtenir.

Mais pour admirer dans tout leur éclat les résultats auxquels la galvanoplastie peut conduire, quand elle s'élève aux hautes productions de l'art, il fallait se transporter à la rotonde du Panorama, dans cette salle merveilleuse où, sous l'égide rayonnante des diamants de la couronne, on avait groupé les plus grandes richesses artistiques de l'Exposition industrielle. Là, au milieu des tapisseries d'Aubusson, des Gobelins et de Beauvais, entre les porcelaines de Sèvres et de Saxe, et parmi toutes les autres créations remarquables qui participent à la fois de l'industrie et des beaux-arts, on contemplait, dans son élégante disposition, le fameux service d'argent plaqué obtenu dans les ateliers électro-chimiques de M. Christofle, et qui renferme un assez grand nombre de pièces exécutées en cuivre galvanoplastique, revêtues ensuite par la pile d'une couche d'argent. Tout le monde sait que ce service avait été commandé par l'empereur. D'autres ont décrit les merveilles que des artistes d'élite ont accomplies pour la série des grandes pièces sculptées qui composent cette œuvre admirable; nous nous bornerons, pour notre compte, à une seule réflexion. Bien des personnes voient avec regret s'introduire dans les œuvres d'orfévrerie le plaqué galvanique, pour y remplacer l'argent massif, qui jouissait, depuis des siècles, de la propriété exclusive de fournir sa matière précieuse aux inspirations de l'artiste. Mais il est facile de reconnaître que la substitution du plaqué galvanique à l'argent pur ne saurait offrir que des avantages aux progrès et à l'avenir de la sculpture. N'étant plus arrêté par le prix excessif de la matière première à employer, l'artiste qui confiera à l'électrochimie la reproduction de ses modèles, pourra donner libre carrière à son imagination, et il aura ainsi les moyens de créer des chefs-d'œuvre dont l'idée même n'aurait pu être conçue, il y a peu d'années. Il est à remarquer qu'aucune des grandes pièces d'orfévrerie sculptée, exécutées pendant les deux derniers siècles, et qui ont fait l'admiration des cours de Louis XIV et de Louis XV, n'est parvenue jusqu'à nous. Dans les moments difficiles de nos révolutions, la perfection d'un objet d'art a rarement trouvé grâce devant la nécessité d'en réaliser la valeur pécuniaire; nos hôtels de monnaie ont transformé en informes lingots les plus belles créations des artistes des siècles passés. Au contraire, de toutes les œuvres sculpturales exécutées en bronze, et qui datent de la même époque, aucune ne s'est perdue, grâce à cette heureuse circonstance que la matière première en était sans valeur. Pour la conservation des chefs-d'œuvre artistiques de notre âge, il est donc à désirer que l'emploi du plaqué galvanique prenne faveur. L'exécution qui a été faite d'un service impérial en métal électro-chimique, contribuera sans doute à propager cette idée utile.

Si nous avons commencé par l'examen des produits français la revue des œuvres galvanoplastiques qui figuraient à l'Exposition universelle, ce n'est pas dans la pensée de revendiquer pour notre pays une supériorité sensible dans cette branche des arts. Il serait bien difficile, en effet, d'établir un classement rigoureux entre les différentes nations pour ce qui concerne les ouvrages de galvanoplastie. Les procédés pratiques étant toujours les mêmes, ils sont partout mis en usage avec un succès à peu près égal, et, entre les produits galvanoplastiques qui appartiennent à la France, à l'Angleterre ou à l'Allemagne, on ne remarquait guère à l'Exposition d'autre différence que celle qui résulte du goût et des habitudes spéciales de chacune de ces nations.

Il suffisait de jeter les yeux sur l'éblouissant étalage de MM. Elkington et Mason, de Birmingham, pour reconnaître à quel étonnant degré de perfection la galvanoplastie est parvenue en Angleterre. Des bustes de grandeur naturelle, des statues d'assez grand modèle en cuivre galvanique, avaient été exposés par MM. Elkington et Mason, à qui l'on doit d'ailleurs des produits bien plus remarquables encore, puisqu'on voit aujourd'hui, dans le palais de Sydenham, des fontaines obtenues par les procédés électriques et ayant les mêmes dimensions que celles qui ornent la place de la Concorde à Paris. On remarquait aussi dans les vitrines de MM. Elkington et Mason, un grand nombre d'ouvrages galvaniques argentés par la pile, tels que coffrets, aiguières, pots, plateaux, bassins, etc., d'un goût exquis, ce qui étonnera moins, si nous ajoutons que M. Elkington a eu le soin d'attirer dans ses ateliers de Birmingham les meilleurs ouvriers sculpteurs et ciseleurs de Paris.

Si de l'Angleterre nous passons à l'Autriche, nous aurons à signaler plusieurs spécimens de grande dimension, qui sortaient des ateliers galvanoplastiques attachés depuis quelques années à l'imprimerie impériale et royale de Vienne. C'étaient des bas-reliefs extrêmement en dehors, atteignant presque à la ronde bosse, qui représentaient des sujets religieux, et montraient réunis, sur une même plaque de grande dimension, sept à huit personnages. On voyait encore, dans la même collection, des statuettes de cuivre de près de 2 pieds de hauteur d'une perfection achevée.

Mais de tous les produits envoyés par l'Allemagne, les plus remarquables, sous le rapport artistique, appartenaient au duché de Hesse. La galvanoplastie n'a peut-être rien produit d'aussi élégant que les œuvres exposées par M. de Kress (d'Offenbach sur le Mein). Rien n'est plus remarquable, à ce point de vue, que le bas-relief représentant la *Danse des Willis*, sujet emprunté au tableau d'Auguste Gendron. Plus de trente personnages, en haut relief, figurent sur cette plaque qui présente, outre le mérite d'une exécution irréprochable, des effets de lumière véritablement inconnus jusqu'ici dans les reproductions métalliques. Près de ce tableau, un homard moulé sur nature excitait à juste titre l'étonnement des connaisseurs. Le visiteur admirait encore un grand buste de Napoléon Ier fait d'une seule pièce, et sans raccords visibles. Enfin, M. de Kress avait exposé sept ou huit sujets de paysages qui se distinguent par de curieux accidents de lumière. Ces effets, dus à un bronzage que personne ne connaît en France, donnent aux œuvres de M. de Kress un cachet éminemment pittoresque. C'est le même résultat que l'on remarque aussi dans la *Danse des Willis*, où la lune reflétée dans l'eau produit un jeu de lumière des plus heureux.

Objets d'art en argent galvanique.—Des objets d'art obtenus en cuivre, nous passons aux reproductions galvaniques formées par un dépôt d'argent. Il importe de bien distinguer ces produits de ceux qui consistent simplement en un dépôt de cuivre, ultérieurement recouvert, par la pile de Volta, d'une légère couche d'argent. Il ne s'agit pas, en effet, ici d'une simple argenture, mais d'une véritable précipitation d'argent métallique, à toute épaisseur, que l'on obtient en décomposant, par le courant voltaïque, un bain de cyanure d'argent.

L'art d'obtenir des dépôts galvaniques d'argent constitue dans l'orfévrerie une branche toute nouvelle, et qui a été jusqu'ici fort peu cultivée en France, par suite des difficultés qu'avaient cru pouvoir élever à cet égard les détenteurs du procédé breveté d'argenture par la pile, aujourd'hui tombé dans le domaine public. Si l'on en excepte une belle *Coupe de chasse*, due à M. Gueyton, on ne trouvait presque rien à l'Exposition française qui se rapportât à la galvanoplastie d'argent. C'est donc à l'étranger qu'il faut aller chercher ces beaux spécimens.

MM. Elkington et Mason, de Birmingham, avaient exécuté en argent galvanique plusieurs pièces fort remarquables; mais le chef-d'œuvre en ce genre, et ce qui représentait aussi le chef-d'œuvre de la collection galvanoplastique de l'Exposition tout entière, nous était venu de Berlin. C'est un bas-relief dû à M. Wollgold, admirable par son éclat, par le fini de son exécution, par son charme artistique. Cette pièce, de 5 pieds de longueur sur 3 et demi de large, a été offerte par la ville de Berlin au prince de Prusse, à l'occasion de son mariage; elle a été payée 40,000 francs. Elle se compose de la réunion de plusieurs figurines en haut relief, d'un demi-pied de hauteur : un petit nombre seulement de ces figurines, celles qui montrent le plus de relief, paraissent rapportées. M. Wollgold avait également exposé plusieurs pièces d'argent galvanique, de dimensions moindres, mais tout aussi remarquables sous le rapport de l'art ; c'étaient des gobelets d'argent à tête de chien, des coupes, des coffrets, etc.

A côté des œuvres si remarquables de M. Wollgold, de Berlin, on peut citer, comme rivalisant de perfection avec elles, les produits en galvanoplastie d'argent de M. L. Schuch, de Vienne. Le bouclier en argent oxydé du général O'Donnell, et un vase sculpté commandé par l'empereur d'Autriche, sortis des ateliers de M. Schuch, étaient d'une exécution véritablement merveilleuse, et constituaient une des plus belles reproductions galvaniques de l'Exposition.

Les remarquables qualités des produits exécutés à Berlin et à Vienne, par MM. Wollgold et Schuch, font vivement regretter que la galvanoplastie d'argent soit encore si peu répandue en France. D'après les gens de l'art, la galvanoplastie d'argent est celle qui est appelée à offrir le plus de ressources à l'orfévrerie. On comprend, en effet, qu'il suffit de se procurer par la fonte et la ciselure un seul modèle irréprochable ; grâce aux procédés électro-chimiques, ce premier type peut être indéfiniment reproduit, ce qui économise le travail si difficile de ciselure qu'exige aujourd'hui la confection de chaque pièce d'orfévrerie. Espérons que les artistes français ne tarderont pas à entrer dans une voie qui paraît si riche d'avenir.

Cet examen rapide d'une partie des produits galvanoplastiques de l'Exposition, suffit déjà pour montrer que la galvanoplastie est entrée d'une manière sérieuse dans le domaine industriel. Issus du laboratoire des savants, les procédés électro-chimiques ne servaient, il y a peu d'années, que comme délassement à quelques amateurs des sciences. On voit qu'ils commencent aujourd'hui à jouer un rôle important dans l'industrie des métaux. Les reproductions galvanoplastiques d'objets d'art exécutés en cuivre, trouvent dans le commerce un placement avantageux ; d'un autre côté, les procédés galvanoplastiques fournissent, dans certains cas, avec une économie notable, un auxiliaire utile aux travaux de l'orfèvrerie ; enfin, la galvanoplastie d'argent paraît appelée à fournir bientôt des résultats plus remarquables encore à cette partie des arts industriels.

Application de la galvanoplastie à la typographie et à la gravure. — Le conseiller L. Auer, directeur de l'imprimerie impériale de Vienne, s'est occupé spécialement, dans ces dernières années, d'appliquer aux différentes branches de la typographie les procédés issus des découvertes de la science moderne. La photographie, la galvanoplastie, l'impression chimique, etc., sont largement mises à profit dans cet établissement remarquable, qui s'est fait un honneur de démontrer, par des résultats pratiques, l'utilité des inventions scientifiques de notre temps. Dans une courte notice sur l'état actuel de l'imprimerie impériale de Vienne, M. Auer n'hésite pas à déclarer que, selon lui, la galvanoplastie est la découverte la plus importante dont l'imprimerie se soit enrichie depuis Gutenberg. Emanée de l'un des hommes les plus compétents sur cette matière, cette déclaration suffit pour faire comprendre l'intérêt que doit exciter l'introduction, dans cette sphère nouvelle, des procédés galvanoplastiques.

Peu de mots suffiront pour montrer l'importance des applications de la galvanoplastie à l'impression.

Les procédés électro-chimiques permettraient d'obtenir à peu de frais les caractères que le fondeur exécute, au moyen d'une matrice préparée à cet effet. Dans l'état actuel de l'industrie, les procédés qui sont en usage fournissent les matrices d'impression avec une économie qui rendrait superflue l'intervention de la galvanoplastie pour celles qui ne demandent qu'un médiocre travail de gravure. Mais il en est autrement quand il s'agit de caractères devenus rares, ou dont la complication rendrait dispendieuse l'exécution d'une matrice nouvelle. La galvanoplastie intervient dans ce cas avec des avantages marqués. Il suffit, en effet, de posséder quelques spécimens de ces caractères; les procédés électro-chimiques permettent de préparer, avec un seul d'entre eux, une matrice à l'aide de laquelle le fondeur peut ensuite fournir à très bas prix la série de caractères nécessaires à l'imprimeur.

Parmi les produits de l'imprimerie impériale de l'Autriche, on remarquait un grand nombre de ces reproductions galvaniques de matrices rares ou épuisées; il suffisait d'examiner les épreuves tirées à l'aide de ces caractères, pour reconnaître l'étonnante perfection avec laquelle on avait reproduit le type primitif.

L'Imprimerie impériale de France, qui n'a accueilli qu'assez tardivement les nouveaux procédés empruntés à la science moderne, commence néanmoins à entrer à son tour dans la voie si heureusement tracée par nos voisins. Elle avait présenté à l'Exposition les matrices suivantes, obtenues par le procédé galvanique : 1° Un échantillon de groupes chinois tirés sur des gravures sur bois; — 2° trois corps de lettres à talon, pour traites et mandats sur le trésor (les poinçons gravés sur cuivre ne pouvaient donner que des matrices de plomb d'un usage limité à a production d'une cinquantaine d'exemplaires au plus); — 3° un corps de palmyrénien et un corps de phénicien, pris sur l'alphabet unique, en plomb, que possédait l'Imprimerie impériale; — 4° une série d'écussons et d'armoiries tirés de gravures sur bois; — 5° une série de vignettes destinées à l'impression d'encadrements en or et en couleurs.

C'est avec satisfaction que l'on a vu figurer ces spécimens parmi les produits de notre imprimerie impériale, puisqu'ils dénotent la pensée de poursuivre, dans l'avenir, l'emploi des procédés empruntés à nos sciences. Ces moyens sont peut-être, en effet, destinés à régénérer l'art de l'imprimerie, et à le mettre, sous ce rapport, en harmonie avec les autres branches de l'industrie moderne, qui doivent à l'application des sciences physiques leurs progrès les plus sérieux.

Si la typographie peut espérer de grands avantages des procédés galvanoplastiques, l'art de la gravure a déjà retiré, on va le reconnaître, d'importants secours de leur emploi.

Personne n'ignore qu'après avoir servi à un certain tirage, une planche de cuivre ou d'acier est épuisée, et ne donne plus que des épreuves imparfaites. Or, la galvanoplastie permet de reproduire et de multiplier à volonté une planche qui vient d'être gravée par la main de l'artiste; la difficulté qui avait jusqu'ici forcément limité le tirage des gravures se trouve donc annulée.

Deux procédés sont employés pour reproduire, par la galvanoplastie, une planche de cuivre sortant des mains de l'artiste. On peut prendre, avec la gélatine ou la gutta-percha, une contre-épreuve de cette planche. Plaçant ensuite dans un bain de sulfate de cuivre, ce moule, préalablement rendu conducteur de l'électricité par une légère couche de plombagine, on obtient une planche de cuivre parfaitement identique avec le type primitif. Ce premier moyen donne des résultats suffisants pour reproduire des planches d'un travail qui n'est pas extrêmement délicat. Mais s'il s'agit de multiplier, par l'électro-chimie, une planche en taille-douce ou en relief, d'un travail très perfectionné, et sur laquelle le burin de l'artiste a épuisé toutes les ressources de l'art, aucun procédé de moulage ne saurait donner de résultat satisfaisant. Il faut alors, sans craindre de détériorer et de compromettre une œuvre précieuse, qui a pu coûter des années entières de travail, plonger la planche même dans le bain électro-chimique. Ce procédé hardi est aujourd'hui employé en Allemagne et en France avec un succès incontestable. Disons seulement que l'on a la précaution, en Allemagne, de recouvrir la planche placée dans le bain, d'une légère couche d'un corps gras destiné à prévenir l'adhérence de la reproduction galvanoplastique avec l'original, et à faciliter, après l'opération, la séparation du moule d'avec la copie. Mais, quelque légère que soit la couche de ce corps gras, elle a l'inconvénient de provoquer, à la surface des planches matrices et des reproductions, un léger grain où vient se loger le noir d'imprimerie, ce qui a pour résultat, au moment du tirage, de voiler les blancs de l'épreuve. Ce défaut était très reconnaissable, en effet, sur les épreuves des planches galvanoplastiques qui figuraient parmi les produits de l'exposition de Vienne au palais de l'Industrie.

M. Hulot, graveur à la Monnaie de Paris, reproduit une planche de cuivre ou d'acier, plongée directement dans le bain électro-chimique, sans faire usage d'aucun corps gras pour prévenir l'adhérence. C'est grâce à des précautions particulières, que M. Hulot obtient, pour la reproduction des planches gravées, les résultats admirables qui lui ont assuré le premier rang parmi tous les artistes de l'Europe qui se consacrent à ces sortes de travaux.

On pouvait se convaincre de la perfection que permettent d'atteindre les procédés de M. Hulot, en examinant, à l'Exposition, la reproduction galvanique d'une planche originale de M. Henriquel Dupont, représentant une *Vierge de Raphaël*. Cette planche a déjà tiré 500 belles épreuves, résultat important à constater, car les planches galvaniques ordinaires ne peuvent donner que de 200 à 300 belles épreuves, le cuivre, précipité par les moyens qui sont généralement en usage, n'offrant pas une dureté, une cohésion suffisantes. Au contraire, les procédés de M. Hulot fournissent un cuivre galvanique d'une pureté et d'une dureté extraordinaire.

C'est à M. Hulot que le Gouvernement et l'administration de la Banque de France confient le soin d'exécuter les planches qui servent au tirage des timbres-poste, des cartes à jouer et des billets de banque. Les procédés électro-chimiques jouent un rôle dans la confection et dans la multiplication de ces clichés précieux, et c'est grâce à la galvanoplastie que l'on peut suffire à un tirage qui, pour les timbres-poste, par exemple, peut s'élever, dans quelques jours, à des dizaines de millions. Mais quelques détails sur ce sujet ne paraîtront pas ici dépourvus d'intérêt.

Après la révolution de février, dans un moment où le numéraire était excessivement rare, le ministre des finances demanda à la Banque de France l'émission d'un grand nombre de petites coupures de billets de Banque, afin de faciliter le service du

Trésor et de répondre aux besoins de la circulation. Mais la Banque ne pouvait satisfaire à cette demande, n'ayant qu'un seul type pour l'impression des billets de 200 francs, et n'en possédant aucun pour des coupures plus petites. En effet, une planche ou type de billet de banque, qui revient à environ 25,000 fr., demande ordinairement de dix-huit mois à deux ans de travail pour la gravure typographique sur acier, dite *en taille de relief*. Quel que soit son talent, un graveur ne peut jamais parvenir à se copier exactement lui-même. Il n'existait donc, en 1848, aucun moyen rigoureux de multiplier, dans un court intervalle, le type unique que possédait la Banque de France pour le billet de 200 francs, et d'exécuter les coupures de 100 francs qui lui étaient demandées. Il fallait improviser des types de billet de 200 francs et de 100 francs. Pressée par les exigences du moment, la Banque fut obligée d'émettre les billets verts de 100 francs, composés et tirés par la maison Firmin Didot. Mais ces billets ne portaient pas les enseignes de la Banque de France, et n'offraient point les garanties des billets ordinaires; leur contrefaçon n'était pas impossible et l'événement le prouva. On s'adressa alors à M. Hulot, qui, bien avant cette époque, en 1840, avait été désigné par M. Persil pour concourir à des expériences sur les contrefaçons des monnaies par la galvanoplastie, et qui, plus tard, en 1846, avait été chargé de multiplier, par les procédés électro-chimiques, les types des cartes à jouer pour les contributions indirectes. M. Hulot put graver et multiplier, en deux mois, le billet actuel de 100 francs. Grâce aux moyens qu'il emploie, vingt-quatre reproductions du billet de banque, ainsi que son type original, ne reviennent qu'au prix d'un billet gravé par les procédés ordinaires de gravure. Au moyen de ces multiplications, la Banque pourrait, en six mois, tirer plus de billets qu'elle n'en a produit en vingt ans avec un type unique.

Quand la réforme postale fut accomplie en France, en 1848, et qu'elle dut être mise à exécution, l'ingénieur anglais Perkins demandait au ministre des finances six mois pour lui fournir des timbres-poste à 1 franc la feuille de 240 timbres, c'est-à-dire à un prix très élevé, et il ne restait pas trois mois à l'administration pour exécuter la loi. Grâce à l'application des procédés de M. Hulot, une économie considérable fut réalisée, et, huit jours avant l'époque où la loi devait être mise en pratique, il existait des timbres-poste dans toutes les communes de France, et il en restait huit à dix millions entre les mains de la direction générale.

Comme nous l'avons dit plus haut, la galvanoplastie est mise à profit pour l'exécution et la multiplication des clichés des timbres-poste, des billets de banque et des cartes à jouer. Mais la manière dont elle intervient dans ces opérations constitue une sorte de secret d'Etat. Bornons-nous à dire que c'est dans les beaux ateliers de la Monnaie de Paris que l'on peut se convaincre des prodiges que la galvanoplastie peut réaliser entre des mains habiles (1).

(1) Nous pensons qu'à ce propos le lecteur trouvera ici avec plaisir l'extrait suivant d'une lettre de M. Hulot adressée à M. Speiser, de Bâle. Cette lettre renferme de curieux et intéressants détails sur les procédés qui ont servi à la confection des clichés des timbres-poste, et sur les qualités spéciales que l'artiste a su donner aux timbres-poste français dans le but d'en prévenir la contrefaçon.

Extrait d'une lettre, adressée le 25 *septembre* 1851, *par* M. Hulot *à* M. Speiser, *à Bâle*. — « ..... La maison Perkins proposait au ministre des finances, en septembre 1848, d'organiser en six mois l'application de ses procédés, et lui faisait des conditions excessivement onéreuses. Mais la loi portant la réforme postale était exécutoire du 1er janvier 1849. Je pensai arriver en temps utile en appropriant mon système à ce travail; mes preuves d'ailleurs étaient faites par l'entière réussite des billets de la banque de France et des cartes à jouer. D'un autre côté je ne faisais aucune condition à l'administration, organisant les ateliers nécessaires à mes frais et promettant une économie de plus de 200,000 francs sur les frais de la première commande de la poste, calculée au prix de M. Perkins. Le ministre me chargea du travail.

» Les procédés dont je dispose se prêtaient également à la multiplication de tout genre de gravure en taille-douce comme en taille de relief; j'avais le choix entre l'impression en taille-douce et l'impression typographique. De nombreuses expériences faites autrefois à la demande de MM. les ministres des finances Humann et Laplagne sur la contrefaçon des timbres légaux, m'avaient démontré que la gravure en relief ou typographique est celle *qui offre le plus de garanties contre le faux*, en

Mais ce n'est pas dans les seuls ateliers de l'État que l'on peut étudier les résultats de la galvanoplastie appliquée à la reproduction des planches gravées. Notre Exposition était assez riche en produits de ce genre. C'est ainsi que l'Imprimerie impériale de France présentait quelques spécimens de gravures sur bois ou sur acier, dont les planches consistaient en clichés

admettant qu'elle soit exécutée dans certaines conditions spéciales, et imprimée de manière à rendre à la fois le report sur pierre lithographique et sur métal absolument impropre à produire des épreuves, et à paralyser complétement les procédés anastatiques, chimiques, électro-chimiques et photographiques, etc.

» Certain d'atteindre un tel résultat pour mes timbres, je m'arrêtai au système typographique. J'étais encore confirmé dans ce choix par l'exemple de la banque de France, dont les billets, en taille de relief, ne sont point contrefaits sérieusement, quand ceux en taille-douce des autres pays le sont si fréquemment et si facilement.

» Le coin type fut gravé en cinq semaines. Dans un temps égal, les ateliers de fabrication furent créés, et les planches portant 300 timbres exécutées. Quelques jours de tirage avec des presses à bras ordinaires, à raison de 1,200,000 timbres-poste par jour, me suffirent pour livrer à la direction générale des postes l'approvisionnement abondant de tous ses bureaux ; les timbres purent être répandus dans toutes les communes de France, en Corse et en Algérie, avant le 1er janvier 1849, bien qu'il en restât près de 10 millions en magasin.

» Les timbres-poste, aujourd'hui de cinq valeurs différentes, sont imprimés en couleurs distinctes, sur des papiers teintés en diminutif de la couleur de l'impression. L'impression noire est abandonnée dans un intérêt de service (le noir est réservé pour l'annulation).

» Le gommage des feuilles, qui s'opère d'une manière très simple, n'a rien de malsain ni de repoussant comme celui des *postage stamps* anglais. Il ne rend pas la gravure indistincte en la noircissant par la transparence du papier, comme cela arrive le plus souvent aux timbres-poste anglais, à ceux de l'Union américaine et d'ailleurs. Il adhère facilement et très parfaitement aux lettres, en conservant toujours beaucoup de flexibilité.

» *L'oblitération ou annulation*, qui se pratique dans les bureaux de poste à l'aide d'une encre typographique noire très commune, *est complète et entièrement à l'abri du lavage;* des expériences multipliées et très décisives l'ont prouvé.

» Un des caractères particuliers du timbre-poste typographique qui le ferait distinguer au premier coup d'œil de toute imitation par tout procédé de gravure, c'est la fermeté des tailles et du trait, et la netteté de l'impression ; ces qualités précieuses, qui font résister le papier et la gravure à

galvaniques. Les mêmes procédés commencent d'ailleurs à se répandre dans l'industrie parisienne. C'est une pratique consacrée depuis quelques années dans l'imprimerie, de faire reproduire par les moyens électro-chimiques, les gravures sur bois, ou en cuivre, destinées aux ouvrages illustrés; en multipliant, par des clichés galvaniques, les types de la planche primitive, on

l'action noircissante du gommage et au froissement réitéré de la circulation, permettent toujours aux employés des postes et au public l'examen véritable des petites images. Ce caractère manque tout à fait aux timbres dus au système Perkins, dont la garantie consiste en beaucoup de finesse et de douceur, qualités inappréciables pour les employés et le public qui n'examinent pas à la loupe; et que la mauvaise fabrication remplace le plus souvent par un ton douteux et sali favorable à la contrefaçon. Ce défaut provient encore de l'imperfection du gommage, ou du moindre froissement entre des papiers et dans les poches.

» Avec quelque talent et de la patience, il est incontestable que le timbre en taille-douce peut être contrefait par la taille-douce ou par le report anastatique. Il n'est pas douteux, d'un autre côté, que toute contrefaçon de mes timbres typographiques est impossible par le report, et que toute imitation par un procédé de gravure en taille-douce quelconque ou de lithographie sera toujours reconnu à l'*aspect* seul, c'est-à-dire sans examen minutieux. La distribution de l'encre offre d'ailleurs un caractère essentiel et convaincant pour l'expert.

» La *gravure d'épargne* et en *relief* sur acier d'un timbre typographique présentant les garanties que je cherche, exige un graveur habile et expérimenté; on en compte peu en France, moins encore à l'étranger. Le graveur, auteur du type primitif, ne se copierait pas exactement, quel que fût d'ailleurs son talent.

» D'un autre côté, la contrefaçon par feuilles de timbres paraît seule capable de tenter la cupidité d'un faussaire habile; or, en admettant un type contrefait, il faudrait encore composer une planche; et *mon procédé est l'unique qui permette de multiplier* IDENTIQUEMENT *des planches en gravure d'épargne, comme celle des billets de la Banque de France, des cartes à jouer et des timbres-poste.* En outre, mes planches d'un seul morceau de métal, capables de *tirer plusieurs centaines de millions de timbres, sans altération, sont composées de timbres* espacés entre eux avec une rigueur toute mathématique et suivant des lignes absolument droites et perpendiculaires entre elles, *résultat que ne peut atteindre aucun moyen mécanique ou artistique connu.* Il y a donc lieu de penser et de dire que, si mon système typographique est supérieur au procédé de taille-douce sidérographique dans la pratique postale, il le dépasse également en garantie et sous le rapport économique, etc. »

assure le tirage d'un nombre illimité d'épreuves. Qu'il nous suffise, pour citer un exemple et montrer que ces procédés sont entrés d'une manière courante dans le domaine de la typographie, de dire que l'administration du *Magasin pittoresque* a fait reproduire par la galvanoplastie, sur les clichés qu'elle a conservés, toute la collection de cet ouvrage depuis l'année 1833. Ce soin a été confié à M. Coblence, artiste ingénieux et modeste, qui s'est fait remarquer depuis longtemps dans ce genre de travail.

L'imprimerie impériale de Vienne, qui s'est occupée avec tant de distinction des applications de la galvanoplastie à l'art de l'impression, est loin d'avoir négligé l'emploi des mêmes moyens pour la gravure. On trouvait parmi les produits de l'Autriche, un grand nombre de gravures sur bois et sur acier obtenues par la voie galvanique.

Il est une autre catégorie de produits galvanoplastiques présentés à l'Exposition par l'imprimerie de Vienne, qui méritent de nous arrêter, car ils sont encore fort peu connus en France : nous voulons parler de l'*impression naturelle*. On remarquait, dans différentes vitrines de l'imprimerie de l'Autriche, une série de planches de grandes dimensions, représentant des spécimens coloriés de divers objets d'histoire naturelle, des plantes entières, des fruits, des fleurs et différents organes végétaux, auxquels il faut joindre des plantes fossiles, des pétrifications d'animaux, etc. Ces produits, qui constituent un moyen d'étude intéressant et nouveau offert aux naturalistes, et qui ont été mis à profit, en Allemagne, pour un certain nombre de publications scientifiques, s'obtiennent à l'aide de l'original même qu'il s'agissait de reproduire ; c'est pour cela que l'on désigne sous le nom d'*impression naturelle* le procédé qui sert à les obtenir. Voici en quoi ce procédé consiste.

A l'aide d'un rouleau d'acier, on presse l'objet à reproduire sur une feuille de plomb; par l'effet de cette pression, tous les contours de cet objet se trouvent imprimés en creux sur le métal. Placée dans le bain galvanoplastique, la lame de plomb donne une première matrice qui reproduit en relief l'image qui existait en creux sur le plomb. Enfin, cette matrice, plongée dans un autre bain galvanoplastique, donne une reproduction du même dessin en creux, et forme ainsi une planche qui, par le tirage typographique ordinaire, fournit les épreuves sur papier représentant l'objet primitif dans ses détails les plus délicats. La reproduction des poissons et autres animaux fossiles s'obtient par le même procédé; seulement on remplace la feuille de plomb par un moulage à la gutta-percha. Les dentelles, les tissus à dessin clair et les ouvrages au crochet, peuvent être copiés de la même manière sur l'original même.

Une modification avantageuse de cette curieuse méthode de reproduction, consiste à faire déposer du cuivre sur l'objet naturel lui-même, placé dans le bain électro-chimique. Pour reproduire des objets dont les détails se transporteraient mal sur la feuille de plomb ou sur la gutta-percha, tels, par exemple, qu'une coupe transversale de bois fossile, d'un minéral, d'un quartz ou d'une agate, etc., on rend conductrice la surface de ces corps, grâce à une légère couche de plombagine, et on les place directement dans le bain de sulfate de cuivre. La précipitation du cuivre sur l'objet fournit un moule en creux qui sert directement au tirage typographique. Tous les spécimens de ce genre, qui avaient été exposés par l'imprimerie de Vienne, étaient coloriés par les procédés particuliers d'impression en couleur que l'on emploie à Vienne avec tant de supériorité.

L'intérêt qui s'attache aux produits, encore si peu connus parmi nous, de l'*impression naturelle*, nous engage à donner quelques détails sur l'origine de ce nouveau mode d'impression, qui a reçu de la galvanoplastie un perfectionnement si utile.

Les premières expériences pour employer la nature comme agent d'impression, remontent au commencement du dix-septième siècle. Les grandes dépenses qu'occasionnait alors la gravure sur bois avaient conduit plusieurs naturalistes à faire des essais, pour employer directement la nature elle-même comme moyen de reproduction. On trouve dans le *Book of art* d'Alexis

Pedemontanus, imprimé en 1572, les premières indications pour obtenir l'impression des plantes. Plus tard, un Danois, nommé Welkenstein, donna, comme on le voit dans les *Voyages de Monconys*, publiés en 1650, des instructions sur le même sujet. Le procédé de Welkenstein, bien connu aujourd'hui de la plupart des jardiniers et des collégiens, consistait à tenir la plante au-dessus d'une chandelle ou d'une lampe, de telle sorte qu'elle fût entièrement noircie par la fumée. En plaçant la plante ainsi noircie entre deux feuilles de papier, et frottant doucement au moyen d'un couteau d'ivoire, la suie venait imprimer sur le papier les veines et les fibres de la plante. Ajoutons que ce procédé si simple a reçu de nos jours un léger perfectionnement. On réduit en poudre impalpable un morceau de pastel de la couleur qui se rapproche le plus de celle de la plante, on en fait une pâte avec de l'huile d'olive ; on opère, comme précédemment, et les veines et les fibres de la plante viennent s'imprimer en couleur sur le papier blanc. On obtient ainsi de fort beaux résultats pour la copie de toutes les plantes vertes, et cette impression demeure ineffaçable (1).

C'est un artiste nommé Branson qui a eu le premier, en Allemagne, l'idée de reproduire par la galvanoplastie les images fournies par l'*impression naturelle*, dont la connaissance remontait, comme on le voit, à une époque éloignée. On doit à Leydoldt l'idée de reproduire, par la précipitation du cuivre,

(1) Mais le procédé qui a donné jusqu'ici les meilleurs résultats est celui de Félix Abate, de Naples. L'auteur désigne ce procédé sous le nom de *thermographie*, ou art d'imprimer par la chaleur. Voici en quoi ce procédé consiste. On mouille légèrement, avec un acide étendu d'eau ou un alcali, la surface des sections de bois dont on veut faire des *fac-simile*, et l'on en prend ensuite l'empreinte sur du papier, du calicot ou du bois blanc. D'abord cette impression est tout à fait invisible ; mais en l'exposant pendant quelques instants à une forte chaleur, elle apparaît dans un ton plus ou moins foncé, suivant la force de l'acide ou de l'alcali. On produit, de cette manière, toutes les nuances de brun, depuis les plus légères jusqu'aux plus foncées. Pour quelques bois qui ont une couleur particulière, il faut colorer la substance sur laquelle on imprime, soit avant, soit après l'impression, selon la légèreté des ombres du bois.

les objets de minéralogie, tels que les agates, les fossiles et les pétrifications, en les plaçant directement dans le bain électro-chimique. Enfin, c'est un autre artiste de l'imprimerie impériale de Vienne, M. Wörring, qui a mis à exécution les plans de Leydoldt et Haydinger, qui avaient les premiers employé les rouleaux d'acier et de plomb pour former l'empreinte de l'objet sur une lame métallique (1).

A côté des produits de l'*impression naturelle*, on voyait à l'Exposition, une dernière série d'œuvres galvanoplastiques dignes d'intérêt à bien des égards. Nous voulons parler de l'*Imprimerie à l'usage des aveugles*. C'est une belle chose, la science qui dévoile à notre esprit les ressorts cachés de tous les phénomènes de l'univers ; c'est une belle chose, l'industrie qui nous apprend à tirer le parti le plus utile des forces qui nous entourent; mais on leur reproche, non sans raison, peut-être, de trop laisser dans l'ombre le côté moral, l'un des plus beaux attributs de l'humanité. Que la science étende à l'infini le cercle de ses conquêtes; qu'entre ses mains, l'électricité obéissante se

(1) « L'impression naturelle, dit M. L. Aüer, dans une brochure publiée en 1853, intitulée *Découverte de l'impréssion naturelle*, est d'une grande importance, non-seulement pour la botanique, — car, outre des plantes, on a déjà copié aussi des insectes et d'autres objets, — mais encore pour beaucoup de branches industrielles, particulièrement pour la fabrication des tapis, des étoffes de soie, et pour les rubans.

» Voici le procédé qui est mis en pratique à l'imprimerie impériale de Vienne, pour obtenir la gravure des dentelles et objets analogues, tel qu'il est indiqué dans un rapport fait à la Chambre de commerce de cette ville, le 2 août 1852, par M. le secrétaire Holdans.

» On enduit le coupon original de dentelle, destiné à être copié, d'une mixture d'eau-de-vie et de térébenthine de Venise, et on le pose, tendu, sur une planche de cuivre ou d'acier bien polie. On y superpose ensuite une lame de plomb pur, également polie, et l'on fait glisser, à l'aide d'une presse, les deux planches renfermant l'échantillon de dentelle, entre deux cylindres, qui exercent momentanément une pression de 800 à 1000 quintaux. Aussitôt qu'on a détaché les planches, on reconnaît que le tissu de la dentelle s'est empreint dans la lame de plomb ; on l'en écarte avec précaution, et le dessin apparaît en creux sur la lame de plomb.

» Comme on veut obtenir, dans le but d'en tirer des imprimés, une

plie à tous nos désirs, qu'elle transforme la vapeur en un agent universel, propre à exécuter les travaux les plus délicats comme à triompher des plus formidables résistances, on admire de tels résultats, on s'étonne de leur grandeur. Mais combien la science nous paraît noble et touchante, quand elle applique ces mêmes moyens à adoucir les maux de nos semblables! Quel sentiment profond de reconnaissance s'élève en nos cœurs, lorsqu'après avoir créé, avec la photographie, toutes les merveilles qui nous charment, après avoir découvert de magiques propriétés dans l'action de la lumière, le savant vient à songer encore aux infortunés qui ne la voient pas!

De tous les malheureux qui souffrent sur cette terre, il n'en est pas de plus à plaindre que les aveugles; on ne peut réfléchir un instant à leur sort, sans ressentir une compassion profonde. De ces infortunés le nombre est d'ailleurs plus considérable qu'on ne l'imagine. Interrogez la statistique, elle vous dira qu'il existe en France 30,000 aveugles; on en trouve le même nombre dans les pays allemands, et la Hongrie en compte 24,000. Si vous passez en d'autres climats, la proportion est bien plus élevée encore : vous trouverez en Égypte 1 aveugle sur 150 habitants.

C'est de ce peuple d'affligés, épars dans les divers points du

planche très dure, il faut ensuite employer les procédés ordinaires de stéréotypie ou de galvanisation, par lesquels on peut multiplier, à l'infini, le nombre des planches destinées à l'impression.

» Comme on n'imprime par la presse typographique que des gravures en relief, il est clair que les planches stéréotypiques obtenues ayant le fond relevé, et le dessin de la dentelle en creux, le premier s'imprime avec une couleur quelconque, tandis que le dernier garde la couleur du papier qu'on y a employé.

» C'est là l'ensemble du procédé. Tout dessin, quelque compliqué qu'il soit, peut par là être multiplié à l'instant, de la manière la plus fidèle, dans les détails les plus délicats, et à un prix qui égale celui de l'impression ordinaire.

» S'il s'agissait d'objets qui pourraient être endommagés par cette méthode, on enduirait l'original d'une solution de gutta-percha et l'on se servirait de la forme de cette matière comme de matrice, dans le traitement galvanique, après l'avoir imprégnée d'une solution d'argent. »

monde, que le conseiller Aüer, directeur de l'imprimerie impériale de Vienne, s'est préoccupé en composant, par les moyens économiques de la galvanoplastie, une imprimerie en relief applicable à la lecture et à l'écriture. Après avoir étudié les principaux moyens d'impression à l'usage des aveugles, qui sont employés chez les divers peuples depuis que Valentin Haüy conçut cette idée ingénieuse et touchante, M. Aüer a composé une imprimerie très simple, grâce à laquelle un aveugle peut rapidement écrire, ou plutôt composer, des pages d'imprimerie, qui lui permettent d'exprimer sa pensée et de comprendre celle des autres. On a confectionné, d'après le même système, des caractères en langue orientale pour les aveugles, si nombreux, des régions asiatiques. Des signes de géométrie, des notes de musique, une série d'objets d'histoire naturelle, des plantes, des animaux, etc., propres à l'instruction, complètent cette collection curieuse, que l'on ne pouvait voir, au palais de l'Industrie, sans un vif sentiment d'intérêt. Grâce à cette imprimerie d'un genre spécial, on peut donner à tout malheureux privé de la vue le moyen de remplir le vide de son existence. Une seule personne attachée à ce travail peut, en copiant les pages de nos principaux auteurs, composer pour les aveugles une bibliothèque sans cesse renouvelée, et qui, sous leurs doigts agiles, semble leur rendre la lumière qui leur manque. Il n'y a pas en France de petit arrondissement qui n'ait aujourd'hui son imprimerie; serait-il impossible d'en donner une aux 30,000 aveugles qui languissent dans notre patrie?

Grâces vous soient rendues, honnête et bon conseiller, qui avez arrêté votre savante sollicitude sur des infortunes si dignes de la sympathie générale! Vous avez pensé qu'à une époque où la société étend sa main charitable jusque sur les coupables retranchés de son sein par suite d'écarts ou de crimes, il n'était pas inutile de songer aussi aux pauvres aveugles, qui n'ont rien fait pour mériter leur sort. Et votre inspiration fut heureuse, d'emprunter pour eux le secours de l'imprimerie, c'est-à-dire de la source la plus abondante de toute lumière morale.

Applications industrielles de la galvanoplastie. — Dans cet exposé de l'état actuel de la galvanoplastie, nous avons surtout considéré jusqu'ici les applications de l'électro-chimie à la sphère des arts industriels. Il nous reste à montrer les mêmes procédés près de passer dans l'industrie proprement dite. L'heure n'est peut-être pas éloignée, en effet, où ces moyens, primitivement empruntés aux laboratoires de la science, franchiront la barrière qui les sépare des grandes opérations métallurgiques, et permettront de préparer les masses de cuivre pur que l'industrie met en usage dans divers cas spéciaux.

Depuis quelques années, les ateliers galvanoplastiques fournissent en Allemagne les planches de cuivre pur nécessaires au travail du graveur. On remarquait, parmi les produits de l'imprimerie impériale de Vienne, une planche de cuivre provenant de cette origine. Le métal présentait la pureté, la cohésion de celui des meilleures fontes, et la dimension de cette plaque était de 5 pieds 1/2 de long sur 2 1/2 de large.

Un homme, dont le nom restera glorieusement attaché à la découverte des procédés électro-chimiques, et à qui l'on ne saurait contester l'honneur d'avoir introduit dans l'industrie française la dorure et l'argenture par la pile, qui remplacent aujourd'hui partout les anciens procédés, M. de Ruolz, a fait encore dans ces derniers temps une découverte d'une haute utilité. Il a trouvé le moyen d'obtenir, par l'électro-chimie, la précipitation des alliages métalliques, tels que le laiton et le bronze. Le laiton, par exemple, est un alliage de cuivre et de zinc; en faisant des mélanges dans des proportions convenables de sulfate de zinc et de cyanure de cuivre, on obtient une dissolution qui, décomposée par la pile, fournit un dépôt de cuivre et de zinc; et ces deux métaux, se combinant entre eux au moment de leur mutuelle précipitation, donnent naissance à du laiton. Cette découverte est, à nos yeux, l'une des plus remarquables et des plus originales de l'électro-chimie, car elle présentait, au point de vue théorique et pratique, de nombreuses difficultés, et son application à l'industrie est d'une haute importance.

Les procédés de M. de Ruolz pour la formation électro-chimique du laiton, sont mis en usage aujourd'hui, sur une échelle assez considérable, dans l'usine de M. Bernard, dont les produits figuraient à l'Exposition. M. Bernard obtient, par la pile, des dépôts de laiton, de cuivre, de zinc ou d'étain sur le fer. On réunit ainsi à l'économie de l'emploi du fer l'avantage de préserver de l'oxydation ce métal si altérable, en le recouvrant d'une couche protectrice de cuivre ou de zinc. Ces moyens permettent de fabriquer avec une notable économie des objets en fer cuivré, tels que clous, fils, pièces de construction et d'ornement, etc., etc., que l'usine de M. Bernard répand dans le commerce avec beaucoup d'avantages. Cette application spéciale de l'électro-chimie peut devenir extrêmement utile, et elle nous paraît très digne d'être encouragée. En Angleterre, une compagnie, celle de Coaldbrookdale, s'occupe de la production des mêmes objets. La fabrication des ustensiles usuels recouverts par la pile, d'une couche de laiton, a même reçu, de la part de cette compagnie, une très grande extension (1).

Mais pour se faire une idée de l'avenir qui attend la galvanoplastie dans ses applications industrielles, il faudrait visiter l'usine électro-métallurgique de M. Oudry. Là, en effet, l'objet principal, c'est de revêtir économiquement de cuivre, le bois, les métaux et toutes sortes de surfaces, entre autres les grandes pièces des machines. Les cuves de bois qui servent à contenir

(1) Nous trouvons dans un article du recueil anglais *Mechanic's Magazine*, l'indication des proportions relatives de sels de cuivre et de zinc qu'il faut employer pour obtenir les dépôts de bronze galvanique :

« Pour obtenir un dépôt de bronze au moyen de l'action galvanique, on emploie, dit le *Mechanic's Magazine*, une solution de cuivre et de zinc dans les proportions convenables pour le former ; mais comme le cuivre est plus électro-galvanique que le zinc, il se sépare plus facilement de ses dissolutions, en sorte que, pour obtenir ce dépôt simultané des deux métaux, il faut, ou retarder la précipitation du cuivre, ou accélérer celle

les dissolutions de sulfate de cuivre, ne peuvent dépasser certaines limites sans se rompre sous le poids du liquide; cette circonstance était donc un obstacle à la galvanisation des pièces de grande portée : M. Oudry a pris le parti de creuser dans le sol des fosses qui ont pu recevoir des moules de toute grandeur.

M. Oudry avait présenté à l'Exposition un modèle de bâtiment dont la coque avait été revêtue, à l'extérieur, d'une couche de cuivre. La galvanoplastie permet, en effet, de recouvrir économiquement d'une enveloppe de cuivre, les embarcations destinées à la mer. M. Oudry a déjà exécuté pour la marine quelques travaux de ce genre, et l'on peut affirmer qu'un jour viendra où, pour revêtir un navire de sa membrure métallique, on le fera entrer tout entier dans un bassin contenant une dissolution de sulfate de cuivre, et l'on opérera son doublage par l'électricité.

du zinc. Cette action a lieu quand le bain renferme beaucoup de zinc et peu de cuivre.

» Le docteur Heeren indique les proportions suivantes comme lui ayant parfaitement réussi :

Sulfate de cuivre.	1	1re dissolution.
Eau.	4	
Sulfate de zinc.	8	2e dissolution.
Eau.	16	
Cyanure de potassium . . .	18	3e dissolution.
Eau.	36	

» Les trois dissolutions étant étendues de 250 parties d'eau et mélangées ensemble, il se produit un léger précipité, qui n'influe en rien sur le dépôt, et qui, du reste, se redissout, soit par l'agitation, soit par l'addition d'un peu de cyanure de potassium. La liqueur est alors soumise à l'action de deux éléments de Bunsen, chargés d'acide nitrique concentré, mêlé à un dixième d'acide sulfurique.

» La dissolution étant chauffée jusqu'à l'ébullition, elle est placée dans un verre à pied où baignent les deux électrodes de la pile. On suspend l'objet à couvrir, qu'on a eu soin de bien décaper, au pôle positif, et une lame de bronze au pôle négatif.

» Lorsque la dissolution est chaude, le dépôt se forme rapidement. On a ainsi couvert d'une couche de bronze des objets de cuivre, de zinc, de laiton, de fer et de différents alliages. Mais on n'a pas réussi pour la fonte. »

Cette œuvre gigantesque ne présente, en effet, rien d'impossible. Un dépôt métallique peut être obtenu, tout aussi facilement et dans le même temps, sur un grand navire que sur une planche de 1 mètre carré de superficie. S'il fallait donc recouvrir de cuivre l'enveloppe extérieure d'un bâtiment, voici par quels moyens on y parviendrait. On commencerait par construire sur un fleuve ou sur une rivière navigable, à proximité de la mer, un bassin parfaitement *étanche*, capable de contenir un ou plusieurs navires. Une fois le navire introduit dans ce bassin, l'eau en serait épuisée à l'aide d'une machine à vapeur. Le navire étant sur cale, on le disposerait pour recevoir l'électricité, c'est-à-dire que l'on rendrait le bois conducteur par une couche de plombagine. Cela fait, à l'aide de la même machine à vapeur, on remplirait le bassin d'une dissolution saturée de sulfate de cuivre, tenue en réserve dans un bassin voisin, et l'opération suivrait son cours pendant un ou deux jours. On évacuerait alors le liquide, afin de reconnaître les places mal recouvertes de cuivre, et on les revêtirait de nouveau de plombagine avec le plus grand soin. On ferait alors rentrer la dissolution de sulfate de cuivre et l'opération s'achèverait. Une fois tout terminé, on rejetterait dans le réservoir le bain de sulfate de cuivre, et l'on appellerait l'eau du canal ou du fleuve destiné à remettre le navire à flot.

Les dépenses qu'entraînerait le dépôt électro-chimique du cuivre ne sont pas extrêmement élevées. Si l'on s'en rapporte à l'auteur de ce projet, l'augmentation de prix sur les procédés employés dans les chantiers actuels, varierait du tiers à la moitié, selon la superficie du navire et l'épaisseur à donner au métal. Or, d'après M. Oudry, la durée du doublage galvanique est trois à quatre fois supérieure à celle qui résulte du système ordinaire. On trouverait encore dans l'emploi de ce moyen divers avantages, tels que l'économie du temps que chaque navire doit consacrer, tous les deux ou trois ans, à son redoublage, la protection plus efficace du carénage et du calfatage, les voies d'eau évitées, etc. Rien ne semble donc s'opposer sérieusement à la réalisation de ce beau projet qui ferait honneur à la France.

Ainsi marchent, ainsi s'avancent d'un pas lent mais toujours sûr, dans la route du progrès, les inventions scientifiques de notre siècle. Après un début modeste, grâce à des perfectionnements sagement mesurés, elles finissent par atteindre à des proportions prodigieuses. On commence par imiter une médaille, on finit par envelopper un vaisseau. Faisons remarquer, en terminant, que, par la modestie de ses débuts, comparée à l'éclat de ses triomphes, la galvanoplastie contraste singulièrement avec d'autres créations de notre époque, qui, trop exaltées à leur origine, n'ont point répondu à des espérances prématurément conçues, et qui, après avoir commencé par promettre le vaisseau, n'ont enfanté que la médaille.

L'ART DE L'ÉCLAIRAGE

ET

SES APPLICATIONS.

Nous nous proposons de passer en revue les perfectionnements nouveaux introduits dans l'art de l'éclairage, d'après l'ensemble de produits et d'appareils relatifs à cet art qui figuraient à l'Exposition universelle. Nous n'avons pas besoin de dire que nous ne nous attacherons à considérer que ce qui représente une acquisition utile de la science ou de l'industrie, un progrès réellement applicable aux besoins de l'économie privée.

L'ordre des objets que nous devons passer en revue étant assez indifférent en lui-même, nous examinerons successivement :

1° L'éclairage par les corps gras liquides, c'est-à-dire l'éclairage au moyen des lampes ;

2° L'éclairage par les matières solides, c'est-à-dire au moyen des bougies dites *stéariques ;*

3° L'éclairage par le gaz ;

4° L'éclairage électrique.

LAMPES.

D'après les résultats de l'Exposition, l'éclairage au moyen de lampes à huile était celui qui se présentait avec le plus faible contingent de progrès, si l'on se reporte du moins à une époque peu éloignée. La lampe *Carcel*, et la lampe dite *à modérateur*, sont les seules dont nous nous occuperons ici, car si quelques autres systèmes de lampes figuraient à l'Exposition, il est hors de doute qu'ils ne présentaient aucun avantage sur ces derniers appareils.

Les lampes mécaniques, dont la lampe Carcel a été le premier, et l'on peut ajouter le plus parfait type, sont nées de la nécessité, qui fut promptement reconnue, d'obtenir un appareil d'éclairage ne projetant aucune ombre. Le physicien de Genève, Ami Argand, en imaginant, à la fin du siècle dernier, la cheminée de verre et les mèches circulaires, avait créé l'art de l'éclairage, qui n'avait pas existé jusqu'à cette époque. Grâce à cette invention mémorable, l'art d'appliquer à l'éclairage la combustion des corps gras liquides, fit plus de progrès en quelques mois qu'il n'en avait fait depuis l'origine des sociétés. Mais comme on ne pouvait réaliser tous les progrès à la fois, les dispositions adoptées pour les lampes, après la découverte d'Argand, étaient fort défectueuses. Le classique *quinquet* fut le premier appareil d'éclairage qui reçut l'application des cheminées de verre, et l'on connaît l'inconvénient principal qu'il présentait. Le réservoir d'huile était supérieur au bec; placé dans la sphère de rayonnement du foyer, ce réservoir projetait nécessairement une ombre, de telle sorte que ces lampes n'éclairaient pas partout uniformément; elles laissaient un espace obscur correspondant à la surface du réservoir. Aussi était-on obligé de les fixer contre le mur. Dans les appartements, le réservoir latéral était disgracieux par sa forme et nuisible par l'ombre qui en résultait.

Les divers essais que l'on fit dans l'origine, pour atténuer ce grave inconvénient, ne furent pas heureux. Plusieurs de nos lecteurs ont fait usage de la *lampe astrale*, inventée par Bordier-Marcet, qui avait succédé à Argand dans la manufacture de Versoix. L'inventeur de cette lampe avait voulu, en disposant le réservoir d'huile circulairement autour du bec, et en entourant le verre d'un globe dépoli, neutraliser, sinon détruire, l'ombre du réservoir et des conduits. Mais ce résultat n'était obtenu qu'en partie et au prix d'un affaiblissement de la lumière.

Pour parer au vice capital de la projection de l'ombre du réservoir, et en même temps pour maintenir à un niveau constant l'huile amenée au bec, il fallait parvenir à placer le réservoir d'huile au pied de la lampe, et élever, de ce réservoir, l'huile jusqu'au bec, afin de fournir constamment à la mèche la quantité d'huile nécessaire à la combustion.

Ce fut un horloger de Paris, nommé Carcel, qui résolut cet important problème. Il plaça le réservoir d'huile à la partie inférieure de la lampe, et disposa tout auprès un mécanisme d'horlogerie, qui faisait mouvoir une petite pompe foulante dont le piston élevait constamment l'huile jusqu'à la mèche. On tendait le ressort au moyen d'une clé.

Les dispositions mécaniques employées par Carcel pour élever l'huile jusqu'au bec étaient aussi ingénieuses qu'élégantes; aussi n'a-t-on rien changé, depuis l'inventeur, au principe de sa lampe. Les rouages d'horlogerie qu'il avait adoptés ont toujours été conservés; les perfectionnements qui furent apportés à ce système, quand il tomba, à l'expiration du brevet, dans le domaine public, ne concernaient, en effet, que des points secondaires du mécanisme.

Le plus important de ces perfectionnements fut introduit dans la lampe Carcel par M. Gagneau, qui eut l'idée excellente de substituer deux pompes foulantes à la pompe unique dont Carcel avait fait usage. Dans la *lampe Gagneau*, on fait usage de deux pompes qui chassent l'huile dans le même conduit; avec cette adjonction, le mouvement d'ascension de l'huile a beaucoup plus de régularité et présente moins de saccades que n'en présentaient les lampes construites dans l'origine par Carcel. Dans les *lampes Gagneau*, comme dans les lampes de M. Gotten, un mouvement d'horlogerie fait mouvoir alternativement deux tampons qui viennent frapper le fond de deux petits sacs de baudruche, et en font sortir l'huile qui s'y introduit par son propre poids, en soulevant une soupape. Mais au lieu de se rendre directement au bec, comme dans la lampe Carcel, l'huile pénètre dans un petit réservoir plein d'air, et cet air, comprimé par l'arrivée de l'huile, oblige le liquide éclairant à s'élever dans l'intérieur d'un tube vertical qui l'amène jusqu'au bec où il doit être brûlé.

Carcel ne tira qu'un médiocre parti de sa découverte. Comme la plupart des auteurs de ces inventions utiles auxquels nous devons les facilités et les aisances de la vie actuelle, il laissa à d'autres les profits et le bénéfice de ses travaux. Il mourut en 1812, accablé d'infirmités. La vie n'avait été pour lui qu'une longue et pénible lutte. Lorsqu'il dut prendre le brevet qui devait lui assurer la propriété de son nouvel appareil, et lui permettre d'en commencer l'exploitation, il eut besoin, pour trouver les fonds nécessaires, de recourir à un associé. Ce fut le pharmacien Carreau qui s'adjoignit à lui; aussi, le brevet qui fut délivré, le 24 octobre 1800, à l'inventeur de la lampe mécanique, porte-t-il les deux noms de Carcel et Carreau. Mais ce dernier n'avait été pour rien dans la découverte. Son intervention dans l'entreprise ne fut pas pourtant sans utilité. Tourmenté par ses infirmités continuelles, Carcel se serait laissé détourner de ses travaux, et n'aurait pu atteindre peut-être le but qu'il s'était proposé, sans les incitations et les encouragements de son ami. Cependant le terme de l'expiration du brevet arriva, sans avoir apporté de bénéfices importants aux deux associés. Carcel mourut peu de temps après.

Dans la rue de l'Arbre-Sec, derrière l'église Saint-Germain-l'Auxerrois, on voit encore l'ancien établissement de Carcel, dirigé aujourd'hui par l'un des derniers membres de sa famille, et qui porte pour enseigne : *Carcel, inventeur*. Dans l'étalage de cette modeste boutique, est un instrument qui présente un grand intérêt pour l'histoire des inventions de notre époque. C'est le premier modèle de lampe mécanique que Carcel avait construit. L'air chaud, qui se dégage de la cheminée du verre de la lampe, y sert à mettre en action le mécanisme par lequel l'huile est élevée jusqu'au bec. Sur une autre lampe, se trouve une horloge, construite aussi par Carcel, et dont les aiguilles sont mises en action par le même mécanisme qui sert à élever le liquide combustible. On ne peut voir sans ressentir un attendrissement secret, ce curieux témoignage des premiers efforts d'un inventeur à qui nous devons tant. Il existe, auprès de l'un de nos ministères, un *comité de conservation des monuments historiques*, qui a pour mission de veiller à la conservation des restes mutilés des monuments antiques. Un temps viendra où les nations se feront un pieux devoir de recueillir et d'honorer les débris précieux où revivra le souvenir des travaux qui ont concouru au perfectionnement et au bonheur de l'humanité. Et combien cet héritage serait plus touchant à contempler pour les générations actuelles, que les monuments d'une époque barbare et justement oubliée !

Malgré les perfectionnements qu'elle a reçus à notre époque, la lampe Carcel présente certains inconvénients que chacun a reconnus. Sous le rapport de l'intensité de la lumière et de la beauté de l'éclairage, la lampe à mouvement d'horlogerie est sans doute un appareil irréprochable ; mais elle est toujours d'un prix élevé, ce qui s'oppose invinciblement à ce qu'elle devienne jamais d'un usage populaire. Son mécanisme est délicat et fragile, ce qui oblige presque annuellement à un nettoiement coûteux. Quand on la livre à plus bas prix, elle exige des réparations fréquentes, qui ne peuvent être exécutées que par des ouvriers spéciaux dans quelques grandes villes. Le mouvement d'horlogerie appliqué à la lampe est sujet aux mêmes dérangements que celui des pendules, puisqu'il est presque identique avec ce dernier. Les inconvénients sont même plus grands dans cette application particulière. Dans une pendule, en effet, il suffit que le mouvement ait la force nécessaire pour vaincre le frottement des rouages et faire mouvoir les aiguilles, qui n'opposent, en raison de leur légèreté, qu'une résistance presque nulle. Dans la lampe Carcel, le mécanisme doit mettre en jeu, au lieu d'aiguilles qui n'offrent aucune résistance, des pompes qui absorbent presque toute la force du moteur. Aussi, au moindre obstacle produit par l'épaississement de l'huile contenue dans le réservoir, ou par celle qui peut suinter à travers la couche de cire qui sépare l'huile du mécanisme, la résistance survenue dépasse la puissance, et le mouvement s'arrête.

Dans aucune des lampes appartenant au système Carcel, et qui ont été présentées à l'Exposition, on n'a pu constater de progrès notable en ce qui touche ce vice capital. C'est qu'en effet, cet inconvénient est lié d'une manière nécessaire au mécanisme d'horlogerie dont on fait usage. Aussi a-t-on toujours inutilement essayé de le combattre, et l'on peut avancer, sans hardiesse, que la lampe Carcel, où l'on emploie un mécanisme qui a été depuis longtemps perfectionné pour l'usage des pendules, jouit aujourd'hui de tous les perfectionnements que comporte son système.

On a fait de très nombreuses recherches pour substituer aux lampes Carcel, d'un mécanisme compliqué et délicat, et par conséquent d'un prix élevé, un système plus économique et pouvant atteindre le même but, c'est-à-dire susceptible de distribuer la lumière sans projeter aucune ombre. On est parvenu, par divers moyens, à conserver le réservoir d'huile à la partie inférieure de la lampe, tout en simplifiant le mécanisme destiné à provoquer l'ascension du liquide. La *lampe hydrostatique* due à Philippe de Girard, l'inventeur de la filature mécanique du lin, reprise et perfectionnée plus tard par M. Thilorier, a joui quelque temps d'un grand succès, en raison de l'éclat de la lumière qu'elle fournissait et de la modicité de son prix. Mais ce succès n'a pas été durable. Le mécanisme des lampes hydrostatiques, s'il était économique, était tout aussi sujet que celui de la lampe Carcel à des dérangements, et par suite de sa complication, il était difficile d'y faire exécuter des réparations quand elles devenaient nécessaires.

Ce qui a toutefois contribué surtout à arrêter le succès des lampes hydrostatiques, c'est la découverte de la lampe dite *à modérateur*, dans laquelle le mécanisme d'horlogerie des carcels se trouve remplacé par un simple ressort à boudin qui fait descendre un piston, lequel, par sa pression, élève l'huile dans l'intérieur d'un tube vertical plongeant dans le réservoir.

La découverte de la lampe à modérateur remonte à l'année 1836. Elle est due à un mécanicien français, M. Franchot, homme d'un mérite éminent, qui est resté longtemps refoulé et méconnu, mais que l'on commence, depuis quelques années, à apprécier et à comprendre.

Pas plus que son digne prédécesseur Carcel, M. Franchot n'a tiré parti pour lui-même d'une découverte qui a enrichi des centaines de fabricants et rendu au public un service d'une incomparable étendue. Ce n'est donc accorder à cet honorable inventeur que la plus stricte justice, que de proclamer ses droits à une découverte dont on a vainement essayé de lui contester le mérite. L'Académie des sciences a, d'ailleurs, rendu à M. Franchot un hommage digne et mérité, en lui décernant, en 1854, le grand prix de mécanique de la fondation Montyon, pour sa découverte de la lampe à modérateur et ses travaux sur les machines à air chaud.

Essayons d'indiquer en quoi consiste le mécanisme de la lampe à modérateur, et les particularités de sa construction qui lui ont attiré le nom sous lequel on la désigne.

Le réservoir d'huile est placé à la partie inférieure de la lampe, dans une enveloppe cylindrique. A l'intérieur de ce réservoir, et occupant toute sa capacité, est un piston qui joue à frottement contre ses parois, comme le piston d'une pompe à eau. Ce piston est fabriqué avec du cuir *embouti*, c'est-à-dire recouvert d'une enveloppe métallique. Un ressort contourné en spirale, un *ressort à boudin*, est fixé à la tête de ce piston. Lorsque, à l'aide d'une clé extérieure, on a tendu ou monté ce ressort, ce dernier, se détendant peu à peu par l'effet de son élasticité, fait descendre lentement le piston dans l'intérieur du corps de pompe. A mesure qu'il s'abaisse, celui-ci exerce sur l'huile contenue dans le réservoir une pression continuelle, qui force le liquide à s'élever dans le tuyau d'ascension, et le porte ainsi jusqu'à la mèche où sa combustion s'effectue.

Mais à mesure que le piston descend de cette manière dans le corps de pompe, la tension du ressort doit nécessairement diminuer, et par conséquent la pression exercée sur l'huile devenir plus faible. D'un autre côté, par suite du même abaissement du piston, la hauteur à laquelle il faut élever l'huile devient plus grande, puisque la longueur du tuyau se trouve augmentée. Ces deux causes concourent donc à diminuer la vitesse d'ascension du liquide dans le tuyau, ce qui rend inégale l'arrivée de l'huile au bec de la lampe.

Il fallait remédier, par une disposition particulière, à cet inconvénient capital; il fallait régulariser et rendre uniforme le mouvement ascensionnel de l'huile pendant toute la durée de la détente du ressort. L'artifice mécanique qui fut imaginé par M. Franchot pour arriver à ce résultat, est des plus ingénieux et voici en quoi il consiste. *Dans l'intérieur même du tube d'ascension de l'huile*, on place une tige métallique qui se trouve fixée au piston, et qui, par conséquent, marche avec lui et suit tous ses mouvements. Pendant les premiers temps de la détente du ressort, cette tige métallique remplit presque toute la capacité intérieure du tube d'ascension de l'huile : elle offre, par conséquent, au passage du liquide un obstacle qui a pour résultat de diminuer la quantité d'huile portée à la mèche. Mais à mesure que le piston descend, cette tige, qui descend avec lui, laisse au passage de l'huile un espace qui devient progressivement plus grand, et permet l'arrivée d'une quantité d'huile de plus en plus considérable. Ainsi, l'abaissement successif de cette tige dans l'intérieur du tube d'ascension, dont elle occupait d'abord presque toute la capacité, a pour résultat de compenser l'affaiblissement que subit la force du ressort moteur à mesure qu'il se détend. Cette tige métallique porte donc, à juste titre, le nom de *compensateur* ou de *modérateur*. C'est de là qu'est venu le nom de *lampe à modérateur* donné à l'ingénieux appareil de M. Franchot.

Nous n'avons pas besoin de dire que les lampes de ce système sont aujourd'hui d'un usage universel. La régularité de leur marche, la facilité avec laquelle les lampistes ordinaires peuvent les construire, enfin leur bas prix, qui résulte de la simplicité de leur mécanisme, les ont fait accepter partout, non-seulement en France, mais dans tous les autres pays de l'Europe. Elles remplacent presque universellement, aujourd'hui, non-seulement les lampes Carcel, mais même les lampes d'une construction plus simple, c'est-à-dire celles où le réservoir est supérieur au bec, telles, par exemple, que les lampes dites *de bureau*. Une lampe modérateur n'est pas plus chère que la lampe la plus ordinaire appartenant à ce dernier système; on n'a donc pu hésiter à lui accorder la préférence. La fabrication des lampes à modérateur se fait aujourd'hui sur une échelle immense; elle constitue l'une des branches les plus florissantes du commerce de Paris.

On n'a pu reconnaître, à l'Exposition universelle, parmi les produits envoyés par les divers pays, aucun perfectionnement de la lampe à modérateur qui fût digne d'être signalé.

Si nous voulons, pourtant, faire connaissance avec une invention nouvelle et, tout au moins, curieuse, qui se rapporte à l'éclairage au moyen de l'huile, il faut nous transporter dans un des coins les plus obscurs de l'Annexe. Nous y trouverons la *lampe économique* de M. Jobard, que nous voudrions voir désigner sous le nom, plus significatif encore, de *lampe du pauvre*.

Jusqu'à ces derniers temps, l'attention des physiciens industriels s'est dirigée sur les grandes lampes de salon et les jolies veilleuses des boudoirs ; mais la lampe intermédiaire, la lampe de la petite propriété n'a fait aucun progrès, parce que cet objet semblait peu digne, sans doute, d'arrêter les méditations d'un savant, ou parce qu'on ne croyait pas qu'il fût possible de faire brûler longtemps, sans un appareil mécanique, de l'huile dont la combustion ne s'accompagnât d'aucune fumée, d'aucune odeur désagréable.

Ces petits problèmes ont été résolus par l'appareil de M. Jobard.

Les paysans de nos contrées méridionales se servent, pour s'éclairer, d'un globe de verre rempli d'huile, dans lequel plonge une mèche placée au centre du réservoir. Quelquefois ce réservoir a plusieurs becs, et l'on peut alors, en brûlant trois ou quatre mèches sur la même lampe, obtenir une illumination plus vive : c'est l'éclairage des soirs de fêtes, des réunions de famille, ou des longues soirées de travail en commun. Ce mode d'éclairage, qui doit remonter aux temps les plus anciens, est essentiellement économique et simple. Seulement, lorsque par le progrès de la combustion, l'huile vient à baisser dans le réservoir, la capillarité devient insuffisante pour élever jusqu'à la mèche la quantité nécessaire du liquide combustible ; l'éclairage languit et il se forme des champignons sur la mèche ; l'huile est dès lors dépensée sans profit, car elle est détruite et se consume sans éclairer.

C'est ce patriarcal système que M. Jobard a perfectionné. Sa *lampe économique* n'est autre chose que la veilleuse, mais la veilleuse améliorée par un physicien observateur. Elle se compose, tout simplement, d'un verre à pied, dans lequel on verse de l'huile ; un porte-mèche, fixé aux parois du verre par une queue à ressort, fait plonger la mèche dans le liquide. Le vase de verre est fermé à sa partie supérieure par un couvercle métallique percé d'un trou à son centre. Cette espèce de chapeau-régulateur modère et dirige le courant d'air ; ainsi l'air d'alimentation s'introduit dans l'appareil *per descensum*, à l'inverse de toutes les lampes.

Ce petit luminaire ne brûle que pour un centime d'huile par heure. Quand on veut s'absenter ou dormir, on pose sur l'ouverture du couvercle un obturateur quelconque, une pièce de monnaie, par exemple ; la lampe se transforme alors en veilleuse, et sa lumière est réduite à son minimum ; on ne brûle plus qu'un centime d'huile par nuit. Pour rendre à l'éclairage toute sa puissance, il suffit d'enlever l'obturateur.

Quand on couvre cette lampe d'un réflecteur de papier, on obtient, malgré sa faible consommation d'huile, un éclairage qui est encore suffisant pour lire, écrire, travailler. Mais faisons bien remarquer qu'une seule personne peut profiter de cette clarté, la quantité d'huile consumée et de lumière produite se trouvant réduite aux plus faibles proportions possibles, et calculée pour suffire exactement, mais non au delà, à l'éclairage d'une personne : c'est pour cela que la lampe Jobard, que nous avons désignée plus haut, sous le nom de *Lampe du pauvre*, avait reçu précédemment le nom expressif de *Lampe pour un*.

La lampe de M. Jobard, qui brûle pendant une nuit entière sans laisser former de champignons sur la mèche, a donné lieu de découvrir la cause de la formation de ces champignons qui étouffent les veilleuses ordinaires. Il est reconnu, d'après le fait de leur non-apparition sur les mèches de la lampe de M. Jobard, où la combustion se fait dans un vase fermé, que c'est à l'agitation de l'air qu'il faut attribuer la formation de ces champignons. Lorsque, par suite de l'agitation de la flamme, un point du lumignon d'une veilleuse se trouve exposé à l'air, ce point découvert, rougit au contact de l'oxygène atmosphérique, et le carbone, provenant de la combustion de l'huile, s'y accumule. Mais si le lumignon n'est jamais en contact direct avec l'oxygène atmosphérique, s'il reste toujours enveloppé par la flamme, c'est-à-dire par le gaz qui résulte de la combustion, aucune accumulation de carbone, c'est-à-dire aucune production de champignon ne s'y observe. La lampe Jobard a donc permis de reconnaître la cause physique de ce petit phénomène, dont les anciens, dans leur impuissance à l'expliquer, avaient fait un mauvais présage.

Testâ cùm ardente viderent
Scintillare oleum et putres concrescere fungos,

dit Virgile.

En résumé, la petite lampe dont nous parlons a été imaginée pour réduire à la plus petite fraction possible la dépense de l'éclairage. Ce but a été parfaitement atteint (1).

(1) Nous croyons pouvoir reproduire ici l'*Instruction*, assez originale, que M. Jobard a composée pour l'usage de sa lampe. On peut ne pas partager toutes les opinions scientifiques du spirituel directeur du Musée industriel de Bruxelles, mais on aime toujours à le lire. C'est dans cette persuasion que nous citerons ici textuellement le morceau dont il s'agit :

LAMPE JOBARD. (Propriété de l'auteur.) — *Mention honorable à l'Exposition de 1855. Médaille d'or à l'Exposition de 1866.*

« *Instruction.* — Quelque simple que soit le service de cette lampe nouvelle, il n'est pas superflu de faire observer qu'elle ne brûle pas sans huile, qu'il faut allumer la mèche, et ne pas la jeter par terre, de crainte qu'elle ne tombe.

Cela suffirait à la rigueur pour les gens du peuple ; mais il faut plus de détails pour les savants et les gens du monde, qui n'ont pas tous appris à se servir de leurs doigts.

Manière de s'en servir. — On enlève le chapeau avec la main, quand il est froid, avec autre chose quand il est chaud ; on essuie le verre en dedans et en dehors avec un linge de toile ; on verse de l'huile dedans et pas à côté, environ la moitié ; on soulève la queue pinçante avec la main gauche, on allume et on enfonce le porte-mèche à moitié dans l'huile, le tout sans salir les bords du vase sur lequel on replace le couvercle, qui empêche l'agitation de la flamme, la fumée et les champignons.

Quand on veut réduire la lampe à l'état de veilleuse, on pose une pièce de monnaie ou autre chose sur le trou de la cheminée, et l'on souffle doucement sur le couvercle pour faire entrer un peu d'air dans la lampe pendant que la flamme se convertit en veilleuse.

Quand on découvre la cheminée, la grande lumière reparaît. Pour éteindre cette lampe sans fumée, on enfonce le porte-mèche dans l'huile, ou l'on couvre le porte-mèche avec son mouchoir, ou l'on souffle dessus.

On peut placer sur le couvercle un abat-jour qui s'incline naturelle-

M. Jobard, cet ingénieux et fertile inventeur qui semble s'attacher à donner au nom qu'il porte de perpétuels démentis, avait encore présenté à l'Exposition une utile invention se rapportant à l'art de l'éclairage.

Les verres qui servent de cheminées à nos lampes se cassent fréquemment par les variations de température. Cet accident est une grande source de dépenses. Dans les lanternes à gaz consacrées à l'éclairage public, il y aurait un grand avantage à employer ces cheminées de verre, qui économisent une grande quantité de gaz parce qu'elles rendent sa combustion complète. Mais on ne peut s'en servir en plein air, parce que le vent occa-

ment en avant pour renvoyer toute la lumière sur le papier ou le livre; l'abat-jour est indispensable pour écrire.

La queue pinçante s'attache au verre, monte et descend à volonté.

Les becs ras et les mèches plates sont sujets à fumer dans toutes les autres lampes; avec le bec pyramidal et la mèche taillée en pointe, sans déborder de plus de 2 millimètres, la flamme ne file pas, l'huile est bien brûlée et ne donne aucune odeur. Quand la flamme file, c'est que la mèche est trop élevée; il faut rogner la pointe avec des ciseaux, ou la faire rentrer avec une épingle ou une plume d'acier, piquée dans le trou du porte-mèche.

Il faut que la mèche soit toujours nettement et pyramidalement coupée, et ne pas laisser encrasser le bec, qu'on doit nettoyer tous les jours avant de l'allumer, sur une assiette destinée à cet usage. Il est bon d'avoir un porte-mèche de rechange ou deux lampes.

Pour que la flamme soit très tranquille, il faut que la lampe soit d'aplomb et que la flamme corresponde au centre de la cheminée.

Quand on veut marcher sans précaution, il faut relever le porte-mèche pour que l'huile ne vienne pas refroidir le bec et affaiblir la lumière.

Le vent. — On peut traverser les cours par le plus grand vent; la pluie ni l'orage n'éteignent cette lampe, qui est le meilleur luminaire pour le dehors et les courants d'air.

Sûreté. — On peut aller dans les écuries et greniers sans aucun danger d'incendie. Si les rideaux du lit tombent dessus, la lampe s'éteint sans brûler ni noircir l'étoffe.

Manœuvre. — Quand on abandonne cette lampe, elle brûle tant que la mèche touche à l'huile, environ de sept à huit heures; puis elle diminue insensiblement et s'éteint sans fumée. Quand on est présent, il suffit d'appuyer sur la queue du porte-mèche pour le remettre en communication avec l'huile. Si on la change en veilleuse, elle brûle vingt à trente heures

sionne leur rupture. Il était donc utile de chercher à prévenir un accident si fâcheux. Tel est le résultat qui a été obtenu par le savant directeur du Musée de l'industrie de Bruxelles.

Voulez-vous empêcher les verres de lampe de se casser? a dit M. Jobard, cassez-les. Ce qui signifie : La rupture des verres de lampe provient de leur refroidissement subit par un courant d'air, ou par un brusque abaissement de température, et cet accident arrive parce que la mauvaise conductibilité du verre pour la chaleur provoque, entre ses molécules, une contraction rapide et inégale, un retrait subit, qui a pour résultat de produire la fêlure. D'après cela, si l'on pratique d'avance sur le verre une

de suite, en ne consommant qu'un gramme d'huile par heure : c'est la meilleure lampe de garde pour les églises.

Réchauds. — Quand on pose sur le chapeau une espèce de galerie à jour, on peut y faire chauffer une boisson de malade sans cesser d'éclairer l'appartement.

Porte-mèche. — Il faut introduire une mèche plate ordinaire par le haut ou le bas du porte-mèche, et abattre les angles en pyramide.

Huile. — L'huile épurée et limpide donne la plus belle flamme, ne charbonne pas, ne salit point le bec, et permet de ne pas moucher la mèche pendant toute une nuit.

L'huile trouble ou frelatée de la résine, comme il y en a tant, dépose du charbon sur la mèche, qu'il faut alors couper toutes les quatre ou cinq heures, plus ou moins, selon l'impureté de l'huile.

Vase. — Si l'on néglige le nettoyage journalier, le verre s'encrasse et perd sa transparence; dans ce cas, il faut verser le reste de l'huile dans la burette ou dans une autre lampe, et frotter l'intérieur du verre avec de la cendre ou de la lessive.

On voit toujours s'il y a de l'huile dans cette lampe : l'huile impure devient trouble ou brune du jour au lendemain. L'huile d'olive est la meilleure.

Réflecteur. — Un réflecteur de fer-blanc, arrondi et placé contre le verre auquel il s'adapte par son ressort naturel, peut servir à renvoyer la lumière du fond d'un corridor. — Il est inutile dans l'usage ordinaire.

Illuminations. — Quand il y a fête et illuminations publiques, au lieu de lampions qui fument et sentent mauvais, on place toutes les lampes de la maison en dehors des fenêtres; le vent, la pluie ni l'orage ne peuvent les éteindre.

Colonies, Barbarie. — Cette lampe convient beaucoup aux colonies, puisque les moustiques ne peuvent y entrer pendant que l'on dîne en plein

fente légère dans le sens de sa longueur, le retrait produit par un refroidissement subit ne pourra plus occasionner de fêlure, parce que la matière du verre, jouissant alors d'un certain jeu, pourra varier librement dans ses dimensions, sans qu'il en résulte d'accident. Ainsi a raisonné M. Jobard, et cette idée qui n'était qu'une prévision de la théorie, il est parvenu à la faire passer dans la pratique. M. Jobard a imaginé une douzaine de procédés différents pour pratiquer sur les verres de lampe une fêlure longitudinale. Aujourd'hui, ces verres *préfendus* se fabriquent par centaines de mille. Une usine de la Belgique en fend 1,500 par jour, presque sans déchet, et une maison de la Havane en a

air. C'est la lampe des peuples barbaresques, qui n'ont pas d'ouvriers lampistes. Elle peut se monter en lanterne et servir pour les voyages nocturnes.

Hôtels, casernes, colléges, hôpitaux. — Dans les hôtels et auberges il est quelquefois dangereux de confier de la bougie ou de la chandelle à certains voyageurs.

Ces lampes donnent la sécurité et la propreté désirables dans tous les établissements qui contiennent une agglomération d'individus.

Tisserands. — Le battant des métiers à tisser occasionne des courants d'air qui font couler la chandelle sur les étoffes et les salissent.

Cette petite lampe, suspendue aux métiers, ne présente aucun de ces inconvénients, bien qu'elle soit deux fois plus économique que la chandelle et dix fois plus que la bougie.

Campagnards. — Les journaliers de la campagne, n'ayant aucun moyen économique de s'éclairer, sont obligés de se coucher et de se lever comme le soleil ; avec cette lampe les femmes pourront veiller, filer et tricoter sans craindre d'incendier les étoupes.

Verres bleus. — Les verres de lampe bleus conservent la vue sans diminuer sensiblement la lumière, qui devient analogue à celle du jour en arrêtant le rayon jaune.

Observations générales. — Cette lampe, lanterne, bougeoir et veilleuse à la fois, ne prétend remplacer que la chandelle. Elle ne brûle que sept grammes d'huile par heure, et éclaire plus utilement que deux chandelles une personne qui lit et écrit, avec un abat-jour.

Conclusions. — L'inventeur, qui a consacré sa vie et sa bourse à défendre les droits de ses confrères, les prie de ne pas contrefaire sa lampe, uniquement pour prouver aux incrédules qu'un inventeur peut refaire sa fortune avec la plus petite invention, quand sa propriété est respectée et qu'il trouve des associés honnêtes. »

commandé 40,000. Nous ne pouvons donc que répéter avec M. Jobard : Voulez-vous empêcher vos verres de se casser? cassez-les. En d'autres termes, prenez des verres *préfendus*, pour ne pas les voir *postfendus*.

BOUGIES STÉARIQUES.

L'éclairage au moyen des corps gras solides se réduisait, il y a vingt-cinq ans, à l'emploi de la bougie de cire et de la chandelle. La bougie de cire était un objet de luxe, dont l'usage était nécessairement interdit à la classe pauvre. Quant à la chandelle, dont madame de Maintenon se servait encore lorsqu'elle était simple marquise, nous n'avons pas besoin de rappeler ses inconvénients : son odeur désagréable, — sa fusibilité qui est si grande, que, dans les chaleurs de l'été, elle se ramollit à un tel point que l'on peut à peine la toucher, et que, pendant sa combustion, au moindre obstacle, à la plus légère obstruction partielle des pores de la mèche, le suif déborde, et en se répandant, salit tout ce qu'il rencontre; — enfin, la nécessité de couper périodiquement la mèche, sous peine de voir la lumière perdre les trois quarts de son éclat.

Grâce aux progrès de la chimie et à l'application des arts mécaniques, le dispendieux éclairage à la cire est complétement abandonné. On ne confectionne plus aujourd'hui une seule bougie de cire pour l'éclairage des salons, et si la fabrication des cierges d'église ne faisait conserver encore, pour cette destination, l'usage de la cire imposé par le rite catholique, le mot d'éclairage à la cire serait rayé du vocabulaire industriel. Quant à la chandelle, on peut prédire, sans se tromper, le moment où elle disparaîtra à son tour. Lorsque, les prix, aujourd'hui excessifs, des suifs et des diverses matières grasses, auront repris leur taux ordinaire, la bougie stéarique, par suite de l'extrême perfectionnement que sa fabrication a acquis dans ces dernières années, se livrera partout au même prix que la chandelle.

Par quel concours de travaux et de découvertes la chimie de nos jours a-t-elle pu atteindre un si précieux résultat ? Pour en donner une idée générale, il faut rappeler d'abord les différences qui existent entre la bougie stéarique et la chandelle ; nous rechercherons ensuite par quels moyens ces perfectionnements ont été réalisés.

La bougie stéarique diffère de la chandelle par sa consistance physique. La matière qui la compose est bien moins fusible que le suif ; il en résulte qu'elle ne coule pas pendant sa combustion ; on peut ajouter qu'elle ne salit pas les objets sur lesquels elle vient à se répandre, ou du moins que les taches qu'elle laisse par le refroidissement de la matière fondue, disparaissent par un simple frottement.

La bougie stéarique n'a pas besoin d'être mouchée. Cet avantage provient de la structure particulière de la mèche, qui se trouve formée de trois fils de cotons tressés, c'est-à-dire tordus en sens opposé. A mesure que la bougie brûle, cette torsion est détruite, et par suite de la tension plus forte de l'un des brins, la mèche se courbe, s'infléchit légèrement ; elle parvient ainsi dans la partie extérieure, ou dans le blanc de la flamme ; mis, de cette manière, en contact avec l'air extérieur, le charbon qui provient de la mèche, y brûle, et se trouve bientôt réduit en cendres, ce qui dispense de moucher la bougie. Cet ingénieux artifice n'était pas applicable à la chandelle, car, en courbant la mèche de côté pour la faire consumer hors de la flamme, l'extrême fusibilité du suif aurait eu pour résultat de faire fondre une telle quantité de corps gras, qu'il en serait résulté un coulage considérable.

En tout cela, le fait essentiel, c'est, on le voit, d'avoir transformé le suif en une matière sèche et peu fusible. Pour faire connaître l'invention de la bougie stéarique, il suffit donc d'exposer les moyens à l'aide desquels on a pu atteindre ce dernier résultat. Il sera nécessaire d'entrer, à ce propos, dans quelques considérations chimiques; on comprendra sans peine ensuite les procédés de fabrication que met en œuvre l'industrie qui va nous occuper.

Tous les corps gras sans exception, ceux qui proviennent d'origine végétale, comme ceux qui sont fournis par les animaux, sont toujours constitués par le mélange de deux substances, dont l'une est solide et l'autre liquide. La prédominance du produit solide ou de la matière liquide, dans ce mélange naturel, détermine l'état physique particulier du corps gras, et c'est à la variation de ces deux principes qu'est due la différence de consistance ou d'état physique que nous présentent les huiles, les beurres et les suifs, les premiers étant toujours liquides, les seconds demi-fluides et les derniers affectant la forme solide. Un savant auquel la chimie est redevable de beaucoup d'idées originales et de découvertes utiles, Braconnot, mort il y a deux ans, à Nancy, sa ville natale, a le premier saisi et mis en évidence ce grand fait scientifique. Pour en démontrer la réalité, il fit l'expérience suivante qui porte avec elle ses conclusions. A l'aide d'une forte presse, il comprima, entre des doubles de papier *joseph*, de la graisse de mouton, et il parvint, par cette simple opération mécanique, à séparer ce corps gras en deux produits : l'un, constamment liquide à la température ordinaire, l'autre toujours solide. En soumettant à une opération semblable de l'huile d'olive, préalablement solidifiée par l'action du froid, on arrive au même résultat, et l'on peut partager cette huile en deux corps gras, dont l'un est toujours liquide et l'autre toujours solide à la température ordinaire. Le produit liquide, qui fait partie de la plupart des corps gras, a reçu des chimistes le nom d'*oléine*, le corps solide celui de *stéarine*. Un autre produit solide, qui joue le même rôle que la stéarine, et qui l'accompagne dans beaucoup de corps gras naturels, porte le nom de *margarine*.

En appliquant à la pratique et à l'industrie la découverte de Braconnot, concernant la constitution générale des corps gras, on pouvait perfectionner d'une manière avantageuse l'éclairage au moyen du suif. Puisque ce produit naturel résulte du mélange de deux substances dont l'une est liquide et l'autre solide à la température ordinaire, il suffisait, pour faire disparaître la plus grande partie des inconvénients que présente le suif consacré à l'éclairage, de le priver de son élément liquide et d'en retirer un principe solide, n'entrant en fusion qu'à une température un peu élevée.

M. Braconnot ne signala aucun moyen économique, aucun procédé commode pour arriver à ce résultat. L'honneur de cette découverte revient tout entier à M. Chevreul, qui a exécuté sur les corps gras une des plus belles études dont se soit enrichie la chimie moderne. La conséquence pratique des travaux de théorie dus à M. Chevreul, c'est d'avoir donné les moyens de séparer plus facilement les deux principes, solide et liquide, que l'on peut retirer de la plupart des corps gras.

Voici comment les recherches théoriques de M. Chevreul ont conduit à ce résultat. Par le remarquable ensemble de ses analyses, M. Chevreul a réussi à dévoiler la véritable constitution chimique des divers principes immédiats, *stéarine*, *oléine*, *margarine*, dont M. Braconnot avait, le premier, découvert l'existence. M. Chevreul a prouvé que la stéarine, l'oléine, la margarine et tous les produits analogues, peuvent être considérés comme une espèce de sel organique, renfermant une base, qui est la même pour tous, la *glycérine*, unie à un acide gras; l'acide *stéarique*, quand il s'agit de la stéarine; l'acide *oléique* quand il s'agit de l'oléine, etc. La stéarine est donc un stéarate de glycérine, l'oléine un oléate de glycérine. On peut mettre ce fait hors de doute en soumettant à l'action des alcalis caustiques, tels que la potasse ou la soude, les principes immédiats retirés des corps gras naturels. Si l'on fait bouillir de la stéarine, par exemple, avec de la soude caustique, ce produit est décomposé; la glycérine, mise en liberté, se dissout dans l'eau, et l'acide stéarique se combinant à la soude, forme du stéarate de soude qui se sépare du liquide.

Mais l'opération qui consiste à décomposer les corps gras par les alcalis caustiques, est bien connue dans les arts : c'est celle qui donne naissance au savon, c'est la saponification. Ainsi, les recherches théoriques de M. Chevreul ont eu pour résultat de dévoiler la constitution chimique, la composition du savon, produit en usage depuis des siècles, et dont rien n'avait pu, jusqu'à nos jours, expliquer la nature et le mode de formation. On sait, d'après les travaux de M. Chevreul, que le savon ordinaire, par exemple, c'est-à-dire le savon obtenu au moyen de l'huile d'olive, est un mélange de deux sels à base minérale et à acide gras, un mélange d'oléate et de stéarate de soude.

Puisque l'on donne naissance à de l'acide stéarique, c'est-à-dire au principe solide du suif, par la saponification des corps gras, il suffit d'exécuter cette opération pour préparer industriellement de l'acide stéarique applicable à l'éclairage. En saponifiant le suif à l'aide d'un alcali, tel que la potasse, la soude ou la chaux, et décomposant ensuite ce savon par un acide minéral, on peut mettre en liberté les acides stéarique et oléique, c'est-à-dire le produit solide et le produit liquide qui existent dans le suif. En séparant ensuite, ce qui n'offre aucune difficulté, l'acide stéarique de l'acide oléique qui est liquide, on peut employer l'acide stéarique à la confection des bougies.

Par cette série d'inductions théoriques, on était donc conduit à créer une branche toute nouvelle d'industrie, la fabrication, au moyen de l'acide stéarique, de bougies offrant tous les avantages que l'on recherchait alors dans les bougies de cire. Cette conclusion ne pouvait échapper à l'auteur de ces découvertes; aussi, M. Chevreul se mit-il en devoir d'appliquer au perfectionnement de l'éclairage le résultat de ses observations scientifiques.

M. Chevreul avait commencé, en 1813, à publier ses travaux sur les corps gras; ses mémoires sont au nombre de huit, et le dernier parut, en 1823. C'est aussi, en 1823, que parut son ouvrage, *Recherches chimiques sur les corps gras d'origine animale*, qui résumait dix années de travaux. Deux ans après, au mois de janvier 1825, M. Chevreul prenait, de concert avec

Gay-Lussac, des brevets en France et en Angleterre, pour l'application des acides gras à la fabrication des bougies. Le contenu de ces brevets témoigne hautement des prévisions habiles et de la sagacité des deux auteurs, qui comprirent dans la spécification de leurs procédés une foule de moyens, dont plusieurs sont restés infructueux ou sans application, mais dont un grand nombre, modifiés par l'expérience et la pratique, ont trouvé place dans les opérations manufacturières.

Cependant, entre une donnée scientifique et son application efficace à l'industrie, il existe un intervalle immense, et les qualités du savant sont loin d'être une garantie certaine de sa réussite dans une opération industrielle. L'échec qu'éprouva M. Gay-Lussac, dans son essai de fabrication des acides gras, serait une preuve suffisante de cette vérité, si elle avait besoin de démonstration. Conformément à leur brevet, MM. Gay-Lussac et Chevreul entreprirent de saponifier le suif par la soude; ils décomposaient ensuite le savon ainsi formé par l'acide chlorhydrique. Indépendamment de la pression employée pour séparer les acides concrets de l'acide oléique, on faisait usage d'alcool pour enlever ce dernier acide. De tels moyens n'avaient rien de pratique, aussi ne purent-ils être employés.

Peu de temps après, un autre essai industriel fut tenté pour la fabrication des acides gras, par un ingénieur des ponts et chaussées, M. Cambacérès, aujourd'hui préfet de l'un de nos départements de l'Alsace. Le père de M. Cambacérès était à la tête d'une manufacture pour l'éclairage. S'inspirant des leçons et des conseils de MM. Chevreul et Gay-Lussac, le jeune ingénieur voulut obtenir l'honneur d'appliquer à l'industrie les données récemment acquises à la science.

Mais cette tentative n'eut aucun succès; elle fut, de la part de son auteur, plutôt un essai de fabrication sur une petite échelle qu'une fabrication manufacturièrement organisée. Ses procédés pratiques demeurèrent à l'état d'ébauche. A l'exemple de MM. Chevreul et Gay-Lussac, M. Cambacérès saponifiait le suif par un alcali caustique. Ses bougies étaient d'une couleur jaunâtre, qui provenait en partie de l'impureté de l'acide stéarique, et en partie du cuivre enlevé au vase où l'opération s'exécutait. Elles étaient grasses au toucher et d'une odeur désagréable. Les mèches, qui avaient été plongées dans de l'acide sulfurique affaibli, pour faciliter leur combustion, étaient sensiblement altérées par cet agent chimique; elles disparaissaient quelquefois au sein de la bougie, qui ne pouvait plus brûler faute de mèche. M. Cambacérès renonça à continuer l'essai qu'il avait entrepris.

Cependant, cette tentative du jeune ingénieur ne fut pas tout à fait inutile aux progrès futurs de l'industrie stéarique. C'est M. Cambacérès qui eut, le premier, l'idée d'employer pour les bougies stéariques les mèches nattées et tressées dont on se sert aujourd'hui. Les mèches de coton telles qu'on les emploie pour les chandelles, ne pouvaient servir pour les bougies stéariques. Quand on allumait une de ces bougies portant une mèche de coton ordinaire, comme l'acide stéarique charbonne beaucoup en brûlant, il se formait bientôt, à l'extrémité de la mèche, un champignon qui arrêtait l'ascension de la matière fondue; dès lors le liquide ne pouvant parvenir jusqu'au point où s'effectuait la combustion, dégorgeait et coulait le long de la bougie. Après avoir essayé de parer à cet inconvénient par l'emploi d'une mèche creuse à l'intérieur et présentant à l'extérieur le tissu d'une étoffe, M. Cambacérès imagina la mèche actuellement en usage, et qui se compose de plusieurs brins de fils de coton tressés et tissus au métier. MM. Gay-Lussac et Chevreul avaient bien, il est vrai, indiqué dans leur brevet l'usage de mèches ou creuses, ou tissées, ou filées; mais on ne trouve pas dans ces désignations la natte telle qu'elle fut appliquée et telle qu'elle est encore appliquée à la bougie stéarique.

Après ces deux tentatives infructueuses, l'emploi des acides gras pour l'éclairage semblait ne devoir jamais fournir de résultats industriels, cette fabrication fut donc abandonnée. C'est dans ces circonstances, et cinq années après la délivrance du brevet de M. Chevreul, que M. de Milly commença à s'occuper de la production manufacturière des acides gras, et à poser les premiers fondements d'une industrie qui devait prendre en France et à l'étranger un développement si extraordinaire.

M. de Milly était, avant la révolution de 1830, gentilhomme ordinaire de la chambre du roi Charles X. La chute de la branche aînée des Bourbons lui ayant ravi son avenir et ses espérances, M. de Milly se voua à une existence nouvelle et indépendante. Il profita des connaissances qu'il avait acquises pour entrer dans la carrière industrielle, et secondé par un de ses amis, M. Motard, docteur en médecine, il commença à s'occuper de la production industrielle des acides gras. M. Chevreul avait découvert l'acide stéarique, M. de Milly entreprit d'en établir la fabrication sur des bases économiques.

C'est en 1831, époque à laquelle tout essai de fabrication des bougies stéariques avait été abandonné, que M. de Milly commença cette tâche ardue. Quoique les difficultés d'une telle fabrication fussent graves et nombreuses, il ne se laissa pas rebuter, et, en quelques années, il parvint à élever l'industrie stéarique sur des principes et des bases définitives et durables.

La première usine de M. de Milly fut établie près de la barrière de l'Étoile, à Paris, de là, le nom de *Bougies de l'Etoile*, qu'a reçu et que porte encore la bougie stéarique.

La découverte la plus importante de M. de Milly, celle qui permit de procéder tout aussitôt industriellement à la fabrication des acides gras, fut la substitution de la chaux à la soude caustique pour la saponification du suif. L'emploi des alcalis caustiques proposé pour cette opération par MM. Gay-Lussac et Chevreul, était impraticable industriellement ; la chaux, matière à vil prix, substituée à la dissolution caustique, détermina véritablement la création de l'industrie stéarique. Traité par la chaux, le suif donne un savon calcaire qui, décomposé ensuite par l'acide sulfurique, laisse en liberté les deux acides gras, stéarique et oléique ; par la pression, exercée d'abord à froid, ensuite à chaud, on sépare, sans aucune difficulté, l'acide stéarique concret de l'acide oléique liquide.

Mais la combustion des bougies, formées d'acides gras, présentait une difficulté particulière. La soude employée dans la fabrication, restait retenue en très petite quantité dans l'acide stéarique. Pendant la combustion de la bougie, elle se réunissait et s'accumulait sur la mèche ; engagée entre les fils, elle finissait, en diminuant la capillarité, par engorger la mèche, et la combustion languissait. M. Cambacérès, qui avait, le premier, reconnu cet obstacle, avait essayé d'y parer en immergeant préalablement, comme nous l'avons dit plus haut, les mèches dans l'acide sulfurique ; mais le coton était corrodé par cet acide. C'est M. de Milly qui imagina le moyen employé aujourd'hui pour débarrasser la mèche de la chaux provenant des opérations de fabrique, comme aussi des cendres laissées par la combustion du coton. Avant d'être placée dans la bougie, la mèche est immergée dans une dissolution d'acide borique. Pendant la combustion, cet acide joue le rôle suivant : A mesure que le corps gras brûle, et laisse des cendres, l'acide borique, dont les affinités chimiques sont surtout puissantes à une température élevée, se combine à la chaux et aux autres bases minérales qui font partie des cendres ; ces borates étant très fusibles, se convertissent, à l'extrémité de la mèche, en une petite perle brillante, qui tombe, après l'entière combustion de la mèche. L'addition de l'acide borique a ce grand avantage, qu'il réduit considérablement le volume des cendres laissées par la mèche. Ainsi converties en borates fusibles, les cendres, sous la forme d'un imperceptible globule, tombent dans le godet de la bougie. Chacun peut constater, en regardant pendant quelque temps, la marche de la combustion d'une bougie de l'Étoile, la formation à certains intervalles, de ce très petit globule fondu, qui finit par tomber dans le godet de la bougie, quand il a acquis un volume un peu plus grand.

La combustion d'une bougie stéarique qui, au premier abord, paraît fort simple, se compose donc, en réalité, de plusieurs effets délicats, et le résultat qui, seul, frappe nos yeux, est la conséquence très étudiée d'une série d'artifices ingénieux rassemblés par une science prévoyante.

Parmi les nombreuses difficultés que l'industrie *stéarique* eut à surmonter dans ses débuts, on peut signaler encore celle qui provenait de la cristallisation de l'acide stéarique pendant le moulage des bougies. Dans les premiers temps de la fabrication, les bougies n'offraient point l'aspect uni et mat qu'on leur voit aujourd'hui. Après avoir été coulé dans les moules, l'acide stéarique y cristallisait en fines aiguilles entrecroisées. La matière refroidie présentait dès lors une texture cristalline et une demi-translucidité qui la différenciait trop, par son aspect, de la bougie de cire qu'elle était destinée à remplacer. Cette difficulté arrêta pendant assez longtemps l'essor de la naissante industrie. Le premier essai que l'on avait tenté pour conjurer l'effet fâcheux dont nous parlons, avait été malheureux. On avait reconnu que l'acide arsénieux, ajouté en petite proportion à l'acide stéarique fondu, a le privilége d'empêcher sa cristallisation par le refroidissement. On avait donc fait usage d'acide arsénieux pour obtenir des bougies d'un aspect homogène. Mais la présence d'un poison aussi actif que l'arsenic au sein des bougies, avait pour l'hygiène publique de grands inconvénients. Quelque faible que fût la proportion du toxique employé, il pouvait se répandre, par suite de sa volatilité, dans l'atmosphère des appartements, et la rendre dangereuse à respirer. L'autorité dût intervenir pour interdire l'emploi de l'arsenic dans cette fabrication. Le créateur de l'industrie stéarique se trouva alors dans un cruel embarras, car il ne voyait aucune matière propre à remplir le rôle du composé proscrit, et il était ainsi menacé d'échouer au port après mille traverses heureusement franchies. M. de Milly découvrit heureusement que l'addition d'une faible quantité de cire à l'acide stéarique fondu, trouble et empêche sa cristallisation.

Mais la pratique a permis plus tard, d'atteindre, sans aucuns frais, le même résultat. C'est le créateur de l'industrie stéarique qui a reconnu lui-même ce fait important, que, pour s'opposer à la cristallisation de l'acide stéarique, il suffit de le laisser refroidir jusqu'à une température voisine de son point de solidification, avant de le verser dans le moule que l'on a préalablement chauffé. Le refroidissement de l'acide stéarique, que l'on a soin d'agiter pendant ce refroidissement, donne une sorte de pâte assez liquide pour être versée dans le moule, où elle se concrète sans aucun effet de cristallisation.

La bougie stéarique, sous le nom de *Bougie de l'Etoile*, parut, pour la première fois en 1834, dans nos Expositions publiques. M. de Milly en était alors seul fabricant ; encore sa production était-elle assez bornée, et ses bougies à peine connues hors de la capitale. Cependant, deux années après, la bougie de l'Etoile était adoptée dans l'économie domestique. Les procédés de fabrication s'étaient perfectionnés, et M. de Milly avait trouvé pour l'emploi de l'acide oléique, jusque-là sans usage, le débouché qui lui manquait, en le consacrant à la préparation des savons. Ces deux circonstances avaient permis d'abaisser d'une manière notable le prix, jusque-là trop élevé, de la nouvelle bougie.

A l'Exposition de 1839, les fabriques de bougies stéariques se présentèrent au nombre de neuf ; elles étaient toutes situées à Paris ou dans la banlieue. D'autres fabriques semblables avaient, en outre, été formées dans plusieurs départements ; M. de Milly avait cessé d'être le seul fabricant.

C'est à partir de cette époque que l'industrie stéarique a pris en France et dans le monde entier un développement immense. Chaque centre de population voulut dès lors avoir sa fabrique de bougie stéarique. On en rencontre aujourd'hui jusque sur les points les plus reculés du globe, à Sydney (Nouvelle-Hollande), à Calcutta, à Lima et jusqu'au fond de la Sibérie.

A l'Exposition universelle de 1855, on comptait, pour la France seule, plus de trente fabricants de bougies stéariques.

Les questions de priorité, tant scientifiques qu'industrielles, qui se rattachent à la découverte et à l'emploi des acides gras, ont été l'objet, dans ces dernières années, de beaucoup de contestations ; l'opinion des savants eux-mêmes n'est que très imparfaitement fixée sur ce point de l'histoire contemporaine. Nous nous sommes efforcé, dans les pages qui précèdent, de rendre à chacun, avec la plus rigoureuse impartialité, la part qui lui revient dans cette suite de découvertes utiles. Pour mettre encore plus de précision dans cet exposé, nous croyons nécessaire de présenter en une sorte de tableau, le résumé de ce qui vient d'être dit.

Ce résumé peut se formuler par les propositions suivantes :

I. C'est M. Braconnot, de Nancy, qui, le premier, a découvert ce fait général que les graisses se composent de deux principes immédiats, organiques, l'un solide, la *stéarine*, l'autre liquide, l'*oléine*.

II. Les recherches de M. Chevreul ont fait connaître les modifications profondes que les graisses subissent par l'action des alcalis, et les travaux de ce savant ont donné lieu d'espérer que les graisses, ainsi modifiées dans leur constitution chimique et physique, pourraient un jour être avantageusement appliquées à la fabrication des bougies.

La part étant faite à la science, passons à l'industrie.

I. C'est en 1813 que fut découvert l'acide stéarique, c'est en 1831, que ce produit commença à être heureusement appliqué à la fabrication. Les dix huit années qui s'écoulèrent entre la découverte et son application, indiquent assez qu'il existait de sérieuses difficultés à vaincre, pour faire sortir de ces données scientifiques une industrie nouvelle.

II. Ces difficultés ont été surmontées par M. de Milly qui, le premier, est parvenu à fonder, en France, la fabrication stéarique, et qui a propagé ensuite cette fabrication dans toute l'Europe.

III. Les principales bases de fabrication posées par M. de Milly, ont été les suivantes :

1° La saponification au moyen de la chaux. Cette opération était sans précédent dans les opérations manufacturières, et présentait de grandes difficultés d'exécution. Substituée à la saponification par la soude et la potasse, elle permit d'abaisser sensiblement le prix des bougies ;

2° La décomposition du savon calcaire, pratiquée dans des vases de bois, au moyen de tout un système nouveau de chauffage à la vapeur ;

3° La pression dans des presses hydrauliques, les unes verticales, les autres horizontales, ces dernières construites d'une manière toute spéciale et étant chauffées pendant la pression. C'est en Angleterre que M. de Milly fut obligé de faire exécuter les premières presses dont il fit usage ;

4° L'emploi de l'acide borique dans la préparation des mèches, moyen indispensable à une bonne combustion ;

5° Enfin, le moulage des bougies, pratiqué au moyen d'une égalité de température entre le moule et l'acide stéarique qui va être converti en bougie, afin d'empêcher la cristallisation de l'acide stéarique, et de produire des bougies lisses, unies et parfaitement moulées.

Nous soumettrons à une revue très générale les divers produits de l'industrie stéarique qui figuraient à l'Exposition de 1855. Mais pour que l'on puisse apprécier les perfectionnements qui ont été apportés à la fabrication des bougies par quelques-uns des exposants dont nous aurons à parler, il est indispensable que nous rappelions ici le procédé pratique qui est en usage pour le traitement des suifs et la préparation des bougies. Nous le décrirons en peu de mots.

Dans un vaste cuvier chauffé par une circulation de vapeur, on introduit le suif qui doit servir à la préparation de l'acide stéarique. Quand la masse est bien fondue, on y verse peu à peu de la chaux vive délayée dans l'eau : on emploie de 14 à 15 parties de chaux pour 100 parties de suif. Ce mélange étant maintenu à l'ébullition pendant environ huit heures, le suif se trouve entièrement saponifié par la chaux, et l'on obtient un savon de chaux, c'est-à-dire un mélange d'oléate, de stéarate et de margarate de chaux, qui, par le refroidissement, se prend en une masse dure et solide. Ce savon calcaire, détaché du cuvier à coups de pioche, est brisé en fragments de moyenne grosseur, et placé dans une cuve de bois que l'on chauffe au moyen de la vapeur. On ajoute de l'acide sulfurique étendu qui, décomposant le savon calcaire, forme du sulfate de chaux et met en liberté les acides gras. Ces acides se réunissent à la surface du bain ; on les lave à l'eau pure pour les débarrasser de l'acide sulfurique libre qui les imprègne, et on les verse dans de petites caisses de fer-blanc, superposées dans un tel ordre qu'il suffit de verser la matière fondue dans les caisses supérieures pour qu'elle se répande, par cascades uniformes, dans les caisses placées inférieurement. Les acides gras se refroidissent dans ces sortes de moules et s'y concrètent en un gâteau solide.

Pour séparer l'acide stéarique solide de l'acide oléique, ces tourteaux d'acides gras sont retirés du moule après leur entier refroidissement, et on les soumet, à froid, à l'action de la presse, en les enveloppant dans des tissus de laine, les étageant les uns au-dessus des autres, et les séparant par des plaques de tôle. La plus grande partie de l'acide oléique s'écoule par cette pression à froid exercée par une forte presse hydraulique. Pour le débarrasser des dernières portions de l'acide liquide, l'acide concret est soumis à une seconde pression qui se fait à chaud. A cet effet, on le revêt d'une bonne enveloppe de crin, et on le place entre des plaques de fer autour desquelles circule un courant de vapeur. Après un temps de pression suffisant, les tourteaux sont débarrassés de leur enveloppe. Ils présentent alors une masse sèche et friable qui se compose d'acides stéarique et margarique, c'est-à-dire de la matière de la bougie dite stéarique. On les coule dans les moules pour en former la bougie. Par suite de la pureté de l'acide obtenu par l'opération chimique qui vient d'être décrite, la bougie est déjà assez blanche. Pour lui donner plus de blancheur, il suffit de l'exposer pendant quelques jours à l'action de l'air, du serein et de la rosée. La matière acquiert ainsi beaucoup d'éclat; elle est immédiatement après livrée au commerce.

Ne pouvant passer en revue tous les fabricants français qui ont envoyé leurs produits à l'Exposition, nous nous bornerons à dire, d'une manière générale, que la fabrication de l'acide stéarique est excellente en France et surtout à Paris.

Nous aurons cependant à parler spécialement des produits de deux manufactures françaises, parce qu'ils se rattachent à un progrès important, récemment introduit dans la fabrication des acides gras, et qui aura pour résultat de diminuer notablement le prix de la bougie stéarique, lorsque l'abaissement du prix actuel des matières grasses permettra de faire jouir le consommateur du bénéfice de ces nouveaux procédés.

M. de Milly, le créateur de l'industrie stéarique, s'est présenté à l'Exposition universelle avec une importante amélioration, introduite dans le procédé actuel de saponification du suif. Nous avons dit plus haut que, pour saponifier le suif au moyen de la chaux, il faut employer de 14 à 15 pour 100 de chaux vive. En modifiant le mode opératoire dans cette partie de la fabrication, M. de Milly est parvenu à réduire à 4 ou 5 pour 100 la quantité de chaux nécessaire pour la saponification. Ce résultat est d'une grande importance économique, non-seulement parce qu'il permet de supprimer les deux tiers de la chaux employée jusqu'ici, mais surtout parce que la quantité d'acide sulfurique, qu'il faut prendre pour saturer ensuite cette chaux, se trouve réduite dans la même proportion. Voici en quoi consiste ce nouveau mode de saponification calcaire, qui n'est que depuis peu de temps en usage dans l'usine de M. de Milly.

Mélangé à 4 ou 5 pour 100 seulement de chaux, préalablement délayée dans une petite quantité d'eau, le suif est placé dans une chaudière fermée, dans laquelle on fait arriver un courant de vapeur d'eau à la tension de 3 ou 4 atmosphères. Par suite de l'état particulier du savon ainsi formé (lequel est sans doute un stéarate acide), ou, simplement par l'effet de la haute température de la matière, le savon calcaire est plus fluide, plus fusible, plus facilement émulsionné par l'eau, que celui que l'on obtient dans l'opération telle qu'on la pratique d'ordinaire, c'est-à-dire à l'air libre. Cette fluidité du savon calcaire permet de le verser directement dans la cuve où se trouve l'acide sulfurique destiné à le décomposer. On n'est donc plus obligé, comme autrefois, de passer par cette longue opération qui consiste à laisser refroidir le savon de chaux, à le détacher de la cuve à coups de pioche, à le diviser en fragments, et à le transporter dans la cuve à acide sulfurique. Il suffit d'ouvrir le robinet de la chaudière où la saponification s'est opérée, pour faire couler directement le savon calcaire émulsionné et fondu, dans la cuve à acide où il doit être décomposé. Cette simplification dans la main-d'œuvre, jointe à l'économie de 2/3 de la quantité de chaux et d'acide sulfurique, permet de réaliser dans la fabrication une économie notable. On peut regarder cette modification du procédé opératoire comme le plus remarquable perfectionnement qui ait été introduit, depuis l'origine de cette fabrication, dans la préparation des acides gras au moyen de la saponification calcaire.

Nous avons maintenant à étudier un mode nouveau de préparation des bougies, plein d'intérêt à divers titres, et qui, différant essentiellement de l'ancien procédé par la saponification calcaire, est venu apporter à l'industrie stéarique des ressources et un complément de la plus haute importance : nous voulons parler de la fabrication des bougies au moyen de la *distillation*.

La saponification des matières grasses par la chaux donne d'excellents produits, quand on opère avec des matières pures ou peu altérées, avec le suif, par exemple. Mais, indépendamment du suif, dont le prix est élevé, il existe un grand nombre de matières grasses d'origine animale ou végétale, qui peuvent fournir des acides gras concrets, propres à l'éclairage. Telles sont les graisses altérées, les huiles de poisson, les graisses retirées des os, ou celles qui proviennent des eaux grasses des cuisines et des restaurants; les matières grasses que l'on retire du désuintage des draps, etc.; telle est enfin cette substance demi-solide, que l'Afrique fournit en si grande abondance, et qui porte le nom d'*huile de palme*. Tous ces produits qui sont à bas prix, dans le commerce, si on les soumettait au procédé ordinaire de saponification par la chaux, ne donneraient que de fort mauvais résultats; l'huile de palme même ne saurait par aucun moyen, être avantageusement traitée par la saponification calcaire. La découverte d'un procédé spécial pour le traitement de ces matières grasses particulières et pour leur conversion en acides gras, était donc d'une haute importance pour l'industrie stéarique. C'est ce résultat que permet d'atteindre l'emploi du procédé nouveau désigné sous le nom de *distillation*. Traités par cette méthode, les produits les plus altérés, les graisses les plus rances, les résidus noirs et impurs des fabriques, enfin, l'huile de palme, fournissent des acides concrets qui sont comparables, par leurs qualités, à ceux que donne le suif soumis à la saponification calcaire.

Comme les brevets pris en France pour la préparation des acides gras sont sur le point de tomber dans le domaine public (1), tous nos fabricants seront bientôt en libre possession de ce procédé, et partout on se prépare à le mettre en pratique. Il ne sera donc pas sans intérêt de l'exposer ici avec quelques détails. Comme la question de priorité dans l'invention de cette méthode a fait naître beaucoup de discussions et soulevé des contestations de toute nature, nous essaierons, en même temps, de fixer, avec toute impartialité, les titres qui nous semblent revenir à chacun dans sa découverte et dans son application pratique.

Pour plus de clarté, nous commencerons par établir en quoi consiste cette méthode nouvelle.

Si l'on traite les corps gras par 6 à 15 pour 100 de leur poids d'acide sulfurique concentré, et que l'on élève, à l'aide de la vapeur, la température du mélange, on produit, par l'action chimique de l'acide sulfurique, le même effet de saponification auquel les alcalis donnent naissance en réagissant sur les graisses. L'acide sulfurique peut donc provoquer à lui seul, et sans le

(1) Au mois d'août 1856.

concours d'une base, le dédoublement d'un corps gras en glycérine et en acides gras. Seulement, tandis que, dans la saponification par les alcalis, la glycérine reste libre et inaltérée, ici, elle est détruite. Mais cette dernière circonstance ne peut être d'aucune influence sur le résultat de la fabrication, car la glycérine, dans les manufactures d'acides gras, est un produit sans importance, du moins jusqu'à ce jour; on ne se donne pas la peine de la recueillir, on la rejette avec les eaux qui proviennent de la saponification, où elle se trouve à l'état de dissolution. Ainsi, l'emploi de l'acide sulfurique permet de saponifier les matières grasses sans recourir à une base alcaline telle que la soude, la potasse ou la chaux.

Cette curieuse action de l'acide sulfurique sur les corps gras, a été étudiée de nos jours par l'un de nos habiles chimistes, M. Fremy, qui, dans un mémoire remarquable publié en 1836, démontra que l'action des acides puissants sur les matières grasses, et en particulier celle de l'acide sulfurique, présente la plus grande analogie avec celle des alcalis.

La connaissance du fait général de la saponification des corps gras par l'acide sulfurique, est pourtant beaucoup plus ancienne qu'on ne le croit; elle remonte vers l'année 1777. Achard, de l'Académie de Berlin, Cornette et Molluet de Souhey, ont étudié et décrit sous le nom de *savons acides*, le produit qui résulte de l'action de l'acide sulfurique sur les graisses, produit qui est formé d'acides gras, mais dont la véritable nature était nécessairement ignorée à l'époque des recherches de ces chimistes (1).

(1) On trouve dans le *Dictionnaire de chimie* de Macquer, à l'article SAVONS ACIDES, l'analyse des travaux d'Achard, de Berlin, sur la saponification par l'acide sulfurique. La citation qui va suivre montrera suffisamment que le fait de l'acidification des corps gras par cet acide, avait été signalé par les chimistes du dernier siècle.

« ... Les acides ayant en général une causticité très forte, et en particulier, une action décidée sur les huiles, nous dit Macquer, il était important de faire au moins les principaux composés qui pouvaient résulter de l'union de ces sortes de substances, et de reconnaître les propriétés

Plus tard, en 1821, quand la véritable nature des corps gras eut été dévoilée par les travaux de M. Chevreul, M. Caventou signala le premier l'analogie que présente l'action exercée par

les plus essentielles de ces nouveaux composés, qui avaient été absolument négligés par les chimistes jusqu'à ces derniers temps. C'est ce qu'a très bien senti l'Académie de Dijon, qui fait ordinairement un fort bon choix du sujet de ses prix, et qui a proposé celui-ci. Comme ce prix a été remis cinq ou six années de suite, on ne peut douter que plusieurs chimistes n'aient travaillé en même temps sur cet objet, et n'aient, par conséquent, une même date pour leurs expériences et leurs découvertes. J'ai connaissance, en mon particulier, d'un très bon mémoire sur les savons acides, envoyé pour le concours par M. Cornette, mais qui n'a pu concourir, parce que ce mémoire n'est arrivé à Dijon que le 27 avril 1777, après l'expiration du terme fixé pour l'envoi des mémoires : l'auteur se propose de le publier incessamment. Mais, dans ce même temps, M. Achard, de l'Académie de Berlin, a publié de son côté un ouvrage fort étendu sur les *savons qui ont l'acide vitriolique pour base saline ;* et ce mémoire étant imprimé dans un journal de M. *Bucholz*, intitulé *la Nature considérée sous différents aspects*, je vais faire mention ici, d'après ce mémoire, des principales expériences de M. Achard, sans prétendre rien décider sur les dates des expériences et découvertes analogues, que d'autres chimistes, et M. Cornette en particulier, ont faites sur les mêmes matières.

« Le procédé qui a réussi à M. Achard, pour faire des savons acides » en combinant l'acide vitriolique avec les huiles, tant concrètes que » fluides, tirées des végétaux par expression ou par ébullition, a consisté » à mettre deux onces d'acide vitriolique concentré et blanc dans un mor- » tier de verre, à y ajouter peu à peu, et en triturant toujours, trois » onces de l'huile dont il voulait faire un savon, et qu'il avait fait » chauffer presque jusqu'à l'ébullition. M. Achard a obtenu par ce » procédé des masses noires, qui, refroidies, avaient la consistance de » la térébenthine.

» Suivant la remarque de l'auteur, ces composés sont déjà de vérita- » bles savons ; mais, pour les réduire en une combinaison plus parfaite » et plus neutre, il faut les dissoudre dans environ six onces d'eau distil- » lée bouillante. Cette eau se charge de l'acide surabondant qui pourrait » être (et qui est probablement toujours) dans le savon, et les parties sa- » vonneuses se rapprochent par le refroidissement, et se réunissent en » une masse brune de la consistance de la cire, qui quelquefois occupe » le fond du vase, et quelquefois nage à la surface du fluide, suivant la » pesanteur de l'huile qu'on a employée. Si le savon contenait encore » trop d'acide, ce que l'on peut facilement distinguer au goût, il faudrait » le dissoudre encore une fois dans l'eau distillée bouillante, et réitérer » cette opération, jusqu'à ce qu'il ait entièrement perdu le goût acide ;

l'acide sulfurique sur les graisses avec celle que les alcalis exercent sur le même groupe de corps (1). Les travaux postérieurs de MM. Chevreul et Frémy sur le même sujet ont donné une

» de cette manière on obtient un savon, dont les parties composantes » sont *dans un état réciproque de saturation parfaite*.

» M. Achard remarque encore, que l'acide vitriolique concentré agit » très fortement sur les huiles, et avertit qu'il faut avoir attention de ne pas » y ajouter l'huile trop subitement et en trop grande quantité, parce que » dans ce cas, l'acide devient trop fort, décompose l'huile, et la change » en une substance charbonneuse ; on s'aperçoit de cette décomposition, » à l'odeur d'acide sulfureux volatil qui s'en dégage.

» Lorsque ces savons sont faits avec exactitude, ajoute M. Achard, ils » se durcissent en vieillissant ; mais s'ils contiennent de l'acide surabon- » dant, ils s'amollissent à l'air, parce qu'ils prennent l'humidité. »

» Ce chimiste a composé des savons acides vitrioliques par ce procédé, avec diverses huiles, telles que celles d'amandes douces, d'olives, le beurre de cacao, la cire, le blanc de baleine, l'huile d'œuf par expression....

» L'auteur avertit que la trop grande chaleur occasionne la décomposition de l'huile par l'acide vitriolique, et la convertit en un corps demi-charbonneux et demi-résineux ; ce qu'on reconnaît toujours, comme dans les mélanges du même acide avec les mêmes huiles non volatiles, à l'odeur d'acide sulfureux volatil, qui ne manque pas de se faire sentir quand l'acide agit sur l'huile jusqu'à la décomposer ; c'est là la raison de toutes les précautions de refroidissement qu'il faut prendre lorsque l'on fait ces combinaisons, et qu'il faut porter jusqu'à ne point faire bouillir l'eau qu'on ajoute au savon après qu'il est fait, pour lui enlever ce qu'il contient d'acide surabondant.......

« On ne peut douter, comme le dit fort bien l'auteur, que toutes ces combinaisons d'acide vitriolique et de différentes espèces d'huiles, ne soient de vrais composés savonneux, des savons acides bien caractérisés, quand la combinaison a été bien faite ; car il s'est assuré par l'expérience, qu'il n'y a aucun de ces composés qui ne soit entièrement dissoluble, soit par l'eau, soit par l'esprit de vin, et décomposables par les alcalis fixes ou volatils, par les terres calcaires, par plusieurs matières métalliques, toutes substances qui s'emparent de l'acide vitriolique de ces savons, forment avec lui les nouveaux composés qui doivent résulter de leur union réciproque, et dégagent l'huile, de même que les acides séparent celles des savons alcalins. » (Macquer, *Dictionnaire de chimie*, t. II, in-4, p. 358-361).

(1) Voici comment s'exprime à cet égard M. Caventou dans une *lettre adressée à M. Boullay, rédacteur du Journal de Pharmacie, relativement à la priorité de la découverte de l'acidification des corps gras par l'acide sulfurique concentré :*

« ..... Je désirais ardemment, dit M. Caventou, étudier quels phéno-

sanction définitive et scientifique aux faits antérieurement observés par les chimistes que nous venons de nommer.

Les acides gras, qui sont formés à la suite du traitement des matières grasses par l'acide sulfurique concentré, sont noirs et comme charbonneux. Aussi, serait-il impossible de purifier ces produits par aucune opération chimique. Mais si on les place dans un alambic, et qu'on les soumette à la distillation, en ayant le soin de faciliter leur volatilisation par un courant de vapeur

mènes pouvaient se passer dans cette opération et produire un tel résultat, car, d'après les nombreux travaux de M. Chevreul sur la saponification des corps gras par les alcalis, il m'était impossible de me satisfaire par une explication convenable à l'égard de la saponification par l'acide sulfurique ; ce n'est cependant qu'en février 1821 que je pus faire les premières expériences propres à m'éclairer sur cet objet.

» Je fis d'abord un savon acide, d'après la méthode indiquée depuis près de trente-huit ans par M. Camini, mais j'employai l'huile d'amandes douces au lieu d'huile d'olives ; je parvins à faire un savon qui, sans se dissoudre précisément dans l'eau, ainsi que l'indique l'auteur italien, s'y délayait assez parfaitement pour former une espèce d'émulsion : c'est alors que, désirant connaître la modification qu'avait pu éprouver le corps gras dans cette circonstance, je traitai à froid la liqueur acide savonneuse par le sous-carbonate de chaux en excès, afin de saturer tout l'acide sulfurique ; j'évaporai le tout avec précaution jusqu'à siccité, et je soumis le résidu à l'action de l'alcool bouillant ; j'obtins une liqueur alcoolique *sensiblement acide*, et qui, par l'évaporation, laissa un corps gras, dans lequel il me fut impossible de découvrir aucune trace d'acide sulfurique.

» Je répétai l'expérience d'une autre manière. Après avoir saturé à froid, par le sous-carbonate de chaux, la liqueur acide savonneuse, je filtrai et reçus sur le filtre, l'excès de sous-carbonate de chaux, la plus grande partie du sulfate formé de la même base, ainsi que le corps gras éliminé : je mis la *liqueur aqueuse* filtrée à part pour l'examiner. Ultérieurement, je portai toute mon attention sur le corps gras, que j'isolai par l'alcool absolu. Après avoir évaporé la solution alcoolique, j'obtins encore un *corps gras acide*, dans lequel je ne pus distinguer aucune trace d'acide sulfurique, et en tout semblable au précédent.

» D'après ces expériences je conclus donc, contre toute attente et à mon grand étonnement, que l'acide sulfurique concentré agissait sur l'huile d'amandes douces, et probablement sur tous les corps gras d'*une manière analogue* à celle des alcalis ; et il me parut très curieux d'avoir obtenu *un même résultat par des moyens aussi opposés.* » (*Journal de pharmacie*, t. X, p. 552-554.)

d'eau surchauffée, qui traverse incessamment cette masse, les acides gras se volatilisent parfaitement, grâce au courant continu de vapeur d'eau, qui renouvelle sans cesse, pour eux, l'espace où ils peuvent se réduire en vapeurs. On obtient donc dans le récipient, où les produits de la distillation viennent se condenser et se concréter, des acides gras, oléique, stéarique, etc., qui sont sans couleur et sans odeur sensible. Ce mélange d'acide gras est soumis ensuite à la pression, comme à l'ordinaire, pour séparer les produits liquides de l'acide gras concret, et ce dernier peut servir, comme celui qui provient de la saponification calcaire, à confectionner des bougies.

Tel est le nouveau procédé pour la préparation des acides gras que l'on désigne sous le nom de *procédé par distillation*, ou de *préparation par voie sèche*. Essayons maintenant de rechercher à qui l'on doit rapporter la découverte de cette méthode.

C'est un fait assez remarquable que le procédé de préparation des acides gras, au moyen de la distillation, se trouve mentionné, au moins en partie, dans le brevet qui fut pris en Angleterre en 1825 par MM. Chevreul et Gay-Lussac, pour la préparation des bougies stéariques. Nous disons que ce moyen n'est mentionné qu'en partie dans ce brevet; en effet, Gay-Lussac y signale la possibilité d'obtenir les acides gras par distillation, mais il ne dit rien du traitement préalable par l'acide sulfurique. Or, cette opération est la base et le point de départ de ce procédé, car la simple distillation ne pourrait fournir aucun résultat utile, sans l'action antérieure de l'acide sulfurique qui met à nu les acides gras.

Le mérite d'avoir décrit, le premier, une méthode de saponification par l'acide sulfurique, appartient à un industriel anglais, M. George Gwinne, qui exposa avec détails, dans un brevet pris en mai 1840, un procédé consistant à traiter les matières grasses par l'acide sulfurique, et à distiller ensuite dans le vide le produit de cette opération, au moyen d'un appareil semblable à celui dont on se sert dans les raffineries de sucre pour évaporer les dissolutions sucrées.

Mais la nécessité de faire et de maintenir un vide exact, dans un vase de dimensions considérables, apportait un tel obstacle à l'exécution de ce procédé, que l'on ne put réussir à le mettre en pratique.

Un autre industriel anglais, M. George Clarke avait, de son côté, essayé de tirer parti, pour les manufactures, du fait scientifique signalé par M. Frémy; mais il n'avait pas recours à la distillation. La difficulté de retirer l'acide stéarique pur des corps gras, traités par l'acide sulfurique concentré, devait faire échouer la tentative de M. Clarke.

Cette importante question, qui avait été abordée sans succès en Angleterre, devint ensuite l'objet des études de l'industrie française.

En 1841, M. Dubrunfaut, à qui les arts industriels doivent beaucoup d'innovations et de perfectionnements utiles, prit un brevet pour la distillation des corps gras. Il opérait, comme Gay-Lussac, en provoquant la volatilisation des acides gras par un courant de vapeur qui traversait les matières distillées. Mais, pas plus que Gay-Lussac, M. Dubrunfaut n'avait songé à faire intervenir l'action préalable de l'acide sulfurique, car la purification des huiles était surtout l'objet qu'il avait en vue. La question n'était donc pas plus avancée qu'auparavant.

La méthode qui nous occupe ne pouvait exister qu'à la condition de combiner et de faire marcher concurremment la saponification par l'acide sulfurique, et la distillation par l'intermédiaire de la vapeur. Or, la combinaison de ces deux moyens a été pour la première fois réalisée en Angleterre par M. Wilson.

Une patente prise en 1842 par MM. William Coley, Jones et George Wilson, spécifie, en effet, l'emploi combiné de l'acide sulfurique et de la distillation. La préparation des acides gras au moyen de cette méthode nouvelle fut établie en Angleterre, vers 1844, par M. Wilson, dans les ateliers de la société Price. A partir de cette époque, elle fut employé industriellement chez M. Wilson. Ce procédé était en effet appelé à jouer un rôle de la plus haute importance en Angleterre, puisque l'huile de palme, qui ne peut être traitée par la saponification calcaire, est le produit presque exclusivement exploité dans ce pays.

La fabrication des bougies au moyen de la distillation a été établie en France, pour la première fois, par deux manufacturiers de Neuilly, MM. Masse et Tribouillet, cessionnaires du brevet Dubrunfaut. Leur exploitation commença vers 1846. Mais ces industriels, qui eurent à combattre tous les obstacles que rencontre une fabrication établie sur des données toutes nouvelles, furent obligés de s'arrêter en présence de difficultés financières. MM. Moinier et Jaillon, qui se chargèrent de la suite de leur établissement, ont continué avec plus de succès la fabrication des bougies au moyen de la distillation.

Cette méthode de traitement des corps gras s'exécute aujourd'hui sans la moindre difficulté et d'une manière courante. On la voit en pratique en ce moment chez M. de Milly, chez MM. Moinier et Jaillon à La Villette et chez M. Poisat. Comme elle ne rencontre plus aucun obstacle d'exécution, et comme elle est sur le point, comme nous l'avons dit plus haut, de tomber dans le domaine public, il est probable que son usage se répandra beaucoup dans un avenir peu éloigné. Avant peu d'années, elle marchera de pair avec l'ancien procédé, et, dans plusieurs cas, le remplacera avec avantage. C'est ce qui nous a engagé à entrer dans les détails qui précèdent relativement à ce mode nouveau de préparation des acides gras.

Nous n'abandonnerons pas l'examen des produits de l'industrie stéarique, sans parler d'un essai de simplification du procédé précédent proposé par M. Frémy, à qui nous devons l'étude scientifique du fait sur lequel repose le procédé de distillation des corps gras. M. Frémy a reconnu que si, au lieu de faire usage, pour saponifier les graisses, d'acide sulfurique concentré, qui noircit, altère les matières grasses, et détermine une perte assez notable du produit, on emploie de l'acide sulfurique étendu d'eau, on évite cette altération et l'on peut se passer de distiller les produits. Le procédé de M. Frémy est mis en usage en ce moment, à titre d'essai, dans l'usine de M. de Milly.

Parmi les produits nouveaux que l'industrie stéarique a mis sous les yeux du public, à propos de l'Exposition, on distinguait encore l'acide sébacique, acide gras solide, qui s'obtient en traitant l'huile de ricin par la soude caustique bouillante. L'acide sébacique, dont la découverte et l'appropriation industrielle sont dues à M. Jules Bouis, répétiteur des cours de chimie à l'École centrale, peut servir avec beaucoup d'avantage à la confection des bougies, en raison de son point de fusion élevé. Bien que les droits d'entrée, qui pèsent encore sur l'huile de ricin, rendent aujourd'hui peu économique l'emploi de l'acide sébacique, qui ne peut se livrer à moins de 3 francs le kilogramme, ce produit peut néanmoins rendre dès aujourd'hui quelque service à la fabrication des bougies. L'acide sébacique, mêlé à l'acide stéarique, qui sert à confectionner nos bougies, augmente leur dureté et leur éclat; il lui donne un aspect imitant la porcelaine. Comme il empêche la cristallisation de l'acide stéarique versé dans les moules, on peut le mélanger aux acides mous et trop cristallisables qui proviennent de la distillation; 1 à 5 pour 100 d'acide sébacique ajoutés à ces produits mous et fusibles, suffisent pour les rendre aussi durs que la cire.

Une autre circonstance ajoute beaucoup d'intérêt à la découverte de l'acide sébacique. Traitée par la soude concentrée, l'huile de ricin fournit, en même temps que cet acide, un alcool nouveau, l'*alcool caprylique*. Ce liquide est propre à l'éclairage et peut remplacer les divers carbures d'hydrogène employés pour l'éclairage, car il brûle sans odeur. Il peut dissoudre les résines qui entrent dans la composition des vernis, et s'applique, en un mot, à tous les usages auxquels un alcool peut être consacré. La suppression des droits d'entrée qui frappent actuellement les huiles de ricin, aurait donc pour résultat de doter l'industrie stéarique de ressources nouvelles. Comme cette question ne peut d'ailleurs trouver d'obstacles bien sérieux, nous espérons que l'on verra bientôt réalisées les utiles conséquences industrielles qui résultent du beau travail scientifique de notre modeste et cher compagnon d'études.

Si nous passons aux produits de l'industrie stéarique, considérée chez les exposants étrangers, nous trouverons en première ligne la *Société Price*, qui jouit, en Angleterre, du monopole de la fabrication des bougies stéariques. La *Société Price* est l'établissement le plus colossal qui existe au monde pour la production des bougies. Elle possède cinq fabriques et de vastes plantations à Ceylan ; elle distribue annuellement à ses actionnaires un dividende de plus d'un million.

C'est par la distillation que l'on prépare exclusivement aujourd'hui les acides gras chez nos voisins d'outre-mer. Les diverses huiles de poissons et les graisses altérées sont les seules matières grasses qui abondent en Angleterre, et la distillation seule permet d'opérer avec ces produits.

Mais la distillation, quand on ne l'exécute pas avec de très grands soins, donne des bougies qui sont bien inférieures à celles que l'on obtient par la saponification calcaire. Il résulte de là que la bougie stéarique des Anglais est bien différente de la nôtre ; elle exhale une odeur désagréable, qui provient de l'impureté des acides gras obtenus par la distillation de l'huile de palme. Ceux de nos lecteurs qui sont allés en Angleterre, ont pu se convaincre de la réalité de ce fait. La bougie stéarique, qui, en France, laisse peu à désirer, n'est pas, en Angleterre, de beaucoup supérieure à la chandelle ; on ne peut la manier sans que les doigts en conservent une odeur désagréable et persistante. A la vérité, il existe dans la Grande-Bretagne des bougies d'une admirable pureté et qui sont même supérieures à toutes les nôtres : ce sont les bougies faites de blanc de baleine purifié (*spermaceti*). Mais c'est là un éclairage de luxe. Ces bougies, qui sont souvent teintes avec du *gambage* et portent le nom de *cire transparente*, se vendent 3 francs la livre. En Angleterre, la classe riche peut donc se procurer un éclairage à la bougie irréprochable (1). Mais, comme les produits plus communs manquent totalement, la classe peu aisée est, sous ce rapport, beaucoup moins favorisée qu'en France, où le plus pauvre ménage peut s'éclairer avec le même luxe qu'un ministre ou un agent de change.

Il est enfin une catégorie de produits stéariques qui offre un très haut degré d'intérêt, parce qu'elle est peut-être destinée à ouvrir un avenir tout nouveau à l'industrie qui nous occupe : nous voulons parler des acides gras que l'on a essayé de préparer, à Liverpool et à Londres, au moyen de la *saponification par l'eau.* Quelques considérations théoriques vont nous rendre compte de la nature et des moyens pratiques de cette nouvelle méthode de traitement des corps gras.

Les chimistes savent que lorsqu'on soumet un éther composé à la double influence de la chaleur et de l'eau, on décompose cet éther en alcool et en un acide : la vapeur d'éther acétique, par exemple, mêlée à de la vapeur d'eau, et soumise, dans un tube, à une température convenablement élevée, donne naissance à de l'alcool et à de l'acide acétique. Cette décomposition, que la chaleur provoque, peut aussi se produire par la seule action du temps. L'éther acétique, conservé plusieurs années en présence d'une petite quantité d'eau, s'altère, devient acide, et si on l'examine alors, on trouve qu'il renferme de l'alcool et de l'acide acétique. Or, les principes immédiats qui composent les corps gras naturels, la stéarine, l'oléine, la margarine, etc., considérés au point de vue théorique, sont de véritables éthers composés. Ainsi que l'a montré M. Chevreul, presque au début de la chimie organique, l'acide stéarique et la glycérine représentent les deux éléments de cette espèce d'éther que constitue la stéarine. Mais, de même que les éthers composés se transforment en alcool et en un acide, sous l'influence de la chaleur et de

(1) Seulement, le point de fusion de ces bougies est très bas. Elles fondent à 44 degrés, tandis que la bougie stéarique fond à 54 degrés ; il en résulte qu'elles coulent plus facilement que les bougies stéariques.

l'eau, de même aussi les principes immédiats des corps gras peuvent se transformer en acides gras et en glycérine par la seule action de l'eau et du calorique. Si l'on soumet, en effet, de la stéarine, de l'oléine, ou plus simplement un corps gras naturel, tel que du suif, à l'action de la chaleur et de l'eau, on le décompose en glycérine et en acides gras, en d'autres termes, on le saponifie. Ainsi, cette saponification, que l'on ne produit d'ordinaire que par l'action des bases alcalines sur les matières grasses, et qui peut aussi prendre naissance par l'influence des acides puissants, peut encore s'accomplir par l'action seule de l'eau et d'une haute température.

L'application pratique de ces vues élevées de la théorie n'a pas échappé aux chimistes de nos jours. M. Dubrunfaut avait remarqué, en appliquant son procédé de distillation que nous avons mentionné plus haut, que lorsqu'on fait passer sur un corps gras de la vapeur d'eau surchauffée, on observe, dans ce corps gras, une *modification particulière*. En 1854, un chimiste américain, M. Tilgman, a trouvé le moyen de provoquer, par la seule action de l'eau, la saponification des corps gras. Il prit un brevet en Amérique, pour l'application d'un procédé qui consiste à émulsionner, c'est-à-dire à mélanger intimement, par une agitation convenable, la matière grasse avec l'eau, et à introduire ce mélange dans les tubes de fer que l'on expose à une température de 330 à 340 degrés. Mais l'emploi de cette méthode présentait trop de dangers pour qu'elle fût adoptée dans l'industrie. La pression de la vapeur portée à la température de 340 degrés est tellement considérable, qu'il y a lieu de redouter la rupture des tubes, et par suite, l'incendie.

Un chimiste belge, très distingué, M. Melsens, a reconnu plus récemment que l'addition d'une petite quantité d'acide à la matière grasse émulsionnée par l'eau, favorise singulièrement la saponification de la graisse par le calorique. M. Melsens fait usage d'une eau contenant des traces d'un acide puissant, comme l'acide sulfurique, ou des quantités un peu plus fortes d'un acide faible, tel que l'acide borique. Il renferme ce mélange dans un autoclave, c'est-à-dire dans un vase métallique aux parois épaisses, extrêmement résistant et hermétiquement clos. Cet autoclave étant exposé à l'action du calorique, la vapeur formée à l'intérieur acquiert la pression et la température suffisantes pour déterminer la saponification du corps gras. On sépare ensuite, selon le procédé ordinaire, l'acide liquide de l'acide concret.

Mais cette méthode n'est pas plus pratique que la précédente; elle expose aux mêmes inconvénients comme aux mêmes dangers, et l'on trouverait difficilement un industriel osant faire fonctionner un autoclave qui renfermerait de la vapeur portée à la pression de 12 ou 15 atmosphères.

Le résultat des tentatives nouvelles, qui avaient pour but la préparation des acides gras au moyen de l'eau et d'une température élevée, a conduit le savant et habile directeur de la société *Price*, M. Wilson, à une nouvelle modification de cette méthode de distillation des corps gras. M. Wilson supprime l'eau et distille directement l'huile de palme à une température, toujours fixe, de 400 degrés. Ce mode simple et nouveau de traitement des corps gras, paraît fournir de très bons résultats; mais il ne faut pas oublier qu'il s'agit de l'Angleterre, c'est-à-dire d'un pays où le public se montre peu difficile sur la qualité des bougies. Tout corps gras, qui brûle sans mèche et qui est peu coloré, est réputé de bon usage. Ces procédés qui sont peut-être suffisants pour traiter l'huile de palme, et qui ne constituent guère qu'un moyen de blanchir ce produit et de le solidifier, seraient plus difficiles, nous le croyons, à faire admettre en France. Quoi qu'il en soit, les ateliers de M. Wilson emploient très en grand ce nouveau moyen.

Nous dirons, pour résumer ce qui concerne la préparation des acides gras par la seule action de l'eau et de la chaleur, que cette méthode constitue une brillante application des théories modernes de la chimie organique. Elle est essentiellement neuve, car c'est grâce à l'Exposition universelle que les industriels du reste de l'Europe en ont eu connaissance. Mais elle n'en est encore qu'à ses premiers pas, de sorte qu'il est impossible de prévoir les résultats qu'elle pourra donner dans l'avenir. Si l'on parvient à régulariser cette opération, elle pourra peut-être remplacer un jour les deux procédés qui sont actuellement en usage. On pourrait ainsi singulièrement simplifier le manuel opératoire, car on produirait du même coup et la saponification de la matière et la distillation de l'acide gras. Mais les pressions énormes auxquelles il faut avoir recours inspirent, avec raison, de sérieuses craintes aux fabricants qui seraient tentés d'essayer ce procédé, et tel est l'obstacle qui a arrêté jusqu'à ce moment le développement de cette intéressante méthode. Toutefois, plusieurs expérimentateurs sont en ce moment à l'œuvre, et la préparation des acides gras par l'action de l'eau, qui n'existe qu'en germe en ce moment, est peut-être appelée à devenir un jour la méthode universelle.

ÉCLAIRAGE ET CHAUFFAGE PAR LE GAZ.

L'Exposition universelle n'a révélé, dans la fabrication du gaz employé à l'éclairage, aucun progrès digne d'être signalé. Si l'on en excepte le système pour la préparation du gaz de houille, de M. Boysen, de Hambourg, on ne voyait guère, dans l'Annexe, que quelques plans nouveaux pour la construction des usines, et un petit nombre d'appareils pour le service et l'exploitation du gaz. On peut dire que les procédés de préparation et d'épuration du gaz de houille en sont encore à peu près au point où ils se trouvaient il y a dix ans.

Toutefois, si le gaz appliqué à l'éclairage ne nous offre rien d'important à considérer ici, il est un autre emploi du même produit qui va nous présenter des résultats curieux autant que nouveaux : nous voulons parler du *chauffage au moyen du gaz.*

Notre époque se distingue entre toutes par une succession de découvertes admirables qui surgissent de tous les coins de l'Europe, plus empressée, plus ardente que jamais à scruter les causes et les ressorts cachés des phénomènes naturels dont nous sommes les témoins. Mais ces conquêtes multipliées de la science moderne ne doivent pas rester stérilement confinées dans le domaine étroit des pures théories. Ce qui fait la force et la valeur des travaux dans les sciences positives, ce sont les applications qui peuvent en résulter; une découverte n'est bonne et valable aujourd'hui que lorsqu'elle laisse entrevoir des résultats utiles pour la pratique des diverses industries, pour le perfectionnement des arts ou pour l'avancement d'autres sciences. Nous sommes depuis longtemps en possession d'un grand nombre de données théoriques précieuses sur les meilleures conditions à remplir pour le chauffage public ou privé. Mais ces connaissances sont peu répandues; elles sont même ignorées de beaucoup de physiciens, qui n'ont pu les étudier que par analogie ou par déduction des phénomènes d'une autre branche de la physique. En transportant, sans retard, ces principes théoriques sur le terrain de l'application pratique, on réaliserait les améliorations les plus utiles au bien-être général.

L'art du chauffage n'est pas beaucoup plus avancé aujourd'hui chez les Français qu'il ne l'était chez les Gaulois, leurs ancêtres. L'absurde cheminée, le chauffage par le bois et le charbon, tel est encore aujourd'hui, comme il y a dix siècles, le dernier mot de l'art. Entre les cheminées de nos plus beaux salons du jour, et celles que l'on a retrouvées dans les maisons romaines ensevelies sous les cendres d'Herculanum, il y a, au point de vue scientifique, une parité complète. Mais les Romains ignoraient les lois du calorique rayonnant, et se souciaient peu de la conductibilité et de la dilatabilité de l'air. Nous n'avons pas la même excuse.

On a calculé qu'avec les cheminées du *bon vieux temps*, celles qui pouvaient abriter toute une famille sous leur respectable manteau, et recevoir quatre ramoneurs de front dans leur tuyau, plus respectable encore, on ne retirait qu'un et demi à deux pour cent du calorique développé par la combustion du bois. Ce système élémentaire de chauffage a été un peu amélioré depuis nos aïeux : les cheminées actuelles nous font jouir du huitième ou du dixième de la chaleur produite dans le foyer. On consomme annuellement en France pour 150 millions environ de combustible, et l'on n'en utilise guère que pour 15 millions ; le reste s'envole sur les toits.

Ce résultat déplorable est inhérent d'une manière irrévocable, aux dispositions et au principe de nos cheminées, dont il serait trop long d'énumérer tous les défauts. Contentons-nous de dire que la situation du foyer, placé contre l'une des parois de l'appartement, fait déjà perdre une grande partie de la chaleur rayonnante du combustible en ignition. Mais un vice plus grave encore, car il est tout à fait sans remède, c'est l'existence de cette énorme conduite, destinée à livrer passage aux produits de la combustion, et qui, par un contre-sens monstrueux, emporte constamment l'air à mesure qu'il s'échauffe dans le foyer. Conservé dans l'appartement, cet air chaud en élèverait promptement la température ; mais il s'échappe au plus vite, et se trouve tout aussitôt remplacé par l'air froid de l'extérieur, qui, se glissant par le dessous des portes et des jointures, vient, au grand détriment de l'effet calorifique, incessamment remplir ce tonneau des Danaïdes incessamment vidé. Aussi, le seul bénéfice qui résulte, de nos cheminées, sous le rapport calorifique, réside dans le rayonnement du foyer qui échauffe l'air placé dans son voisinage. Mais cet air chaud ne persiste pas longtemps, car l'air du dehors vient promptement prendre sa place. M. Péclet, qui a écrit un ouvrage estimé sur les *Applications de la chaleur*, disait un jour : « Les architectes comprennent si » mal les principes de l'application du calorique, que la place la » plus chaude d'une maison se trouve sur les toits. » Ce mot n'était pas seulement un trait d'esprit, c'était aussi un trait de bon sens : le bon sens et l'esprit sont plus proches parents qu'on ne l'imagine. Mon ami A. T..., qui s'y connaît, disait fort bien : « L'esprit est la gaieté du bon sens. »

Ces immenses erreurs économiques, qui sont commises depuis

des siècles dans la pratique du chauffage, on les ferait disparaître si l'on consacrait au chauffage le gaz qui n'est employé aujourd'hui qu'à nous éclairer. C'est ce que nous allons essayer d'établir ici.

Que l'on veuille bien admettre un instant avec nous que le chauffage par le gaz, reconnu praticable et utile, soit installé dans nos maisons. Supposez donc, cher lecteur, qu'au lieu de vous chauffer, comme vous le faites en ce moment, devant le traditionnel foyer de votre cheminée élégante, à l'aide d'un feu pétillant de bois sec, qui rôtit vos tibias pendant qu'un courant d'air froid, qui se glisse sournoisement par dessous la porte, vient vous glacer les talons et le dos; supposez que votre appartement soit soumis à la douce influence du calorique émané d'un jet de gaz artistement disposé. Admettez encore que votre intelligente ménagère ait remplacé, dans sa cuisine, le dispendieux charbon de bois par le service complaisant du gaz, et permettez-nous d'énumérer les avantages, les bénéfices, les jouissances diverses qui résulteraient pour vous de cette substitution heureuse.

Il y aurait, en premier lieu — mettons l'utile avant l'agréable — une économie importante sur la somme annuellement consacrée à l'achat du combustible. Nous n'entrerons pas ici dans des détails de chiffres qui ont été souvent reproduits, et qui établissent d'une manière frappante, incontestable, la supériorité économique que présente l'emploi du gaz sur tout autre mode de chauffage. Comme une preuve que chacun peut facilement vérifier, nous invoquerons seulement ce fait, qu'une lampe à modérateur ou un quinquet ordinaire, brûlant pendant une heure dans un appartement fermé, de dimensions moyennes, élève de plus de 10 degrés la température de cette enceinte. Tout le monde connaît la chaleur, vraiment insupportable, que l'on ne tarde pas à éprouver dans les magasins fermés où brûlent trois ou quatre becs de gaz. Ce dernier effet calorifique est dû à ce que l'air échauffé ne se perd point au dehors, et que la chaleur dégagée par la combustion est ainsi mise à profit dans sa totalité,

A cette première économie sur l'agent du chauffage pris en lui-même, il convient d'ajouter celle que l'on réaliserait, d'un autre côté, en se trouvant débarrassé de l'emmagasinage du bois et du charbon, de leur transport journalier par les domestiques, des détournements, des vols, etc.

La cuisine se ferait plus économiquement qu'elle ne se fait aujourd'hui.

Ce qui précède concernait l'utile; voici maintenant pour l'agréable.

On serait dispensé, avec le gaz, de l'ennui d'allumer le feu et de l'ennui de l'éteindre; on serait affranchi de la juste préoccupation que l'on éprouve, relativement à l'incendie, quand on laisse, en sortant de chez soi, un feu allumé. Pour éteindre, comme pour rallumer le feu, il suffirait de fermer ou d'ouvrir un robinet.

Il suffirait encore de fermer un robinet pour éteindre le feu dans son salon et le rallumer aussitôt dans sa chambre à coucher. Et quel avantage de pouvoir ainsi, sans autre dépense ni embarras, transporter son chauffage de la salle à manger au salon, du cabinet de travail à la chambre à coucher, etc.

On serait débarrassé, avec le chauffage par le gaz, d'un *ennemi de la maison*, de la fumée, qui est, selon le latin, l'un des trois fléaux de nos demeures :

Sunt tria damna domûs : imber, mala fœmina, fumus.

Avec le gaz, plus de fumée qui salit les rideaux, qui fane les meubles, qui noircit les papiers et les livres, et oblige à de fréquents blanchissages des housses et des rideaux, qui altère encore et salit nos poumons, chose plus difficile à nettoyer.

Enfin, la substitution du gaz au mode actuel de chauffage, permettrait d'améliorer singulièrement la construction des logements et des édifices. On remplacerait nos lourdes cheminées par des appareils bien plus élégants. Les énormes conduites, plaquées le long des murs, qui occupent un espace si précieux, dépassent les combles, et sont d'un si grand embarras pour la distribution des appartements et de leurs diverses pièces, deviendraient inutiles et livreraient à l'architecte tout l'espace qu'elles absorbent aujourd'hui.

Mais il est des préjugés dans l'ordre du sentiment, et ce ne sont pas les moins rebelles. Le désir, le besoin de voir le feu, est un de ces préjugés du sentiment. On consent à sentir ses pieds gelés, et froide l'atmosphère de son appartement, mais on veut absolument voir le feu. Se griller les yeux est un besoin enraciné et irrésistible. Le feu égaie, dit-on, le feu tient compagnie ; le feu est comme une image de la vie, et sa vue récrée comme l'aspect de la vie en action. Mais rien n'est plus facile que de satisfaire à ce désir, avec le chauffage au gaz. Nous ne parlons pas ici, comme l'ont proposé d'ingénieux poêliers parisiens, d'imiter, par quelques *paillons* d'oripeaux, des foyers qui ne brûlent pas, ou de peindre, avec du vermillon, des flammes de Bengale qui ne blessent point les yeux. L'artifice dont il s'agit ici est tout autre. Dans le foyer où brûle le gaz, placez une certaine quantité de brins d'amianthe entrelacés, et la flamme du gaz, qui ne répandait qu'une faible lueur, brillera aussitôt du plus vif éclat. Avec ces grilles d'amianthe que l'on voyait en grand nombre à l'Exposition, on peut créer, à l'aide du gaz, toute espèce d'arabesques et d'ornements fantastiques dont les traits sont des traits de feu, et dont l'artiste s'appelle Prométhée. Ces foyers artificiels portent en Allemagne le nom de *bûches incombustibles* ou de *bûches éternelles*.

A cette série d'avantages auxquels donnerait lieu l'emploi du gaz dans le chauffage domestique, on peut ajouter cette dernière circonstance, que les maisons pourraient à l'avenir se louer avec le feu, comme on les loue aujourd'hui avec la lumière et l'eau, comme on les louera un jour avec la télégraphie pour les communications d'étage à étage, et avec les cadrans électriques pour la distribution commune et simultanée des heures.

Le tableau rapide que nous venons de tracer, des améliorations utiles apportées au service de notre vie intérieure par

....

l'emploi du gaz comme agent de chauffage, paraîtra sans doute à plusieurs lecteurs composé de traits d'imagination et de fantaisie. Hâtons-nous de montrer que tous ces perfectionnements qui frappent à nos portes, et dont la routine et l'ignorance aveugle pourraient seules nous empêcher de jouir, ne sont point des chimères enfantées à plaisir, mais bien de palpables réalités. Tous ces divers avantages peuvent, quand on le voudra, être réalisés chez nous, par la raison toute simple qu'il sont déjà réalisés chez un peuple voisin.

Le chauffage au moyen du gaz est établi et fonctionne, depuis quelque temps, dans plusieurs villes de l'Allemagne. Dans la seule ville de Berlin, huit mille becs de gaz sont consacrés chaque jour au chauffage des établissements publics et des maisons particulières.

M. Elssner, de Berlin, le principal constructeur en Allemagne des appareils à gaz destinés au chauffage, avait envoyé tous ses modèles à l'Exposition universelle. Nous pourrons donc décrire avec exactitude les moyens qui sont mis en usage chez nos voisins, pour l'emploi du gaz comme combustible dans l'intérieur des maisons.

Le mode général de distribution de gaz, dans les appareils de M. Elssner, consiste à faire dégager le fluide gazeux par une lame métallique criblée d'une infinité de trous, et formant une sorte de tamis métallique.

Les *poêles à gaz* de M. Elssner, qui sont d'un si grand usage à Berlin et dans quelques autres villes de l'Allemagne, se composent d'un simple tuyau cylindrique de tôle, qui enveloppe de toutes parts la flamme du gaz. L'air chaud se dégage dans l'appartement, et il y persiste sans trouver d'issue au dehors; la température du lieu est ainsi promptement élevée, et elle se maintient constante.

L'expérience a montré que cette combustion du gaz dans l'intérieur des appartements, sans qu'il existe de communication avec l'extérieur pour le dégagement de l'acide carbonique, n'offre aucun inconvénient pour la santé des personnes qui séjournent dans cet espace. On avait, dans le début, ouvert aux produits de la combustion une communication avec le dehors, en surmontant l'extrémité du tuyau du poêle à gaz, d'une sorte d'entonnoir, terminé par un tube de fer d'un diamètre médiocre, qui aboutissait au tuyau d'une cheminée; mais cet accessoire a été supprimé par suite de son inutilité reconnue. Les communications accidentelles, qui s'établissent forcément, avec l'air extérieur, dans une pièce chauffée, suffisent pour rendre tout à fait inoffensive la quantité d'acide carbonique qui provient de la combustion du gaz, quantité assez petite, d'ailleurs, en raison du faible volume de gaz qu'il faut dépenser pour le chauffage d'une chambre fermée. Quant aux dangers que l'on pourrait redouter de l'introduction quotidienne du gaz dans l'intérieur des appartements, ces craintes, assez naturelles *à priori*, n'ont été justifiées en rien par l'événement. Dans nos cheminées ordinaires, il est certain que la présence du feu est une source de dangers pour les habitations; mais les précautions que l'on sait prendre en mettent à l'abri. Il en est de même du gaz. Un peu d'attention et de surveillance écarte le danger de ce mode de chauffage. Ces précautions sont celles que l'on prend tous les jours dans les pièces éclairées par le gaz; elles ne sont ni plus assujettissantes ni moins efficaces, et se réduisent à s'assurer de l'état des robinets. L'expérience, cette maîtresse souveraine a, nous le répétons, suffisamment répondu aux craintes qu'il était légitime de concevoir sur ce point.

Les *fourneaux à gaz*, que M. Elssner construit pour le service des cuisines, sont presque en tout semblables aux fourneaux qui sont en usage dans nos ménages et où l'on brûle de la houille. Ils consistent en une sorte de caisse de fer quadrangulaire, sur laquelle on a pratiqué diverses cavités circulaires qui sont occupées par une lame métallique persillée de trous, livrant passage au gaz. Enflammé sur ce tamis métallique, le gaz sert à toutes les opérations de cuisine.

La *boîte à roti*, qui ne fait pas partie de ce fourneau, mérite d'être décrite à part. C'est une boîte de fer rectangulaire : le gaz y sort, à l'intérieur, par quatre jets disposés longitudinalement sur chaque face de la boîte. On suspend entre ces quatre jets de gaz la pièce à rôtir, qui n'a pas besoin d'être retournée, comme sur nos tourne-broches, puisqu'elle est soumise à l'action du feu de tous les côtés à la fois. La petite quantité d'eau dont nos ménagères ont coutume d'arroser les pièces à rôtir, pendant leur cuisson, peut être versée par une étroite ouverture munie d'un entonnoir, situé à la partie supérieure de la boîte; le jus de la viande est recueilli dans un petit tiroir placé au bas.

Les viandes sont très promptement rôties à la flamme du gaz, et elles ne conservent jamais la moindre odeur étrangère. Les appareils culinaires de M. Elssner ont été achetés pour le Conservatoire des Arts-et-Métiers, où on les a soumis à toute expérimentation nécessaire, et nous sommes à même d'assurer que les résultats obtenus ont été irréprochables.

Outre ses applications culinaires, le chauffage au gaz est employé en Allemagne pour toutes les industries, de natures très diverses, et où l'on a besoin d'avoir recours au calorique. Les fourneaux, pour cette application particulière, varient dans leur forme selon leur destination (1).

Nous croyons, par ce qui précède, avoir établi, d'une manière générale, les avantages qui résulteraient pour l'économie privée et publique, de l'emploi du gaz comme moyen de chauffage. Nous dirons quelques mots, pour terminer, de l'espèce particulière de gaz qui conviendrait le mieux pour cet objet. Le gaz de houille est en effet le seul que l'on ait jusqu'ici consacré à cette application nouvelle. Mais l'industrie produit, comme on le sait, plusieurs autres gaz propres à l'éclairage : tels sont le gaz retiré de l'huile, celui que l'on extrait de la résine, et celui qui provient de la décomposition de l'eau, et qui porte le nom de *gaz à l'eau*.

(1) Le chauffage par le gaz, qui est aujourd'hui si en faveur en Allemagne, a été employé d'abord en Angleterre, mais il n'y avait pris qu'une extension assez faible.

C'est ce dernier gaz qui nous paraît préférable à tous les autres, comme moyen et comme agent de calorique; il l'emporterait de beaucoup, sous ce rapport, sur le gaz extrait de la houille. Voici sur quels motifs nous croyons pouvoir fonder cette opinion.

Le gaz hydrogène, qui constitue presque exclusivement le *gaz à l'eau*, est de tous les gaz celui dont la puissance calorifique est le plus élevée. Il résulte de là qu'il est le plus économique comme agent de chaleur. D'un autre côté, ce gaz ne donne naissance, en brûlant, à aucun autre produit qu'à de la vapeur d'eau, qui résulte de la combinaison entre le gaz hydrogène et l'oxygène atmosphérique. Il est donc bien préférable, sous ce point de vue, au gaz de houille ou hydrogène bicarboné, qui donne nécessairement, en brûlant, de l'acide carbonique, et qui exhale, en outre, quand il est mal épuré, de l'acide sulfureux, dont la présence dans l'atmosphère est éminemment nuisible. Le gaz hydrogène, ne produisant que de l'eau par sa combustion, ne répand dans l'atmosphère aucun produit dangereux, car la vapeur d'eau qu'il y verse, loin d'offrir des inconvénients, présente l'avantage de rendre à l'air, desséché par la chaleur du foyer, son humidité normale. On a, en divers lieux, la coutume, bonne et sage, de placer sur les poêles de fonte un vase rempli d'eau, afin que l'évaporation de ce liquide restitue à l'atmosphère, desséchée par la chaleur du poêle, la quantité d'eau qu'elle a perdue. La combustion du gaz hydrogène dans l'air d'une chambre, produit naturellement le même effet. Dans cette curieuse circonstance, on voit donc le feu corriger lui-même ses mauvais effets; et, comme disait la chanson, à propos de la première pompe à feu établie à Chaillot,

On voit, ô miracle nouveau!
Le feu devenu porteur d'eau.

La fabrication du gaz hydrogène, par la décomposition de l'eau, a présenté longtemps de grandes difficultés. Sans entrer ici dans des détails qui seraient étrangers à l'objet que nous avons particulièrement en vue dans cet article, nous nous bornerons à rappeler que le procédé industriel pour la préparation de ce gaz est dû à M. Jobard. M. Selligue, son associé, le mit en pratique, vers 1844, dans son usine de Batignolles.

On sait que le gaz hydrogène n'est pas éclairant par lui-même; brûlé seul, il ne manifeste qu'une flamme presque invisible. Pour le rendre éclairant, M. Jobard faisait passer le gaz hydrogène, avant de le conduire aux becs, dans un réservoir d'huile de schiste, où il se chargeait d'une certaine quantité de vapeur de cette essence, ce qui le rendait très éclairant. Mais le procédé de M. Jobard, pour la décomposition de l'eau par le charbon, était peu économique. L'hydrogène était d'ailleurs mêlé d'une assez forte proportion d'oxyde de carbone, gaz extrêmement vénéneux et non éclairant.

Un industriel ingénieux, M. Gillard, a, dans ces derniers temps, beaucoup perfectionné les procédés de M. Jobard. Il a réussi à rendre très économique la préparation du gaz à l'eau; il est, en même temps, parvenu à obtenir l'hydrogène presque pur, et contenant beaucoup moins d'oxyde de carbone que n'en contient le gaz de houille. Par un artifice très curieux et qui constitue une application remarquable de faits empruntés à la physique, M. Gillard a substitué à l'addition des essences dans le gaz, pour le rendre éclairant, un mince réseau de fils de platine, qui, interposé au milieu de la flamme, lui communique un éclat vraiment extraordinaire. Le gaz hydrogène se prépare aujourd'hui sur une assez grande échelle, d'après le procédé de M. Gillard, dans une usine située à Passy, dont elle éclaire quelques rues. C'est le même gaz qui est quelquefois désigné sous le nom, impropre et ridicule, de *gaz-platine.*

Malgré les perfectionnements apportés par M. Gillard à la fabrication du gaz hydrogène extrait de l'eau, malgré les avantages évidents qu'il présente sous le rapport de la beauté, de la simplicité, et peut-être de l'économie de l'éclairage, le gaz à l'eau n'a pas encore réussi, on peut le dire, à se faire accepter. Le gaz de houille peut être livré à un prix si bas, qu'il constitue un concurrent des plus redoutables pour tout produit nouveau qui tenterait de se substituer à lui. Mais si le gaz de houille peut lutter avec avantage contre le gaz à l'eau, dans son emploi pour l'éclairage, les considérations exposées plus haut montrent qu'il est bien inférieur, pour le chauffage, au gaz hydrogène pur, qui ne laisse que de l'eau comme résidu de sa combustion et qui jouit d'un pouvoir calorifique bien plus élevé. Il y aurait donc, selon nous, un grand intérêt, et pour le public et pour la compagnie chargée de son exploitation, à employer d'une manière toute spéciale le gaz à l'eau comme source de calorique. Un avenir immense nous semble offert à cette entreprise, qui, sagement dirigée, produirait une révolution complète dans les procédés de chauffage qui sont employés chez la plupart des nations.

L'ÉCLAIRAGE ÉLECTRIQUE.

Il n'est personne qui n'ait été témoin, dans les fêtes publiques ou dans les spectacles, des effets merveilleux de l'éclairage électrique, et n'ait admiré la prodigieuse puissance de cette source lumineuse, qui rappelle, par son étonnante intensité, l'éclat même du soleil. Mais comment l'électricité, qui produit tant d'importants effets, peut-elle aussi produire ce résultat extraordinaire? C'est ce que nous allons essayer de faire connaître.

Si l'on attache deux fils métalliques aux deux pôles d'une pile voltaïque en activité, et que, sans établir entre eux le contact, on maintienne l'extrémité de ces fils à une certaine distance, suffisante pour permettre la décharge électrique, c'est-à-dire la recomposition des deux électricités contraires qui parcourent les conducteurs, il se manifeste une étincelle, ou plutôt une incandescence entre les deux extrémités de ces conducteurs. Cet effet lumineux provient de la neutralisation des deux électricités contraires, dont la recomposition développe assez de chaleur pour qu'il en résulte une apparition de lumière. Avec une pile composée d'un petit nombre d'éléments et qui ne fournit qu'un courant voltaïque d'une faible intensité, l'étincelle électrique, qui part entre les deux conducteurs, est d'un très faible éclat. Mais si l'on réunit, pour cette expérience, un nombre très considérable d'éléments voltaïques, on obtient un arc étincelant de lumière.

Le célèbre chimiste anglais Humphry Davy est le premier auteur de cette expérience admirable. Lorsque la munificence de ses concitoyens eut fait construire, pour servir à ses recherches, la grande pile de la Société royale de Londres, Humphry Davy observa que, si l'on termine les conducteurs de la pile par des morceaux de charbon taillés en pointe, la lumière électrique prend une intensité prodigieuse. Pour exécuter cette expérience, Davy renfermait les deux pôles de la pile, terminés par deux pointes de charbon, dans un vase de verre hermétiquement clos, et où l'on faisait le vide à l'aide de la machine pneumatique. Les deux conducteurs pénétraient à l'intérieur du globe de verre par deux ouvertures mastiquées avec un enduit résineux. Il était nécessaire, dans cette expérience, de faire intervenir le vide, parce que, quand on l'exécutait à l'air libre, les deux pointes de charbon ne tardaient pas à brûler par l'élévation extrême de la température, ce qui arrêtait la production du phénomène. Grâce à la disposition employée par le chimiste anglais, on évitait la combustion du charbon, et l'on pouvait prolonger un certain temps la durée de l'arc lumineux.

Cette expérience remarquable fut répétée, pendant bien des années, dans les cours publics de physique et de chimie. Elle était nécessairement d'une durée très courte, parce que les piles voltaïques, que l'on connaissait alors, ne pouvaient produire longtemps un courant énergique, et que le charbon végétal dont on faisait usage laissait dégager une abondante fumée, qui obscurcissait en peu d'instants les parois du globe de verre.

En 1843 parut la pile de Bunsen, modification de la pile de Grove, qui présente l'avantage inappréciable de fournir un courant continu et d'un effet énergique. La pile de Bunsen permit de tirer sérieusement parti d'une expérience qui n'avait offert, jusque là, qu'un spectacle curieux.

La pensée d'utiliser, pour l'éclairage, le remarquable phénomène découvert par Davy, appartient à M. Léon Foucault, qui, en 1844, fit, le premier, une application de la lumière fournie par l'électricité. M. Foucault avait réussi à rendre pratique l'usage de cette source lumineuse, grâce à un choix intelligent de l'espèce de charbon employé comme conducteur. Humphry Davy avait fait simplement usage de pointes de charbon de bois, mais la combustibilité trop vive de ce charbon exigeait l'emploi du vide, et cette nécessité était un grand obstacle dans la pratique. A ces cônes de charbon de bois, M. Foucault substitua de petites baguettes taillées, dans la masse du charbon dur et très peu combustible que l'on trouve dans les cornues où s'exécute la distillation de la houille pour la préparation du gaz de l'éclairage. La densité, la dureté extrême, et la très faible combustibilité de cette variété de carbone, que l'on désigne communément sous le nom de *charbon de gaz*, expliquent la supériorité qu'elle présente sur toutes les autres variétés de charbon pour la manifestation de la lumière électrique.

M. Léon Foucault se servit de la lumière provoquée par cette nouvelle et curieuse *Lampe électrique*, pour remplacer le soleil dans le microscope solaire. Avec cette lumière, il éclairait divers objets d'histoire naturelle de dimensions microscopiques destinés à être amplifiés par l'instrument. C'est par ce moyen que furent obtenues les planches gravées d'après les épreuves photographiques, qui composent l'atlas de microscopie publié par MM. Al. Donné et Léon Foucault.

Un de nos plus habiles constructeurs d'instruments de physique, M. Deleuil, a, le premier, fait usage de l'appareil de M. Foucault pour un essai d'éclairage public. Vers la fin de

1844, M. Deleuil exécuta cette expérience sur la place de la Concorde, à Paris. Nous faisions partie de la foule de curieux qui était accourue à cette expérience intéressante, où l'on put constater, malgré l'existence d'un épais brouillard, que la lumière émanée du foyer électrique traversait, sans affaiblissement, toute l'étendue de cette vaste place.

Au mois de juillet 1848, la même expérience fut répétée par Archereau. Placé dans la rue Saint-Thomas-du-Louvre, l'appareil de M. Archereau éclairait magnifiquement la façade des Tuileries; la lumière était douée d'une telle intensité, que l'on pouvait lire assez facilement l'écriture au guichet du Pont-Royal.

C'est à partir de cette époque que la lumière électrique, reconnue d'un usage pratique, a été, à diverses reprises, expérimentée en public, soit comme une sorte de divertissement dans des fêtes et réunions publiques, soit pour rendre certains services dans quelques cas spéciaux. On en fait, par exemple, un assez grand usage au grand Opéra de Paris, pour les effets de mises en scène ; et, par exemple, dans le dernier acte du *Prophète*, c'est par la lumière électrique que s'illumine le magique tableau de la destruction et de l'incendie du Palais.

L'appareil que M. Foucault avait construit, pour tirer parti de l'effet lumineux de la pile voltaïque, présentait cependant un inconvénient fort grave. Les pointes de charbon brûlaient au contact de l'air, et quoique cette combustion fût assez lente, elle n'en déterminait pas moins une usure progressive du charbon. On avait donc été obligé de munir l'appareil de deux vis, que l'on manœuvrait à la main, et qui opéraient le rapprochement des deux pointes de charbon au fur et à mesure de leur combustion. Mais c'était là une fonction délicate et difficile à remplir; il importait d'en affranchir l'opérateur, et de rendre l'appareil capable d'exécuter seul ces mouvements.

C'est encore à M. Léon Foucault qu'est dû le perfectionnement remarquable qu'il nous reste à signaler dans l'appareil photo-électrique, et qui a permis de transporter dans la pratique l'usage de cet instrument.

M. Foucault est parvenu à faire régler, par le courant électrique lui-même, la marche des charbons au fur et à mesure de leur combustion. La *lampe électrique* présente donc ce fait très remarquable, que l'agent producteur du phénomène lumineux, c'est-à-dire l'électricité, gradue et modère lui-même les phénomènes auxquels il donne naissance.

Voici par quelle ingénieuse disposition on fait régler par le courant électrique, qui anime l'appareil, la marche des deux charbons lumineux.

Un ressort d'acier agit continuellement sur les deux baguettes de charbon, pour les rapprocher l'une de l'autre. Mais l'effet de ce ressort est paralysé par l'influence attractive d'un électro-aimant, qui reçoit son action électro-dynamique du courant même de la pile voltaïque qui donne naissance à l'arc lumineux. Quand les charbons viennent à s'user, par suite de leur combustion, la distance entre les deux pôles de la pile augmente, et, par conséquent, le courant électrique perd de son intensité. Par suite de cet affaiblissement du courant voltaïque, l'électro-aimant, qui tire sa puissance de ce courant, perd une partie de sa force, et il ne peut plus contre-balancer, comme auparavant, l'action du ressort d'acier qui tend à rapprocher l'une de l'autre les deux baguettes de charbon. Ces dernières, obéissant dès lors à l'action de ce ressort, qui n'est plus suffisamment contre-balancé, se rapprochent l'une de l'autre jusqu'à ce que la distance qui les séparait primitivement se trouve rétablie. La répétition continue de ces influences et des mouvements qui en sont la suite, assure la fixité de l'arc lumineux.

C'est en 1849 que M. Foucault réalisa, pour la première fois, ce perfectionnement capital de la lampe photo-électrique. A la même époque, un constructeur anglais, M. Staite, imaginait un appareil analogue. Mais bien que le physicien anglais ait en sa faveur l'antériorité de publication, l'idée du régulateur électro-magnétique et sa première exécution pratique appartiennent à notre ingénieux et savant compatriote.

Depuis l'époque où M. Foucault a fait connaître ce curieux

appareil, différents constructeurs en ont modifié les dispositions mécaniques et les organes accessoires. On a remarqué à l'Exposition des *lampes électriques*, modifiées avec plus ou moins d'avantages en ce qui concerne le *régulateur électro-magnétique*. MM. Jules Duboscq, Deleuil et Loiseau avaient présenté des appareils de ce genre.

Le plus parfait de ces instruments est, sans aucun doute, celui de M. Duboscq, dont nous regrettons de ne pouvoir donner ici une description détaillée.

L'appareil de M. Duboscq a été soumis à un grand nombre d'essais et d'expériences, qui ont démontré qu'il atteint parfaitement son but, c'est-à-dire qu'il donne à l'arc lumineux une fixité constante et une très longue durée. Toutes les personnes qui ont pu être témoins des effets de la lumière électrique, ont reconnu qu'il existe des interruptions, des intermittences, des variations très marquées dans l'intensité et même dans l'existence de la lumière. Cette interruption d'effet, qui était un des inconvénients attachés à l'emploi de cette source lumineuse, a disparu complétement depuis que M. Duboscq a construit son excellent régulateur électrique.

On lira peut-être avec intérêt quelques détails sur une application récente qui a été faite de cet appareil.

La Commission impériale du palais de l'Industrie a fait éclairer par la lumière électrique les ouvriers occupés au travail de la construction des gradins et de la décoration de la grande nef de l'Exposition, pour la solennité de la clôture. Les appareils de M. Duboscq ont éclairé pendant treize heures consécutives et sans interruption.

Une lampe électrique avait été placée à chacune des deux extrémités de la nef. Chaque lampe était mise en action par une pile formée de cent éléments de Bunsen. La première de ces lampes a marché de 5 heures à 10 heures et demie du soir. La seconde de 10 heures et demie à 3 heures du matin, et de 3 heures à 6 heures. On a ensuite réuni les deux lampes pour les faire fonctionner ensemble, en envoyant parallèlement leurs rayons. Lorsque le jour parut, la lumière était encore dans toute son intensité. Il est à regretter qu'on n'ait pas prolongé davantage encore la marche des deux appareils, afin de constater, par expérience, le temps pendant lequel ils pourraient fonctionner sans affaiblissement de lumière. Toutefois, l'intervalle de 13 heures, pendant lequel la lampe électrique de M. Duboscq a éclairé sans interruption, est le plus long que l'on ait encore obtenu depuis que la lumière électrique est mise à contribution pour les travaux de nuit.

Ce résultat est d'autant plus satisfaisant, que, dans l'expérience que nous venons de rapporter, l'appareil éclairant se trouvait placé à une distance de 260 mètres de la pile voltaïque, condition qui ne peut être que défavorable. Il n'est résulté de cet éloignement aucun changement dans l'éclat de la lumière, ce qui fait espérer que l'on pourrait porter plus loin encore la distance entre la pile et les charbons éclairants.

M. Duboscq fait usage d'un artifice fort simple, pour prolonger le temps de l'expérience. Comme les charbons finissent par s'user et par disparaître en entier au bout d'un certain nombre d'heures, il dispose deux appareils sur le même fil. Quand les charbons du premier appareil sont usés, on enlève cet appareil et on fait passer le courant électrique dans le second. Cette substitution étant instantanée, n'amène aucune interruption dans l'éclairage, et l'on pourrait, de cette manière, prolonger l'expérience indéfiniment.

En voyant le puissant effet lumineux dû à la lumière électrique, il n'est personne qui ne se demande quel est l'avenir réservé à cette invention remarquable, et qui n'espère voir bientôt les lampes électriques employées pour les besoins de l'éclairage. Cette question mérite d'être soumise à un examen attentif.

C'est une erreur de croire, comme le font bien des personnes, que l'obstacle qui arrête l'application des lampes électriques à l'éclairage public ou privé, provienne de la dépense qu'elles entraîneraient. Cette dépense est médiocre; comparée à l'effet lumineux produit, elle est même notablement inférieure à celle de nos modes habituels d'éclairage. L'obstacle qui s'oppose à son adoption réside dans les propriétés mêmes de la lumière électrique qui ne se prêteraient point avec avantage aux conditions habituelles de l'éclairage.

Ce qui distingue la lumière électrique de toutes les autres sources lumineuses, c'est qu'elle a pour effet de concentrer au même point une quantité prodigieuse de rayons lumineux. Ce fait exige une explication.

La lumière qui prend naissance dans le mode d'éclairage ordinaire, dans la combustion de l'huile, des bougies, etc., n'a pas la propriété de concentrer sur un même point tous les rayons lumineux qui en émanent; la lumière se dissémine dès le moment de sa production. Une lampe à huile transporte sa lumière jusqu'à la distance d'une lieue, par exemple. Mais réunissez deux lampes à huile, d'une égale intensité, elles n'éclaireront pas à deux lieues; à peine seront-elles visibles à une lieue et quelques mètres. C'est donc parce que la lumière émanée de l'huile en combustion est promptement disséminée dans l'air, que ces deux lampes ne peuvent, dans le cas dont nous parlons, ajouter leurs effets l'un à l'autre, pour les transporter à une distance éloignée. Il est évident, en effet, que si l'on pouvait concentrer en un même point mathématique la lumière émanée de ces deux lampes, cette lumière serait visible à une distance double, à la distance de deux lieues. Or, cet effet de concentration de la lumière est précisément la propriété toute spéciale qui distingue la source lumineuse qui provient de l'électricité. C'est parce qu'elle concentre et accumule en un point unique une masse énorme de rayons lumineux, que la lumière électrique perce avec une facilité incroyable les brouillards et les brumes, et se transporte à de prodigieuses distances.

La qualité toute spéciale, l'avantage réel de la lumière électrique, c'est donc de transporter au loin les effets lumineux, d'être visible à des distances très considérables. Ce mode d'illumination est, d'après cela, éminemment utile pour l'éclairage des phares et des signaux, pour les télégraphes aériens que l'on fait fonctionner pendant la nuit, pour les signaux militaires, etc. Elle présente, en particulier, pour l'illumination des phares, une supériorité immense sur tous les autres modes d'éclairage, et il est à regretter que l'on n'ait pas encore songé à l'adopter dans ce cas spécial. Lorsque, dans la grande nef de l'Exposition, la foule admirait ce magnifique phare de Fresnel, élevé par l'administration centrale, nous partagions le sentiment de tous les visiteurs, empressés de louer les irréprochables dispositions de cet appareil magnifique. Mais nous ne pouvions nous empêcher d'éprouver un sentiment de regret, en songeant au perfectionnement si important qu'aurait produit la substitution d'une lampe électrique à la lampe à huile adoptée par Fresnel, substitution à laquelle il est bien surprenant que personne n'ait encore songé dans l'administration savante à laquelle appartient la direction des phares disposés sur nos côtes.

Mais cette qualité spéciale que présente la lampe électrique, de transporter la lumière à des distances considérables, si utile pour le cas de l'illumination lointaine, perd la plus grande partie de son importance quand il s'agit de l'éclairage public ou privé. Cette propriété d'éclairer très loin et de concentrer en un même point une excessive intensité lumineuse, ne saurait en effet convenir aux cas habituels de l'éclairage. Installé au milieu d'une place publique, un phare électrique ne serait d'un avantage positif qu'à la circonférence de la région illuminée. Au centre et à une certaine distance de ce point, l'effet de cet éclat serait inutile et par conséquent perdu.

En diverses occasions, on a parlé d'installer au-dessus d'une ville et à une certaine élévation dans les airs, un phare rayonnant sur la cité entière. Mais, pour combattre les ombres, il faudrait donner au foyer lumineux une extraordinaire intensité. Quelle que soit la puissance éclairante de la lumière électrique, elle est bien loin d'égaler celle du soleil. Pour produire sur une ville, avec un foyer électrique, un effet comparable à celui de la lumière du jour, il faudrait faire usage d'une telle quantité d'électricité que la dépense dépasserait toute mesure. Enfin, si cet éclairage artificiel produisait un résultat utile dans les points éloignés de son centre, il aurait l'inconvénient d'éblouir les personnes placées dans le voisinage du foyer.

C'est pour parer, dans le cas dont nous parlons, à ce dernier inconvénient, qu'Arago avait proposé d'établir un phare unique, invisible pour les personnes placées au-dessous, et dont la lumière, allant se réfléchir sur les nuées, retomberait sur la ville. Mais le ciel n'est pas toujours couvert de nuages, et, en leur absence, où seraient les effets de ce phare gigantesque? Ils se perdraient dans le rayonnement vers les espaces célestes; ils n'éclaireraient que les plaines inhabitées de l'air.

De tous les projets conçus pour appliquer la lumière électrique à l'éclairage public, le seul auquel on puisse sérieusement s'arrêter, dans l'état actuel de nos connaissances, ce serait d'établir dans une ville une dizaine de phares éclairant une certaine étendue. Ce projet n'a, comme on le voit, rien de commun avec la pensée, si souvent exprimée, d'employer la lueur d'un seul phare, pour une cité entière, d'éclairer, par exemple, tout Paris à l'aide d'un phare électrique dressé sur la colline Montmartre. Encore ce système d'éclairage, par les raisons déduites plus haut, ne satisferait-il que médiocrement aux conditions requises.

Si l'on ne peut, dans l'état actuel de nos connaissances, songer à consacrer la lumière électrique à l'éclairage public, sur nos places et dans nos rues, peut-on espérer, au moins, de la faire servir à l'éclairage privé dans l'intérieur de nos maisons? La réponse à cette question ne sera pas plus satisfaisante que la précédente.

Pour pouvoir appliquer la lumière électrique à l'éclairage privé, il faudrait perfectionner singulièrement ce que nous possédons aujourd'hui, ou plutôt inventer quelque système entièrement nouveau, et dont nous ne pouvons, dans le moment actuel, concevoir la moindre idée. Pour tirer parti de la lumière électrique dans les conditions ordinaires de l'éclairage, il faudrait, en effet, pouvoir parvenir à diminuer son intensité excessive, et la réduire à ne fournir que le volume de lumière que donnent les appareils dont nous faisons habituellement usage. Il faudrait pouvoir diviser en fractions plus petites, il faudrait pouvoir partager en mille petits flambeaux, l'ardent foyer lumineux que produit la lampe électrique. Or, dans l'état actuel de nos connaissances sur l'électricité voltaïque, ce résultat est impossible à réaliser. Pour donner naissance, avec la pile électrique, à un arc lumineux d'un effet convenable, il faut employer une pile formée au moins de cinquante éléments de Bunsen. Avec quarante éléments, la lumière est beaucoup moindre ; à trente, elle est plus faible encore ; à vingt, aucun effet lumineux n'apparaît plus. Le problème de la division de la lumière électrique en un certain nombre de petits flambeaux, est donc insoluble, au moins au moment actuel ; la lumière électrique ne pouvant prendre naissance et se manifester qu'à la condition de développer une masse énorme d'effet lumineux, et disparaissant en entier si l'on essaie de réduire cet effet à des proportions plus faibles.

Toutefois, les difficultés que le passé n'a pu résoudre, il appartient sans doute à l'avenir de les surmonter. Espérons que le problème de la production de la lumière électrique, avec une pile composée d'un petit nombre d'éléments, sera un jour résolu. Aucune question plus importante ne saurait s'offrir aux efforts, aux méditations des hommes pratiques et des savants.

LES

NOUVEAUX PROCÉDÉS DE CONSERVATION

DES

SUBSTANCES ALIMENTAIRES.

Tout ce qui se rattache à l'alimentation publique présente, dans les circonstances actuelles, un puissant degré d'intérêt : la conservation des matières alimentaires doit donc vivement préoccuper les économistes et les savants. Cette préoccupation se traduisait sous mille formes, à l'Exposition universelle de 1855, et le problème de la conservation des produits organiques s'y trouvait représenté par un grand nombre de tentatives entreprises en vue de ce résultat. Il importe, à plus d'un titre, d'essayer de fixer l'opinion du public sur la valeur et la portée réelles de ces différents essais. Nous allons donc passer successivement en revue les divers procédés de conservation des substances alimentaires qui ont été proposés ou mis en pratique dans ces dernières années.

Pour que l'on puisse saisir tous les détails des faits que nous aurons à passer en revue, nous devons commencer par faire connaître les principes scientifiques, déduits de l'expérience, qui servent de base à tous les procédés de conservation des matières alimentaires.

Librement abandonnée à l'action des influences extérieures, toute partie d'une substance organisée qui a cessé de vivre ne tarde pas à se décomposer. Les corps simples qui la constituent, l'oxygène, l'hydrogène, le carbone et l'azote, se dissocient, et, contractant des combinaisons nouvelles, provoquent, par degrés, la destruction du composé primitif.

Nous disons, toute substance *qui a cessé de vivre*, car les graines, certains fruits et les tubercules mêmes, ne s'altèrent pas dans certaines conditions. Le germe que ces produits recèlent oppose, par la vitalité qui l'anime, une force de résistance active à l'action des causes extérieures qui tendent à les détruire. Les graines mûres peuvent se conserver d'une année à l'autre, et quelques-unes pendant des siècles. Mais si l'on en excepte ces semences végétales préservées, par une sage prévision de la nature, des causes d'altération auxquelles obéissent tous les autres produits du règne végétal, il est certain qu'une partie quelconque d'une matière organisée, étant abandonnée à elle-même, éprouve l'altération spontanée que l'on désigne sous le nom de *fermentation*, de *pourriture*, de *putréfaction*, et qui a pour résultat final de la détruire, en restituant à l'atmosphère et au sol les éléments qui entraient dans sa composition.

Mais cette altération spontanée, cette fermentation ou putréfaction, ne peut se produire que lorsque la substance organisée est placée dans certaines conditions. Ces conditions sont les suivantes :

1° Une certaine chaleur ;

2° La présence de l'eau ;

3° La présence de l'air ou de l'oxygène.

Si la matière *organisée* est soustraite à l'influence de l'une quelconque de ces trois conditions, sa décomposition spontanée ne s'opère plus.

Personne n'ignore que le froid, ou le contact de la glace, préservent de toute décomposition les substances les plus altérables. Dans le nord de la Sibérie, le voyageur Pallas trouva engagés dans les glaces éternelles, des restes, parfaitement conservés, d'animaux antédiluviens, dont l'espèce n'existe plus. Exposés à une température plus élevée, ces débris organiques ne tardèrent pas à tomber en putréfaction. On sait que, pendant l'été, on conserve facilement dans les glacières la viande de boucherie. Il est d'usage, en Écosse, d'emballer, dans de la glace, les poissons et particulièrement les truites, pour les expédier des lacs de ce pays jusqu'à Londres.

Quant à l'effet de la dessiccation, comme s'opposant à la décomposition spontanée des matières organiques, il suffit de rappeler que l'herbe desséchée se conserve sous la forme de foin, et que certains légumes, séchés au soleil ou au four, demeurent aussi pendant longtemps à l'abri de toute altération.

En ce qui concerne la présence de l'air ou de l'oxygène, comme condition indispensable au développement de la fermentation, nous dirons que la viande de boucherie introduite sous une cloche pleine de mercure et que l'on remplit ensuite d'un gaz autre que l'oxygène, comme de l'azote, de l'hydrogène, ou de l'acide carbonique, se conserve des semaines entières sans acquérir la moindre odeur, tandis qu'elle se putréfie rapidement si l'on introduit dans la cloche de l'air ou de l'oxygène. D'après une expérience très belle et très connue, qui fut exécutée par Gay-Lussac, on sait que le raisin exprimé dans le vide ou dans le gaz hydrogène pur, donne un moût sucré qui se conserve sans altération pendant un temps considérable ; mais si l'on introduit dans la cloche quelques bulles d'oxygène, le liquide sucré éprouve presque aussitôt la fermentation alcoolique.

Il convient d'ajouter que certaines substances chimiques mises en contact avec les matières organisées, en arrêtent ou en empêchent la décomposition. Mais nous ne dirons rien ici du rôle ou de l'emploi de ces agents anti-septiques. Les phénomènes auxquels ces agents donnent lieu n'ont jamais pu être interprétés scientifiquement d'une manière satisfaisante. Il est impossible de dire aujourd'hui pourquoi le sel marin, le chlorure d'aluminium, les divers produits empyreumatiques contenus dans la fumée, l'alcool, la créosote, etc., possèdent une vertu conservatrice. Quand on explique le fait par l'affinité de ces composés pour l'eau contenue dans la matière organisée, on ne met en avant qu'une explication gratuite et non justifiée par les faits. Nous pourrons donc négliger ici l'action de ces matières antiseptiques, qui, d'ailleurs, ne conservent point les substances organisées dans leur état naturel.

Ainsi tous les procédés que l'on met et que l'on peut mettre en œuvre, pour la conservation des matières alimentaires, ne peuvent agir que de trois manières :

1° En mettant ces produits organiques à l'abri de l'action de l'air ;

2° En expulsant l'eau qui entre dans leur constitution ;

3° En les maintenant à une basse température.

De ces trois moyens, les deux premiers seulement peuvent recevoir une application sérieuse.

Ces données élémentaires suffisent pour aborder l'examen des divers procédés de conservation des substances alimentaires proposés jusqu'ici. Nous nous occuperons d'abord de la conservation des viandes; nous passerons ensuite aux moyens de conserver les légumes.

CONSERVATION DES VIANDES.

Bien avant l'apparition de toute idée scientifique, les moyens de conserver les viandes alimentaires ont préoccupé différents peuples. Dès les temps les plus reculés, la dessiccation, mise judicieusement en pratique, donna des résultats dont quelques historiens nous ont conservé le souvenir.

En parlant des habitants de l'Armorique, Jean Xiphilis nous apprend qu'au milieu des fatigues de la guerre, ces peuples soutenaient leurs forces en se nourrissant d'une certaine poudre composée de chair desséchée. Dion Cassius, historien du temps des empereurs Commode et Pertinax, signale la même coutume chez les tribus guerrières de l'Asie-Mineure. Suivant Jabro, les Tartares, les Mongols, les Kalmoucks, et même les Chinois, font usage de cette poudre ; ils la tirent d'Astrakan, où elle fut de tout temps l'objet d'un grand commerce. Le même auteur rapporte que pour subsister, pendant leurs excursions dans des savanes incultes, les sauvages du *Susquehannah* font usage d'une poudre de viande colorée en vert.

C'est par une dessiccation rapide que les poudres animales nutritives étaient préparées chez ces différentes nations. La même coutume se retrouve encore, à notre époque, chez les habitants des chaudes régions de l'Amérique méridionale. Là, en effet, on découpe les quartiers de viande en minces lanières à l'aide de couteaux acérés; on les saupoudre de farine de maïs, et on les dessèche en les suspendant au soleil sur de longues tiges de bambous placées horizontalement. On désigne sous le nom de *tasajo* ces lanières de viande sèche, enroulées sous forme de paquets cylindroïdes, et qui constituent, dans l'Amérique du Sud, la base de l'alimentation des indigènes. Mais si une telle nourriture offre une ressource précieuse aux tribus sauvages de l'Amérique, comme elle suffisait aux anciens Orientaux, il est certain que l'on ne saurait songer à la faire accepter aux plus pauvres populations de notre Europe.

Cette idée s'était présentée pourtant à l'esprit d'un sieur Martin, qui, en 1680, suggéra à Louvois le projet de nourrir les troupes françaises en leur distribuant de la poudre de viande de bœuf séchée dans des fours de cuivre. Commencées sous les yeux du ministre, les expériences furent interrompues par sa mort. On les reprit à Lille en 1753, et à Paris, pendant la même année, dans l'hôtel des Invalides. Le résultat de ces essais avait sans doute paru avantageux, car on expérimentait encore à Bordeaux, en 1779, l'usage des poudres de viande pour la nourriture de l'armée. Toutefois les soldats, et notamment ceux du régiment de Salis, ayant fait entendre des murmures contre ce nouveau régime, on se vit obligé d'y renoncer.

Ce n'est que dans les premières années de notre siècle, en 1809, que l'on a découvert un procédé général, d'une valeur inestimable, pour la conservation des substances alimentaires. Fruit de l'empirisme ou du hasard, cette méthode doit pourtant être citée comme l'une des plus belles acquisitions de la civilisation moderne.

L'inventeur de ce procédé, qui s'inspira avec une sagacité profonde de moyens traditionnellement conservés dans quelques ménages, s'appelait Appert. Il n'appartenait point à la classe des savants. En fait de titres scientifiques, il ne pouvait offrir que celui de confiseur de la rue des Lombards, qu'il relevait par la qualité, aussi peu académique, d'*élève de bouche de la maison ducale de Christian IV*.

De nos jours, Appert n'aurait pu figurer, sinon à titre de cuisinier, dans les rangs de l'Académie des sciences. Mais il dota l'humanité de ressources nouvelles et inespérées. Le régime des marins reçut de lui une amélioration capitale, qui fit disparaître les causes d'insalubrité qui décimaient les équipages des flottes. Il créa une méthode qui, conservée jusqu'à nos jours sans aucun perfectionnement notable, constitue encore la base de tous les procédés de conservation des produits alimentaires. C'est grâce à lui que l'on peut manger aux Grandes-Indes un repas préparé à Paris dix années auparavant, et que l'on peut mettre, comme on l'a dit, les saisons en bouteilles. Tout cela vaut bien l'Académie.

Le procédé Appert, pour la conservation des produits alimentaires, est d'une prodigieuse simplicité d'exécution. Il consiste seulement à enfermer dans un flacon de verre bien bouché les produits à conserver; à placer ce flacon dans un vase plein d'eau bouillante, et à l'y maintenir pendant un certain temps. Après le refroidissement, la matière contenue dans le vase se trouve à l'abri de toute altération, et peut y demeurer intacte un grand nombre d'années.

Appert avait emprunté ce procédé à la pratique des ménages, où il était, dit-on, fort anciennement employé, mais seulement pour la conservation du suc de certains fruits. L'inventeur n'avait donc, et personne n'avait de son temps, aucune notion exacte sur la nature du phénomène physico-chimique, très curieux et très délicat, auquel est due la conservation des matières organiques dans la méthode qui porte son nom. Il expliquait ce fait par une sorte de mystérieuse et vague influence du feu sur le développement du ferment organique. « Le feu, ce principe » si pur, nous dit le bon Appert dans son *Livre de tous les* » *ménages*, agit de la même manière et opère les mêmes effets » sur toutes les substances alimentaires; c'est son action bien- » faisante qui, en les dégageant du ferment toujours destructif » de leurs qualités primitives, ou en les neutralisant, leur im- » prime ce sceau d'incorruptibilité si fécond en heureux ré- » sultats. » Ce fut Gay-Lussac qui se chargea d'étudier scientifiquement ce phénomène. Dans un travail justement célèbre, qui fut publié en 1810, Gay-Lussac parvint à expliquer, de la manière la plus ingénieuse et la plus simple, le fait empirique qui venait d'être si heureusement appliqué à l'économie domestique par le confiseur de la rue des Lombards. Voici, d'après les expériences de ce savant célèbre, comment il faut se rendre compte de l'action de la chaleur comme moyen conservateur des produits organiques dans le procédé Appert.

Nous avons déjà rapporté l'expérience remarquable, faite par Gay-Lussac, pour démontrer que la présence de l'oxygène atmosphérique est indispensable pour que les matières organiques entrent en fermentation. Ayant fait pénétrer dans une cloche de verre remplie de mercure, des grappes de raisin qu'il écrasait sous le mercure même, de manière à placer le jus végétal parfaitement à l'abri de l'air, Gay-Lussac observa que ce liquide n'entrait point en fermentation. Dès qu'il faisait pénétrer dans la cloche de verre une bulle d'oxygène, la fermentation alcoolique s'établissait. L'intervention de ce gaz est donc indispensable pour provoquer la fermentation. Mais comment expliquer ce fait, bien connu, que les matières organiques, les liquides fermentescibles tels que du jus de raisin, du lait, etc., renfermés dans des vases parfaitement bouchés, se décomposent comme si on les exposait librement à l'air? Gay-Lussac reconnut, par l'expérience, que, dans ce dernier cas, la fermentation est provoquée par l'oxygène de l'air qui se trouve toujours dissous en petite quantité dans le liquide organique. En faisant bouillir du lait dans un vase hermétiquement clos, il reconnut en effet que le liquide, pendant cette ébullition, avait absorbé l'oxygène de l'air tenu en dissolution dans le lait; après le refroidissement on pouvait constater que le liquide ne renfermait plus d'oxygène en dissolution; ce gaz avait disparu en se combinant avec les matières organiques.

Dans une autre expérience, Gay-Lussac enferma, dans une bouteille bien bouchée, du lait qu'il soumit à l'ébullition. Après cette opération, la bouteille fut abandonnée à elle-même. Le lait s'y conserva sans subir la moindre altération pendant un espace de 18 mois. Le célèbre physicien ne manqua pas un seul jour, pendant ce long intervalle, d'examiner l'état du lait qu'il avait soumis à cette expérience fondamentale. Bien qu'occupé alors de travaux de la plus haute valeur, son premier soin, en entrant chaque matin dans son laboratoire, c'était de courir à ce flacon plein de lait, qui contenait l'explication d'un fait si important par ses applications économiques.

Une dernière et très curieuse expérience que fit Gay-Lussac, et qu'il continua avec la même persévérance, consista à faire bouillir tous les jours du lait simplement abandonné à l'air. Ainsi soumis chaque jour à l'ébullition, ce lait se conserva pendant plusieurs mois sans présenter l'altération la plus légère. C'est que la petite quantité d'oxygène que ce liquide absorbait chaque jour par son exposition à l'air, était détruit chaque jour par le fait de l'ébullition, et se combinait à l'un des éléments du lait; de telle sorte que l'agent provocateur de la fermentation étant constamment éliminé, la fermentation devenait impossible.

Il fut établi par ces expériences que, dans la méthode d'Appert que personne jusque là n'avait réussi à expliquer théoriquement, il y a absorption, par l'effet de la chaleur, de l'oxygène contenu dans les liquides qui remplissent les boîtes. Cet oxygène une fois absorbé, les matières organiques ne sont plus en présence que du gaz azote, c'est-à-dire d'un gaz impropre à provoquer la fermentation, et elles persistent en cet état pendant un grand nombre d'années.

Appert renfermait les viandes ou les légumes dans des vases de verre. Ce fut un industriel nommé Collin, qui remplaça ces vases par des boîtes de fer-blanc. Ces boîtes, étant remplies exactement, sont soudées et placées dans de l'eau que l'on porte à l'ébullition. Elles se gonflent alors par la dilatation des gaz intérieurs. Après le refroidissement, elles s'aplatissent et deviennent concaves, ce qui montre bien qu'une partie de l'air qu'elles contenaient, c'est-à-dire l'oxygène, a été absorbé. Cette concavité, ce *bombage* que présentent les boîtes des conserves, est donc un indice assuré de la réussite de l'opération; et l'on reconnaît au premier coup-d'œil si les boîtes sont d'une préparation bonne ou mauvaise. Une boîte d'Appert, dont le couvercle est bombé, doit être rejetée, car cette distension du métal montre que la fermentation s'est emparée de la conserve alimentaire, et a provoqué un dégagement de gaz, signe de sa décomposition putride. Aussi les fabricants sont-ils dans l'usage de conserver assez longtemps leurs boîtes en magasin avant de les livrer au commerce ; ils ne délivrent au public que celles qui présentent cette concavité du couvercle, indice certain d'une bonne conservation.

Le procédé d'Appert a rencontré, dans ses débuts, beaucoup de résistances et d'obstacles. Les gourmets, ou prétendus tels, dirigeaient contre ses produits une guerre à outrance. Mais les préjugés et la défaveur qu'il eut si longtemps à combattre ont dû disparaître devant les résultats d'une expérience très prolongée. On a vu de ces produits se conserver jusqu'à vingt ans sans altération. Les conserves alimentaires, d'abord acceptées avec difficulté, ayant résisté à une épreuve si décisive, des boîtes ainsi préparées ayant fait plusieurs fois le tour du monde pour revenir avec la même fraîcheur, le même goût qu'au moment de leur préparation, on a été forcé de reconnaître que cette découverte était d'une importance tout à fait de premier ordre, une véritable conquête de la science et de l'industrie.

Toutes les récompenses qui furent décernées à l'auteur d'une

invention si remarquable, se réduisirent à un encouragement de 12,000 francs, qui lui fut accordé par le ministre de l'intérieur. On avait mis à la délivrance de ce prix la condition, pour l'inventeur, de rendre ses procédés publics. Cette clause fut exécutée de sa part, avec une grande loyauté, par la publication du *Livre de tous les Ménages*, ou l'*Art de conserver, pendant plusieurs années, toutes les substances animales et végétales*, où se trouve décrit, avec les plus minutieux détails, le procédé d'Appert, et son application aux divers produits alimentaires. Ce livre a été traduit dans presque toutes les langues.

De nos jours, on a légèrement modifié, en Angleterre, le procédé d'Appert. On y prépare les conserves par une méthode due à Fastier, et qui consiste à chasser l'air de la boîte en faisant bouillir les liquides qui s'y trouvent contenus. Un petit trou est ménagé dans le couvercle de la boîte, pour laisser échapper la vapeur provenant de cette ébullition. Quand on juge tout l'air expulsé, on ferme la boîte en faisant tomber sur cet orifice une goutte de plomb fondu. Le procédé Fastier est employé, en Angleterre, sur une vaste échelle pour les approvisionnements de la marine.

En France, les tentatives de modification du procédé d'Appert ont été nombreuses; mais elles ont mal réussi pour la plupart. Il est dangereux, en effet, pour la réussite, de s'éloigner trop du point de départ de l'inventeur. La moindre négligence peut amener la perte de boîtes qui semblent pourtant avoir été préparées exactement comme les autres. La présence dans la boîte d'un excès d'air dont l'oxygène n'a pu être complétement absorbé, cause infailliblement l'altération du contenu. L'emploi de viandes dont la fraîcheur est contestable est une autre cause d'insuccès. Si l'ébullition n'a pas été assez prolongée, ou si, en raison des trop grandes dimensions du vase métallique, la température de 100 degrés n'a pas eu le temps d'arriver jusqu'aux parties centrales de la masse qu'il renferme, l'altération devient imminente. C'est en raison de cette dernière circonstance que l'on élève aujourd'hui la température du bain-marie, dans lequel on chauffe les boîtes, au-dessus de 100 degrés. Il suffit, pour cela, de dissoudre dans l'eau une petite quantité de sel marin et de glycose, qui ont pour effet d'élever de quelques degrés la température de l'ébullition de l'eau.

A toutes ces causes d'altération, qu'il est possible de prévoir, s'ajoutent certaines influences jusqu'à présent inexplicables. Les boîtes de viandes ou de légumes, préparées avec le plus grand soin, s'altèrent quelquefois, sans que l'on puisse en trouver la raison. On a observé ce fait curieux, qu'à l'époque du choléra, les viandes et les légumes préparés par le procédé d'Appert s'étaient altérés dans une proportion bien plus considérable qu'en temps ordinaire. Nous ne chercherons pas à expliquer ou à sonder ces phénomènes, qui échappent à l'observation.

La guerre d'Orient, et la nécessité qui en est résultée de pourvoir à la subsistance d'une armée nombreuse pendant ses lointaines expéditions, est venue donner un importance nouvelle et toute spéciale à la méthode d'Appert. Depuis deux ans, un grand nombre de moyens nouveaux, et qui sont fondés sur cette méthode, ont été proposés ou essayés pour la conservation des viandes; nous allons passer en revue les principaux de ces moyens.

M. Cellier Blumenthal est le premier qui, prévoyant qu'il serait difficile de faire vivre nos soldats dans l'intérieur de la Crimée, a songé à assurer leur subsistance, en les pourvoyant de viande de garde. Le procédé qu'il fit agréer à l'administration de la guerre, aux débuts du siége de Sébastopol, avait été imaginé par M. Bech. Ce procédé consiste à séparer la graisse et les os de la chair musculaire, à faire cuire celle-ci aux trois-quarts par l'action de la vapeur, à la râper, à la sécher et à la comprimer sous forme de briques que l'on renferme dans des boîtes de fer blanc.

Cependant, les produits de M. Cellier-Blumenthal n'ont pas onné de bons résultats en campagne. Il est sans doute plus commode et plus économique d'approvisionner un camp avec du bœuf en caisse qu'avec du bétail sur pied, mais ces poudres alimentaires ont fini par inspirer beaucoup de répugnance aux hommes, en raison de leur aspect peu agréable et de leur rancidité. L'administration avait agi sagement en n'accueillant ces produits qu'avec réserve, car leur usage est aujourd'hui très limité.

Une méthode nouvelle pour la conservation des viandes, fort connue du public, parce que les journaux en ont multiplié les annonces, mérite en raison de la publicité qu'elle a reçue, d'être mentionnée ici d'une manière particulière. On sait que le procédé, qui a été mis en usage par la *Société générale de Conservation des viandes*, consiste à envelopper des quartiers de viande crue, d'une couche épaisse d'une sorte de gelée, obtenue en soumettant à une longue ébullition certaines parties de l'animal.

Il y a déjà longtemps que l'on a essayé de conserver les viandes, en les préservant de l'action de l'air par une enveloppe ou enduit imperméable, qui les préserve de l'influence de l'oxygène atmosphérique. Le chimiste Darcet et quelques autres expérimentateurs, étaient parvenus à garantir les viandes d'altération, pendant quelques semaines, en les recouvrant d'une couche de gélatine, épaisse de trois ou quatre millimètres, et à peu près imperméable à l'air. Dans le nouveau procédé, on ne fait pas usage, pour *enrober* les viandes, de gélatine proprement dite, mais d'une gelée préparée sur les lieux même, et que l'on obtient en faisant bouillir longtemps les parties tendineuses du bœuf. Cette dissolution fournit, par l'évaporation et le refroidissement, une gelée translucide. C'est avec ce produit gélatineux que l'on enveloppe les viandes pour les conserver.

Placées dans ces conditions, c'est-à-dire recouvertes d'un enduit solide, les viandes semblent devoir demeurer à l'abri de la décomposition putride. Mais on n'a pas assez prévu que la plus faible altération survenue dans cette enveloppe doit nécessairement exposer le contenu à l'influence de l'air. L'action d'un corps anguleux et dur, un frottement un peu rude, déterminent dans l'enveloppe organique une solution de continuité. Quelques gouttes d'eau peuvent provoquer la moisissure de la gélatine. Toutes ces causes d'altération, si fréquentes durant les voyages et les transports, mettent à nu la chair musculaire, et en déterminent par conséquent la prompte putréfaction.

Conservée sous cette enveloppe, la viande est loin d'ailleurs de s'y maintenir fraîche, ainsi qu'on l'a si souvent avancé. M. Poggiale, professeur de chimie au Val-de-Grâce, a constaté que les sucs séreux de la viande filtrent à travers cette sorte de gangue gélatineuse, et que celle-ci, une fois humectée, se résout en un deliquium dégoûtant.

Il était peu rationnel de vouloir conserver une matière animale putrescible, à l'aide d'une autre matière organique putrescible elle-même, et l'expérience a montré combien étaient réelles ces craintes fondées sur une prévision théorique. Sur le bruit des résultats avantageux, obtenus par la méthode de conservation qui nous occupe, et d'après les annonces répétées du succès proclamé dans nos journaux, l'administration de la guerre et celle de la marine ont voulu soumettre à une expérience positive les viandes conservées par la gélatine. On a donc enfermé dans des caisses une provision de viandes préparées sous les yeux du représentant de cette entreprise. On a laissé une partie de ces caisses dans des magasins entretenus à une douce température par le voisinage des fours de la boulangerie militaire. Le reste a été chargé à bord d'un navire qui se rendait à Constantinople. Au retour du vaisseau, on réunit tous ces échantillons, afin de procéder à leur examen définitif. « Mais, nous dit M. Payen, » dans un article publié le 15 novembre 1855 dans la *Revue* » *des Deux-Mondes*, cet examen fut en quelque sorte rendu » inutile, car, dès avant l'ouverture des caisses, le résultat non » douteux de l'expérience se manifestait à distance de chacune » d'elles par des émanations nauséabondes sur lesquelles il était » impossible de se méprendre. »

Après les produits alimentaires conservés par une enveloppe

de gélatine, on remarquait, à l'Exposition universelle, les viandes conservées par un industriel de Clermont-Ferrand, M. Lamy, ancien professeur de l'Université. Les résultats obtenus par M. Lamy ont paru un instant mériter l'attention; mais on n'a pas tardé à se faire une juste idée de leur véritable valeur.

Le procédé de conservation employé par M. Lamy avait d'abord été tenu secret. L'inventeur a donné plus tard connaissance de sa méthode, et voici en quoi elle consiste.

Le gaz acide sulfureux est l'agent essentiel de la conservation. La viande de boucherie est soumise, pendant un jour ou deux, à l'action de ce gaz qui, agissant sans doute sur le ferment organique qui doit provoquer la putréfaction des matières animales, altère ou détruit ce ferment, ainsi qu'il agit sur celui du jus de raisin, dont il paralyse ou suspend l'action. Quoi qu'il en soit, les viandes qui ont séjourné quelques jours dans une atmosphère chargée de gaz acide sulfureux, résistent ensuite à la putréfaction.

Selon l'inventeur, l'emploi de l'acide sulfureux suffit, pour assurer, à lui seul, la conservation des viandes qu'il importe seulement, après l'opération, de préserver de la dessiccation, en les plaçant dans une boîte fermée. Mais, pour d'autres substances, telles que le gibier, les fruits et les légumes, il faut compléter cette première opération, en maintenant la matière dans une atmosphère privée d'oxygène. A cet effet, M. Lamy place les fruits, le gibier, etc., dans des boîtes bien closes où l'on a déposé, par avance, certains sels avides d'oxygène, et particulièrement du sulfate de protoxyde de fer. Ces sels, s'emparant de l'oxygène de l'air contenu dans la boîte, empêchent le développement de la putréfaction.

Nous n'hésitons pas à porter un jugement défavorable sur le procédé de M. Lamy. En premier lieu, il est impossible que le gaz sulfureux puisse pénétrer à travers toute la masse musculaire de la viande, de manière à agir sur toutes ses parties internes; la précaution recommandée par l'inventeur, de prolonger le séjour de la viande dans le gaz pendant un ou deux jours, montre combien cette pénétration du gaz anti-septique est difficile. Lorsqu'on fait brûler dans un tonneau une mèche soufrée, pour pratiquer le *mutisme*, c'est-à-dire pour prévenir l'altération des vins, en détruisant ou modifiant le ferment qui provoque cette altération, on se propose seulement de remplir le tonneau d'acide sulfureux, qui sera ensuite facilement absorbé par le vin, en raison de la solubilité de ce gaz. Mais l'acide sulfureux mis, de la même manière, en contact avec de la viande, ne peut en atteindre que la surface, de telle sorte que le centre des tissus, qui ne s'est point trouvé en contact avec le gaz antiseptique, ne tarde pas à se putréfier. C'est ce qui est arrivé dans des expériences que diverses personnes ont entreprises pour s'assurer de l'efficacité de ce nouveau procédé de conservation.

Il est reconnu, en outre, que les viandes conservées par l'acide sulfureux, sont d'une saveur détestable et ne pourraient servir à l'alimentation. Ce résultat était peut-être facile à prévoir, car l'acide sulfureux ne peut manquer d'agir chimiquement sur les matières organiques avec lesquelles il est mis en contact. Tous les chimistes savent que les fleurs et les diverses parties végétales, plongées dans le gaz sulfureux, sont décolorées, altérées dans leur composition intime. Ce serait donc offenser les règles de l'hygiène, que de songer à soumettre une substance, destinée à servir d'aliment, à l'action d'un agent chimique qui doit nécessairement en provoquer l'altération.

Disons enfin que la condition, prescrite par l'inventeur, de maintenir les produits traités par l'acide sulfureux dans une atmosphère exempte d'oxygène, est presque irréalisable dans la pratique. Ce dernier moyen revient évidemment au procédé d'Appert, mais il n'en a ni la certitude ni la simplicité.

L'essai de M. Lamy, pour la conservation des produits alimentaires, bien que fondé sur des principes scientifiques irréprochables, nous paraît donc tout à fait sans avenir.

Ainsi la méthode d'Appert, telle qu'elle a été imaginée il y a près d'un demi-siècle, n'a encore reçu aucun perfectionnement utile en ce qui concerne la conservation des viandes. Nous en sommes toujours, dans cette voie, à la limite du progrès réalisé par l'humble confiseur à qui l'on doit cette invention remarquable, et l'Exposition universelle n'a permis de constater dans cette question que des résultats négatifs.

Après les nouveaux procédés de conservation des viandes, nous devons nous occuper des essais qui ont eu pour but la fabrication ou le perfectionnement du *biscuit-viande* et la conservation du lait.

Nous sommes loin de l'époque où la *machemoure*, ces débris de biscuit mal préparé, formait la base de l'alimentation du marin. Depuis longtemps des matières mieux choisies, une préparation mieux entendue, des moyens de conservation plus efficaces, assurent aux marins, comme aux soldats en campagne, un biscuit d'une excellente qualité. On remarqua beaucoup, à l'Exposition de Londres, en 1851, un important perfectionnement apporté à la préparation du biscuit destiné à l'alimentation pendant les voyages maritimes. Un Américain, nommé Gail Borden, avait réussi à associer à la farine, qui avait jusque-là constitué seule le biscuit, de la viande cuite et le bouillon résultant de sa coction.

Le biscuit-viande (*meat-biscuit*) de l'inventeur américain, est appelé à rendre de grands services aux équipages et aux passagers. Sous une forme simple et économique, il présente la réunion de la farine de froment et de la viande de bœuf. C'est une sorte de gâteau sec, cassant, sans odeur et d'une conservation facile. En le laissant macérer dans l'eau chaude, et par un accommodement approprié au goût du consommateur, il fournit une soupe très nutritive.

Pour préparer ce biscuit-viande, on opère, au Texas, de la manière suivante. Les quartiers de bœuf, dépecés, sont mis en ébullition avec de l'eau pendant 10 à 12 heures. Le bouillon qui en résulte est décanté; on sépare la graisse par le refroidissement, et l'on évapore le liquide en consistance sirupeuse. Le produit de cette évaporation est alors incorporé dans de la farine de froment, en proportion convenable pour former une pâte consistante, que l'on étend sous le rouleau. Découpée dans la dimension ordinaire et la forme rectangulaire des biscuits d'embarquement; cette pâte est desséchée au four. On la livre en cet état pour l'approvisionnement des navires.

La commission de l'Exposition de Londres a admis qu'une livre de ce biscuit renferme, sans tenir compte de la graisse, la matière nutritive de cinq livres de bœuf, mélangée avec une demi-livre de bonne farine. Une once de ce biscuit, rapé et tenu en ébullition dans un litre d'eau, forme un potage d'une saveur agréable et de la consistance du sagou. L'inventeur affirme que dix livres de ce biscuit suffisent pour constituer, pendant un mois, la nourriture d'un travailleur, en entretenant parfaitement ses forces.

L'expérience de la marine américaine paraît avoir établi les bons résultats que donne l'usage du biscuit-viande, comme moyen d'alimentation. Toutefois, on est allé trop loin en disant que cet aliment peut remplacer la viande, et que dix livres de ce biscuit peuvent nourrir un homme pendant un mois. Le *meat-biscuit* n'équivaut point à la viande, puisqu'il ne renferme que les produits solubles dans l'eau contenus dans la chair musculaire; c'est un bouillon concentré et non un morceau de bœuf. La quantité d'extrait de bouillon et de farine contenu dans dix livres de ce biscuit, ne représente d'ailleurs que le quart, et non la totalité de la ration, en pain et en viande, qui serait nécessaire pour subvenir, pendant un mois, à la nourriture d'un homme supportant les fatigues du travail ou celles du voyage.

Un de nos compatriotes, M. Callamand, a essayé de perfectionner le *meat-biscuit* de l'Américain Gail Borden. Il a préparé un biscuit renfermant à la fois de la farine de froment, de la viande cuite et des légumes. D'après l'auteur, 250 grammes de ce biscuit donneraient, avec 2 litres d'eau et un assaisonnement convenable, 6 rations de soupe grasse. Ce biscuit, d'après l'analyse qui en a été faite, contient 17 pour 100 de viande sèche ou d'assaisonnements et légumes, et 83 pour 100 des matières ordinaires qui entrent dans la composition du biscuit des marins.

En 1855, l'Académie des sciences de Paris a fait, sur ce nouveau produit alimentaire, un rapport qui ne lui est point défavorable. Elle a reconnu que l'auteur avait rendu le biscuit plus nutritif, en y introduisant une notable proportion de viande de bœuf desséchée. La Commission n'admet pas néanmoins que, sous le rapport de la valeur alimentaire, le biscuit-viande soit nécessairement l'équivalent de la viande et de la farine qu'il contient. En effet, après les six heures d'ébullition dans l'eau qu'elle doit subir, et après sa dessiccation dans le four, la viande doit perdre de son arome, et ne saurait être aussi nutritive que si on la consommait à l'état de bouilli ou de rôti.

Nous dirons néanmoins que l'on n'a pas été satisfait des essais auxquels on a soumis, en Orient, le *meat-biscuit* pour l'alimentation des troupes de terre. Ce serait, sans doute, une heureuse ressource pour le soldat, que de trouver, dans son sac, lorsqu'il manque de viande, un aliment complet, qui lui offrirait, réunis, le pain, la viande et les légumes. Mais, quels que soient l'attention et les soins que l'on apporte à la confection de ce biscuit, comme il manque de cohésion, il s'émiette facilement; ses fragments rancissent promptement au contact de l'air et acquièrent une saveur aigrelette. Si l'on veut alors en faire de la soupe, on n'obtient qu'un mélange épais et brunâtre, dont l'aspect et la saveur inspirent un dégoût marqué aux hommes qui doivent en faire usage.

Quoi qu'il en soit, le perfectionnement récemment affecté à la préparation du produit qui forme la base de l'alimentation des marins, mérite d'être encouragé comme devant apporter un élément nouveau de salubrité au régime des équipages et à celui des troupes de terre.

Terminons cette revue par l'examen des nouveaux procédés qui ont été mis en œuvre pour la conservation du lait.

La méthode d'Appert ne s'applique pas avec avantage à la

conservation du lait. Avant de le renfermer dans ses boîtes, Appert ajoutait du sucre au lait, et évaporait le liquide jusqu'à un certain point de concentration ; il ajoutait même des jaunes d'œuf, afin de prévenir la séparation qui s'opère spontanément dans les éléments de ce liquide longtemps conservé. Il était difficile pourtant de prévenir, même avec ces précautions, l'agglomération partielle de la matière grasse ; et le lait, ainsi privé d'une partie du beurre, semblait avoir été écrémé.

Beaucoup d'industriels et de chimistes avaient essayé, sans succès, de pourvoir à la conservation du lait dans son état naturel. Ce n'est que depuis peu d'années que cette question a été résolue par un propriétaire français, M. de Lignac, qui en a fait l'application en grand pour l'alimentation de notre armée. Voici en quoi consiste le procédé de M. de Lignac, qui, dans la campagne de Crimée, a permis d'approvisionner nos troupes de lait frais et sucré.

Le lait provenant des traites, est aussitôt évaporé au bain marie dans des chaudières plates et très peu profondes. On ne met dans chaque chaudière qu'une couche d'un centimètre de hauteur, et l'on ajoute environ 60 grammes de sucre par litre de lait. Par cette évaporation, on réduit le lait au cinquième de son volume primitif, en agitant continuellement le liquide. On remplit de ce lait concentré des bouteilles cylindriques de ferblanc, que l'on maintient, pendant une demi-heure, dans de la vapeur d'eau portée à une température un peu supérieure à 100 degrés, grâce à l'addition d'une certaine quantité de sel marin et de glycose à l'eau du bain-marie. Au bout de ce temps, on ferme, à l'aide d'une goutte de plomb fondu, le petit orifice qui a servi d'issue à l'air et à la vapeur du liquide de la boîte. Le vase ainsi fermé est retiré du bain-marie, et le lait qu'il renferme peut s'y conserver très longtemps sans la moindre altération. Pour se servir de ce lait concentré, on délaie, dans quatre ou cinq fois son volume d'eau tiède, la quantité que l'on veut en consommer. La substance contenue dans la boîte, et qui s'y trouve dans un état pâteux, avec une couleur d'un blanc jaunâtre, se délaie dans l'eau, à laquelle elle communique l'aspect du lait ordinaire.

L'expérience faite, depuis deux ans, à bord de nos navires, a montré que les conserves de lait préparées par M. de Lignac sont d'un usage irréprochable.

Il importait cependant de pouvoir conserver le lait, sans le concentrer, et sans l'addition d'aucune substance étrangère. Comme on vient de le voir, Appert et M. de Lignac ajoutaient du sucre au lait avant de le soumettre à l'évaporation ; un de nos industriels, M. Mabru, est parvenu à le conserver sans concentration et sans addition d'aucune substance.

Les moyens employés par M. Mabru sont extrêment ingénieux et d'une simplicité parfaite. Ces moyens se réduisent à l'application de la méthode d'Appert ; mais elle a été très ingénieusement appropriée à ce cas spécial.

M. Mabru renferme le lait dans des bouteilles de fer blanc qui sont terminées, à leur partie supérieure, par un tube vertical de plomb, d'un diamètre intérieur de 1 centimètre, haut de 3 à 4 décimètres et muni d'un petit entonnoir. On remplit entièrement de lait la bouteille, le tube vertical et l'entonnoir. Ces bouteilles, remplies de lait et surmontées chacune de leur tube, sont placées, au nombre de douze ou quinze, dans un grand vase fermé, dans l'intérieur duquel on fait arriver de la vapeur d'eau à l'aide d'un générateur.

La température du lait contenu dans ces bouteilles, s'élève à 75 ou 80 degrés, celui-ci se dilate et monte en partie dans le réservoir supérieur; en outre, l'air interposé mécaniquement ou même dissous dans le lait, se dégage complétement et s'échappe par le tube vertical. On entretient le lait à cette température pendant une heure à peu près; au bout de ce temps, il est entièrement purgé d'air.

On arrête alors l'arrivée de la vapeur dans l'appareil, et on laisse le tout se refroidir lentement jusqu'à la température d'environ 30 degrés. Le lait, qui s'était dilaté, se rétracte, mais il remplit toujours chaque bouteille et le tube qui la surmonte. Non-seulement il ne reste plus d'air dans le lait, mais il n'y a point d'espace vide dans l'intérieur des bouteilles, puisque le liquide s'y trouve soumis à la pression de la colonne de lait de 3 à 4 décimètres de hauteur contenue dans le tube.

Au moyen d'une pince, on comprime alors fortement ce tube au-dessus de chaque bouteille, qui se trouve dès lors hermétiquement fermée; le tube est coupé au-dessus de cet étranglement, et on applique sur la section de la soudure d'étain.

Ainsi, le lait a été chauffé à l'abri du contact de l'air, il a été complétement purgé de gaz, et l'air atmosphérique ne saurait s'y introduire de nouveau; enfin, l'absence de tout espace vide empêche le liquide de ballotter dans l'intérieur du vase, ballottement qui provoquerait la séparation du beurre. Toutes les conditions d'une parfaite conservation sont ainsi réalisées.

Il résulte d'un rapport fait par M. Herpin à la Société d'encouragement, que le lait ainsi traité peut se conserver pendant plusieurs années. On a procédé, dans une séance du comité des arts économiques de la Société d'encouragement, à l'ouverture de plusieurs boîtes métalliques contenant du lait préparé par ce moyen huit mois auparavant. Une autre boîte, préparée depuis deux ans et demi, a été également ouverte aprés son retour d'un voyage au Brésil, où elle avait séjourné six semaines. Le lait contenu dans ces vases, et en particulier dans la dernière boîte, a été trouvé dans un état parfait de conservation; le beurre ne s'était pas séparé; seulement la crême s'étant fixée à la partie supérieure du vase, il fallut la déloger et mélanger le tout ensemble, ce qui se fit très promptement et sans aucune difficulté. Ce lait, quoique ayant deux ans et demi de conservation, ressemblait en tous points à du lait de bonne qualité récemment trait et chauffé.

Le procédé de M. Mabru pour la conservation du lait a reçu, en 1855, un prix de l'Académie des sciences.

L'importance des questions économiques qui se rattachent à

la conservation des substances alimentaires, et particulièrement à la conservation des viandes, nous a amené à traiter ce sujet avec quelque étendue. Il nous reste, pour terminer, à déduire les conclusions résultant des faits que nous avons passés en revue.

De la critique sommaire à laquelle nous avons soumis les divers procédés de conservation des viandes qui avaient été présentés à l'Exposition universelle, il résulte que cet important problème est bien loin d'avoir été résolu, et que l'on n'a que bien peu ajouté encore à la méthode primitive d'Appert. Faut-il, d'après cet insuccès reconnu, désespérer de triompher d'une difficulté dont la solution importerait tant à l'avenir des populations de l'Europe? Non sans doute; et nous sommes convaincu, au contraire, que ce problème sera un jour résolu dans toute son étendue, grâce à quelque heureuse application de la chimie.

Faisons remarquer, d'ailleurs, que sans attendre le moment de cette découverte précieuse, il serait permis, dès aujourd'hui, de tirer parti des résultats acquis par l'expérience, et de faire jouir l'économie publique d'une partie des avantages qui résulteront un jour de l'entière solution de la question qui vient de nous occuper.

De tous les procédés qui ont été appliqués à la conservation des viandes, celui qui a pour base l'emploi de la dessiccation, a fourni les meilleurs résultats. Ce procédé pourrait, selon nous, être dès aujourd'hui mis en pratique avec de grands avantages, pour transporter en Europe la chair des animaux qui se rencontrent en si grande abondance dans plusieurs contrées du Nouveau-Monde. Dans beaucoup de pays de l'Amérique méridionale, l'espèce bovine, introduite par les Espagnols, s'est multipliée avec une rapidité prodigieuse. Il en est de même dans le Canada et dans l'Australie. Dans ces divers pays, les bœufs et les moutons existent en si grandes quantités, que l'on en est réduit à jeter leur chair, après les avoir tués pour prendre leurs peaux et leur suif. Si la chair de ces animaux pouvait être conservée, il n'est pas douteux qu'elle trouvât, sur les marchés européens, des débouchés très avantageux pour l'alimentation des classes pauvres, aujourd'hui hors d'état de se procurer de la viande en quantité proportionnée à leurs besoins. Or, la méthode de dessication permettrait d'arriver à cet important résultat. Imitant le procédé suivi par les Indiens, pour la préparation du *tasajo*, il suffirait de découper en minces lanières la viande de bœuf, que l'on dessécherait très rapidement, à l'aide de courants d'air rapides provoqués par des ventilateurs, lesquels remplaceraient avec plus d'efficacité et de promptitude l'exposition au soleil qui est le procédé des Indiens. Ainsi desséchées, les lanières de bœuf seraient aussitôt comprimées dans des boîtes de fer-blanc, que l'on remplirait entièrement, et qui, hermétiquement fermées, seraient soumises au procédé d'Appert, c'est-à-dire à l'action de la chaleur de l'eau bouillante pour assurer leur conservation. Desséchée et comprimée, réduite à la moitié de son poids ordinaire, la viande se trouverait dans d'excellentes conditions de transport économique, car la réduction de son volume et de son poids en rendrait l'arrimage plus facile et le fret moins dispendieux. Ce moyen, qui est proposé par M. de Lignac, nous semble réunir d'excellentes garanties de réussite.

Il faut remarquer, en effet, que la question actuelle ne consiste pas précisément dans la possibilité de conserver les substances alimentaires un grand nombre d'années, comme dans la méthode d'Appert. Il suffirait d'assurer leur convervation pendant quelques mois, afin de pouvoir prendre la viande dans le pays où elle se trouve en abondance et à bon marché, comme en Amérique, pour la transporter, sans perte et sans altération, dans les lieux où elle est rare et chère, comme en Europe. La méthode de dessiccation permettrait d'atteindre ce résultat.

M. Alphonse Karr, le spirituel publiciste, reprochait naguère aux méthodes de conservation des substances alimentaires, de n'apparaître qu'au moment où la rareté et le prix élevé des viandes, rendent ces procédés moins nécessaires. L'auteur des

Guêpes n'envisageait pas la question sous son véritable jour. Sans doute, les viandes sont aujourd'hui rares et chères en Europe, mais elles abondent au Texas, au Brésil, dans le Canada et dans l'Australie. Déjà, on en importe en Europe des quantités considérables. Mais ce sont toujours des viandes salées, qui manquent de toutes les qualités exigées pour l'alimentation, et que les consommateurs n'acceptent qu'avec une répugnance, d'ailleurs bien justifiée. Si la science moderne permet de transporter ces richesses alimentaires dans les pays déshérités de ces produits ; si elle peut mettre à la portée de tout le monde le bœuf, le mouton, le gibier frais et délicat des plaines de l'Amérique, elle aura évidemment bien mérité de tous. La chimie, qui n'avait pas encore abordé l'étude des substances alimentaires, commence à porter ses utiles lumières dans cette question si négligée jusqu'à nos jours. Nous sommes persuadé qu'elle est appelée à y rendre les plus grands services, et à réaliser des découvertes aujourd'hui imprévues. Ce sera là, sans aucun doute, l'un des actes les plus utiles de la haute mission sociale que cette science est destinée à accomplir.

CONSERVATION DES LÉGUMES.

Sur leurs somptueux navires, les grands amiraux du temps de Louis XIV pouvaient rassembler toutes les richesses des deux mondes. Ils pouvaient fouler à leurs pieds les plus beaux tapis de l'Orient, et couvrir les parois de leurs cabines des resplendissantes étoffes empruntées à la Chine et à l'Arabie. Sur leur table, royalement servie, on voyait s'étaler les mets les plus exquis et les plus rares. Mais de tous les agréments de la table, le plus précieux, car il aurait été le plus utile, leur était absolument interdit. Toute la puissance, toute l'autorité des brillants officiers de la marine de cette époque eût échoué pour introduire à leur bord, pour amener sur leur table, quoi ? moins que rien, un vulgaire plat de lugumes. Faute de ce simple élément de régime alimentaire, il arrivait souvent qu'à la suite d'une longue campagne, le vaillant amiral succombait aux atteintes du terrible scorbut, comme le dernier de ses matelots.

A cette époque, quand on s'embarquait pour une expédition lointaine, pour faire le tour du monde ou pour explorer les glaces des mers polaires, on faisait provision de beaucoup de viande salée et de biscuit de mer, auxquels on ajoutait quelques animaux vivants et des légumes frais. Mais, après deux mois de navigation, les légumes étaient consommés ou pourris, le bétail et la volaille étaient tombés successivement sous le couteau du cuisinier, et l'équipage en était réduit, au milieu de parages inhospitaliers et lointains, à se contenter, pour toute alimentation, de biscuit desséché ou moisi et de viandes de bœuf ou de porc salé.

Si l'on peut embarquer sur les navires et y nourrir, pendant quelque temps, des volailles et des bêtes à cornes, il est impossible d'y établir des jardins potagers, d'y conserver des légumes frais et des herbages. Le régime alimentaire des gens de mer était donc, à l'exception de quelques légumes secs, tels que fèves, haricots, pois, lentilles, etc., presque exclusivement composé autrefois de matières animales et surtout de viande salée. Huit à dix mois d'un tel régime amenaient inévitablement, parmi la population du bord, un triste cortége de maladies, et surtout le scorbut, qui décimait les hommes, et n'avait souvent d'autre cause que l'alimentation excitante et uniforme à laquelle l'équipage était soumis.

En l'an de grâce 1856, tout cela est bien changé. Le dernier matelot de la marine française, le plus pauvre mousse enlevé par la *presse* aux tavernes de Londres, jouissent, pour leur régime alimentaire, des avantages qui avaient manqué aux célèbres amiraux des derniers siècles. Nos marins ont, presque tous les jours, leur ration de légumes frais; aussi le scorbut, cet antique fléau des gens de mer, n'est-il plus qu'un souvenir, qu'une tradition de l'histoire sanitaire de la marine. Sur les bâtiments qui exécutent les plus longues navigations, sur les navires baleiniers, qui font des pêches d'une durée de quatre ou cinq ans, c'est à peine, aujourd'hui, si l'on connaît le scorbut. Le capitaine Collinson, qui a découvert le passage du Nord-Ouest, après avoir contourné toute l'Amérique, a pu, sans perdre un seul homme, rester près de trois ans enfermé dans les glaces du Nord. C'est que, depuis l'admirable découverte d'Appert, on a pu conserver les viandes et les légumes, sans l'intervention de cette âcre saumure, dont les effets étaient si funestes pour la santé des hommes pendant les longues campagnes de mer.

En passant en revue, dans le chapitre précédent, les modifications qui ont été apportées de nos jours à la méthode d'Appert pour la conservation des viandes, nous n'avons pu signaler, sous ce rapport, aucuns résultats satisfaisants. Mais nous trouverons ici ample satisfaction, car les nouveaux procédés pour la conservation des légumes ne laissent, on peut le dire, plus rien à désirer, et présentent la solution la plus complète et la plus heureuse de cet important problème.

Les nouveaux procédés pour la conservation des légumes reposent essentiellement sur l'emploi de la dessiccation, c'est-à-dire sur l'un des trois moyens que nous avons signalés comme propres à prévenir la décomposition des matières organisées.

On a de tout temps empiriquement fait usage de la dessiccation pour la conservation des substances végétales. La fenaison, par exemple, n'est autre chose qu'un moyen de conservation de l'herbe par sa dessiccation à l'air libre. Dans divers pays, quelques ménages savaient, de temps immémorial, conserver certains légumes par une dessiccation rapide, mais ce moyen était peu répandu et n'aurait pu constituer une branche d'industrie.

A la fin du dernier siècle, un pasteur de Torma, en Livonie, nommé Eisen, s'occupa le premier sérieusement de cette question. Il fit construire des fours dans lesquels, par une chaleur modérée, ou desséchait parfaitement, et sans les altérer, presque toute sorte de légumes. Eisen s'efforça, dans quelques écrits, de faire comprendre tout l'avantage que l'on pourrait retirer de l'emploi des légumes artificiellement desséchés, dans le cas de voyages maritimes et pour l'approvisionnement des villes assiégées.

Les moyens proposés par le prévoyant pasteur de Livonie furent en partie adoptés dans quelques contrées de l'Allemagne. Mais ce fut en Russie que leur application devint générale. Les légumes conservés par dessiccation sont restés jusqu'à nos jours en usage chez les populations moscovites.

Cependant la simple dessiccation ne peut suffire pour assurer une longue conservation des substances végétales. Si les végétaux, à l'état sec, ne peuvent plus se décomposer par la fermentation de leurs sucs, ils n'en subissent pas moins une altération lente, une sorte de fermentation spéciale, qui se manifeste au dehors par l'odeur particulière qu'ils répandent. On sait que le foin s'altère peu à peu, et qu'au bout de deux ans, les animaux refusent de le manger. D'ailleurs, les légumes simplement desséchés occupent beaucoup de place, ce qui aurait rendu difficile leur emmagasinage à terre et leur arrimage à bord des navires. En raison de ce grand volume, ils restaient exposés, par de larges surfaces, à toutes les altérations que provoquent sur les matières végétales l'air humide et la lumière. Ces procédés de conservation des légumes, par simple dessiccation dans des fours, qui étaient pratiqués en Russie depuis plus d'un siècle, n'avaient donc pu recevoir dans d'autres pays, surtout dans les pays chauds, une extension générale.

La découverte de la méthode d'Appert vint fournir, au commencement de notre siècle, des moyens certains de conserver les légumes. Mais n'étant pas préalablement desséchés avant d'être placés dans les boîtes, ces produits occupaient un grand volume. En outre, leur poids était de beaucoup augmenté par les vases de verre, de métal ou de grès, dans lesquels on devait les tenir hermétiquement renfermés. La valeur de ces vases et le prix des transports rendaient fort dispendieux l'usage des aliments végétaux conservés par la méthode d'Appert, de telle sorte qu'ils n'avaient pu entrer avec utilité dans la consommation générale. La marine elle-même n'avait pu les adopter que comme objet d'*extra* ; on les réservait pour la table des officiers.

C'est à M. Masson, jardinier du Luxembourg, qu'appartient le mérite d'avoir le premier abordé avec succès le problème de la conservation des légumes. En 1845, M. Masson conçut pour la première fois cette idée, qui fut communiquée par lui à la Société d'horticulture de Paris. En 1850, il obtint des résultats qui lui parurent assez importants pour être soumis à l'examen de diverses sociétés savantes.

Le procédé de conservation proposé par le jardinier du Luxembourg ne différait guère pourtant de celui qui avait été mis en usage, un siècle auparavant, par le pasteur de Livonie. M. Masson se contentait de dessécher les légumes en les plaçant dans des fours.

Les produits de M. Masson furent offerts au ministre de la marine, qui jugea qu'ils occupaient trop de place, et, pour ce motif, refusa de les faire entrer dans le régime des équipages. L'administration trouvait, non sans raison, que par leur grand volume, ces légumes étaient exposés par trop de surfaces à l'air et à l'humidité, et qu'ils couraient ainsi le risque d'être altérés par l'eau de la mer.

Il ne suffisait donc pas de conserver les aliments végétaux avec toutes leurs qualités nutritives, il fallait encore les réduire à un volume tel, que 12 à 15,000 rations pussent être logées dans un espace de quelques mètres.

En 1850, M. Masson résolut ce second problème, qui n'offrait pas, à vrai dire, grande difficulté. Les légumes une fois desséchés, il les comprimait au moyen d'une presse hydraulique. Ce résultat obtenu, le succès de l'invention était assuré ; il ne s'agissait plus que de pourvoir à son exploitation industrielle.

En 1851, M. Chollet acheta à l'inventeur le droit d'exploiter industriellement les procédés de dessiccation et de compression des légumes. Cet honorable industriel fit preuve de talent et d'activité dans la mise en œuvre de cette entreprise.

Après avoir régularisé la fabrication, M. Chollet se mit en devoir de faire accepter ses produits par les administrations de la marine et de la guerre. Dans l'espace de quatre ans, plus de quarante commissions se réunirent sur ses instances, pour procéder à leur examen. Ce n'est qu'après une appréciation éclairée de la valeur et de l'utilité de ces nouveaux produits alimentaires, que le ministre de la marine décida, en 1853, d'approvisionner des légumes de M. Chollet un certain nombre de bâtiments de l'État. C'est à partir de cette époque que la nouvelle industrie, créée en France, a pris un développement sérieux et rapide.

Les préparations végétales de M. Chollet se présentent sous la forme de tablettes carrées, qui semblent avoir la solidité du marbre. Ces plaques, aussi pesantes que le bois, par suite de la compression à laquelle elles ont été soumises, sont enveloppées immédiatement et mises dans des caisses de fer-blanc pour être transportées ou embarquées. Quand elles ne doivent servir qu'à la consommation des ménages, on les recouvre simplement d'une feuille d'étain. Chacune de ces tablettes, s'il s'agit par exemple, des *juliennes* pour l'alimentation des troupes, représente la ration de 128 hommes. Quant à la place qu'elles occupent, les résultats dépassent vraiment toute croyance. Une caisse de bois, ayant à l'extérieur 66 centimètres de long sur 25 de large et 35 de profondeur, contient 1,796 rations. On peut en mettre 25,000 dans une boîte de fer-blanc de la capacité d'un mètre cube. Chacune de ces rations renferme 25 grammes de légumes secs qui, trempés dans l'eau pendant quelques heures, représentent 200 grammes de légumes frais, et constituent un excellent potage à la julienne. Un fourgon d'artillerie, qui cube ordinairement 4 mètres, peut donc contenir la ration de 100,000 hommes. Un seul fourgon transportant les légumes destinés au repas de 100,000 hommes ! ce résultat est des plus remarquables.

Cependant on adressait certains reproches aux légumes préparés par M. Chollet; ils exhalaient une odeur de fenaison assez marquée, et cette odeur devenait, au bout d'un temps un peu long, d'une âcreté manifeste. En outre, et c'était là l'inconvénient le plus grand, ils exigeaient une immersion préalable de quatre heures au moins dans l'eau, pour être convenablement soumis à la coction.

Ces défauts, qui étaient certains dans les produits de M. Chollet, ont entièrement disparu dans les produits semblables préparés par une maison rivale, ayant à sa tête des chimistes habiles, et pour patronage une puissante association financière.

Pour préparer les légumes destinés à la conservation, l'usine connue sous le nom de Morel-Fatio et Cie emploie un procédé qui diffère d'une manière notable de ceux employés dans l'usine de M. Chollet. Ce dernier, appliquant le procédé Masson, desséchait les légumes crus. Dans le système Morel-Fatio, on ne dessèche les légumes qu'après les avoir soumis à une coction préalable en les plaçant dans une boîte fermée où l'on fait arriver de la vapeur chauffée au-dessus de 100 degrés. Cette méthode présente cet avantage essentiel, que le légume ainsi traité n'a besoin d'aucune immersion préalable dans l'eau avant d'être accommodé; il suffit de le faire bouillir dans l'eau quelques minutes pour obtenir un mets excellent, un potage, etc. C'est là évidemment un résultat précieux pour les ménages aussi bien que pour les troupes en campagne.

Le procédé Morel-Fatio consiste donc à cuire les légumes par l'action de la vapeur. On les dessèche ensuite rapidement, au moyen d'un courant d'air provoqué par un ventilateur dans une étuve chauffée. Il n'y a dans ce mode de traitement du légume aucune cause d'altération : c'est une coction sèche, en quelque sorte, sans l'intermédiaire de l'eau; on pourrait presque dire que le légume est cuit par son eau de constitution. Une fois sec, il ne répand plus aucune odeur, même après deux ans d'exposition à l'air; il est inaltérable et ne demande pas plus de ménagements pour sa conservation que les graines sèches du riz, ou les pâtes alimentaires obtenues avec la farine des céréales.

Quelle peut être ici l'action de la vapeur? Il est facile de comprendre que les sucs végétaux, qui seraient dissous, enlevés par la coction dans l'eau, restent dans le légume qui a été cuit par la vapeur sèche, et lui conservent ses propriétés nutritives, comme son arome particulier. De plus, les cellules, qui forment en grande partie la masse du tissu végétal, ne sont pas gonflées, déchirées, comme elles le seraient par l'action de l'eau bouillante; lors de la dessiccation, c'est l'eau seule qui abandonne le légume, et lorsqu'on veut l'accommoder pour la table, il suffit de lui restituer l'eau qu'il a perdue : il reprend alors son aspect primitif.

Les légumes cuits par la vapeur et desséchés ensuite se conservent, avons-nous dit, sans aucune altération pendant un grand nombre d'années. Au contraire, ceux que l'on a simplement desséchés sans coction antérieure finissent par s'altérer. Ce fait est aujourd'hui hors de doute. Mais comment l'expliquer scientifiquement? Il faut admettre que le végétal, desséché sans coction préalable, renferme une matière albuminoïde, laquelle, agissant plus tard comme ferment sur la substance végétale, détermine sa décomposition. Quand on coagule par la chaleur ce principe albumineux, on détruit le ferment, et l'on met ainsi la substance végétale à l'abri de la fermentation et de toute altération ultérieure. C'est par ce raisonnement théorique fait *à priori*, que l'inventeur du procédé que nous venons de décrire a été conduit à sa découverte. Il y a dans le fait de cette prévision un mérite scientifique bien digne d'être signalé.

Ainsi, les deux établissements industriels créés pour la conservation des légumes arrivaient au même résultat par des moyens qui différaient sous plusieurs rapports. Au lieu de s'établir en rivaux, et de se faire une guerre commerciale qui aurait certainement retardé les progrès et compromis l'avenir d'une industrie appelée à de grands résultats, les concurrents ont pris le sage parti de se réunir. Les deux compagnies se sont fusionnées; aujourd'hui elles n'en forment plus qu'une.

Les produits de MM. Chollet et Cie se préparent dans sept

usines, situées en diverses parties de la France. L'usine centrale est à Paris, rue Marbeuf; elle dessèche l'excédant de la halle; celle de La Villette dessèche les choux de la plaine des Vertus; Meaux, les carottes; Le Mans, les pommes de terre et les petits pois; Dunkerque, les choux de Bruxelles et les légumes en feuilles; Rueil et Colombes, les haricots verts et les pommes de terre.

Ces différentes usines disposent entre elles d'une force de vapeur de 150 chevaux. La quantité de légumes qu'elles dessèchent aujourd'hui annuellement peut se représenter par 60 millions de kilogrammes frais.

Pour résumer ce qui précède, nous décrirons rapidement le mode de préparation qui est en usage dans ces différentes usines pour le traitement des légumes.

Si le lecteur voulait entrer avec nous dans l'usine centrale de la rue Marbeuf, il y verrait d'abord une grande quantité d'ouvrières occupées à éplucher, à nettoyer des masses de légumes, qui arrivent de la halle par tombereaux. Après avoir été ainsi nettoyés, les légumes sont taillés en fragments de petit volume par un couteau que la vapeur fait mouvoir, dans le sens horizontal, avec une prodigieuse vitesse. Ainsi taillés en fragments, les légumes sont placés sur des claies et introduits dans la *boîte à vapeur*, où ils sont exposés à l'action d'un courant de vapeur d'eau qui provient d'un générateur en ébullition à cinq ou six atmosphères, et qui est par conséquent portée à une température fort élevée; cette vapeur cuit les légumes en trois à quatre minutes. Au bout de ce court intervalle, ils sont retirés tout fumants et placés dans des étuves, où un courant d'air chaud, provoqué par un ventilateur énergique, les amène, en trois ou quatre heures, à un état complet de dessiccation.

Quand la dessiccation est complète, les légumes qui sont destinés à la consommation des ménages sont simplement empaquetés et livrés au commerce. Ceux qui sont destinés aux troupes et à l'expédition, sont soumis à l'action d'une presse hydraulique pour être convertis en tablettes compactes.

Pour obtenir cette réduction de volume de la masse végétale, on verse le légume sec dans une sorte de coffre de fer, fermé à sa partie inférieure par une paroi mobile. On fait alors agir la presse hydraulique. La pression de l'eau, agissant sur le plancher mobile du coffre, le pousse de bas en haut et le force à monter, comme fait la vapeur quand elle agit sur le piston d'un cylindre. Par suite de cette pression énergique, la masse de légumes, qui occupait d'abord une hauteur de plus de 1 mètre, est réduite à une épaisseur de quelques centimètres.

L'industrie nouvelle dont nous venons d'exposer les procédés a pris rapidement un développement considérable. Elle avait fait déjà des progrès sensibles et reçu une assez grande impulsion, lorsque la guerre d'Orient est venue ouvrir à ses produits un très important débouché. De 1851 à 1853, sa production s'était élevée de 32,000 à 73,000 kilogrammes de légumes secs. En 1854, elle est arrivée à 140,000 kilogrammes, et ce chiffre ne représente guère aujourd'hui que sa production d'un mois. Les ministres de la marine et de la guerre ont adopté, depuis 1853, l'usage de ces nouveaux produits, et l'on fait surtout une consommation considérable de la *julienne de troupe*, qui est un composé de carottes, de pommes de terre, de choux, de navets et d'oignons. Les commandes pour le ministère de la guerre s'élevaient, pendant la guerre de Crimée, à 120,000 rations par jour en hiver, et 40,000 en été. Les envois pour l'armée sarde étaient de 15,000 rations par jour; enfin, la marine et l'armée anglaise recevaient aussi des approvisionnements importants.

Hâtons-nous de dire que l'usage de ces produits a exercé la plus heureuse influence sur la santé des troupes et des équipages. Nos soldats et nos marins lui ont dû un précieux adoucissement aux privations et aux souffrances inséparables d'une campagne et d'une croisière d'hiver. Il n'est pas difficile de comprendre, en effet, les immenses avantages hygiéniques que présente une alimentation avec des légumes frais, venant tempérer et presque détruire les inconvénients de la nourriture exclusive avec les viandes salées et le biscuit. Ces avantages ont été surtout appréciables à bord des vaisseaux. Depuis l'usage quotidien des légumes herbacés, on a constaté une amélioration sensible dans l'état sanitaire de la flotte. C'est l'importance de ce dernier résultat qui nous a engagé à faire connaître avec quelques détails les développements successifs et l'état actuel de cette belle industrie.

Disons, pour terminer, que l'on s'occupe, en ce moment, d'appliquer à la conservation des plantes médicinales les procédés qui réussissent si bien pour les plantes alimentaires. Tout annonce que cette méthode permettra de préserver ces derniers produits, beaucoup mieux qu'on ne l'avait fait jusqu'ici, des diverses altérations auxquelles ils sont exposés, et que l'on pourra parfaitement conserver les aromes essentiels et les vertus thérapeutiques actives que présentent, à l'état frais, les plantes consacrées à l'usage médical.

Après avoir contribué à améliorer les conditions hygiéniques de l'homme en santé, la science se préoccupe donc aussi des moyens de lui venir plus efficacement en aide dans ses jours de douleur. Ajouter à notre bien-être, adoucir nos souffrances, telle est, en effet, la double et salutaire mission qu'elle s'est toujours efforcée de remplir auprès de l'humanité.

L'ALUMINIUM.

L'attention du public a été vivement excitée, en 1855, par l'annonce d'une découverte bien digne, en effet, d'éveiller un intérêt unanime. De la simple argile de nos terrains, de la marne des champs, on avait, disait-on, retiré un métal que ses caractères chimiques rangent tout à côté des métaux précieux, et capable de résister, comme l'or, le platine et l'argent, à l'action des causes extérieures d'altération. A ces premiers caractères, ce métal joignait la singulière propriété d'être plus léger que le verre, et d'être fusible à une température modérée, ce qui permettait de le mouler sous toutes les formes. Ces diverses assertions, qui excitèrent, à bon droit, beaucoup de surprise, n'avaient pourtant rien d'exagéré, et nous allons nous attacher à exposer brièvement les faits sur lesquels elles reposent.

C'est une des vues les plus remarquables de Lavoisier que d'avoir annoncé que, dans les substances minérales désignées sous le nom commun de *terres* et d'*alcalis*, il existe de véritables métaux. Par une prévision de son génie, dont on devait plus tard comprendre toute la portée, l'illustre créateur de la chimie avança que les alcalis fixes, et les terres depuis longtemps désignées sous les noms de chaux, de magnésie, d'alumine, de baryte, de strontiane, etc., ne sont autre chose que des oxydes d'un métal particulier. Vingt années après, Humphry Davy, appliquant à l'analyse de ces composés la pile de Volta, justifia cette prévision de Lavoisier. Il sépara, grâce à l'action décomposante du fluide électrique, l'oxygène et le métal, qui constituaient, par leur union, les alcalis et les terres. En agissant de la même manière sur la potasse et la soude, Davy isola leurs radicaux métalliques, le potassium et le sodium; et peu de temps après, en opérant sur la baryte, la strontiane et la chaux, il retira de ces terres leurs radicaux métalliques, le baryum, le strontium et le calcium. Mais, en raison de la faible conductibilité électrique des composés terreux, Davy ne put parvenir à réduire, au moyen de la pile, le reste des bases terreuses, c'est-à-dire l'alumine, la glucyne, l'yttria et la zircone. Plusieurs chimistes, entre autre Berzelius et Œrstedt, échouèrent dans la même tentative, et pendant vingt ans ce ne fut que par une vue théorique, fondée sur l'analogie, que l'on put considérer ces substances comme des oxydes métalliques. Ce n'est qu'en 1827 qu'un chimiste allemand, M. Wöhler, parvint à les réduire.

M. Wöhler eut la pensée de substituer un puissant effet chimique à l'action de la pile de Volta, pour l'extraction des métaux terreux. Le potassium et le sodium, radicaux métalliques de la potasse et de la soude, sont, de tous les métaux, ceux qui présentent les plus énergiques affinités chimiques; on pouvait donc espérer qu'en soumettant à l'action du potassium ou du sodium l'un des composés terreux qu'il s'agissait de réduire, le potassium détruirait cette combinaison, et rendrait libre le métal nouveau que l'on cherchait à isoler.

L'expérience justifia cette prévision. Pour obtenir l'aluminium métallique, M. Wöhler s'adressa au composé qui résulte de l'union de ce métal avec le chlore, c'est-à-dire au chlorure d'aluminium. Au fond d'un creuset de porcelaine, il mit quelques fragments de potassium, et par-dessus, un volume à peu près égal de chlorure d'aluminium. Le creuset fut placé sur une lampe à esprit-de-vin à double courant d'air, pour favoriser la réaction par l'intervention de la chaleur. Placé dans ces conditions, le chlorure d'aluminium fut entièrement décomposé; par suite de son affinité supérieure, le potassium chassant l'aluminium de sa combinaison avec le chlore, s'empara de ce dernier corps pour produire du chlorure de potassium, pendant que l'alumium demeurait libre à l'état métallique. Comme le chlorure de potassium est un sel soluble dans l'eau, il suffisait pour le dissoudre de plonger dans l'eau le creuset; l'aluminium apparut alors à l'état de liberté. Le métal ainsi isolé constituait une poussière grise, susceptible de prendre par le frottement l'éclat métallique ; mais, selon M. Wöhler, cette substance ne pouvait entrer en fusion, même à la température la plus élevée, et elle était éminemment oxydable.

L'aluminium ne fut point le seul métal isolé par ce procédé. Par l'emploi des mêmes moyens, M. Wöhler obtint le glucynium et l'yttrium; et, peu de temps après, un de nos savants chimistes, M. Bussy, décomposa par le même procédé la magnésie, et en retira son radical métallique, le magnésium.

Les divers corps isolés de cette manière présentaient d'ailleurs des propriétés entièrement analogues à celles que l'on attribuait à l'aluminium. C'étaient toujours des poudres noires ou grises, n'offrant qu'à un faible degré, on le croyait du moins, les caractères qui distinguent les métaux. Infusibles, très altérables par l'influence de l'air ou des agents chimiques très oxydables, ils semblaient, à ce titre, condamnés à vieillir obscurément dans le cadre de la théorie, sans jamais recevoir au dehors la moindre application.

Dans les sciences d'observation, les méthodes générales constituent de précieux instruments de recherche ; mais ces méthodes, qui sont la richesse et l'orgueil d'une science, ont quelquefois plus d'éclat que d'utilité, car elles apportent souvent de graves obstacles à la découverte de faits nouveaux. C'est par suite d'une méthode et d'une vue générales que les chimistes s'étaient accordés, jusqu'à ces derniers temps, à confondre dans un même groupe tous les métaux terreux. Modelant sur celles du baryum, du calcium et du strontium, les propriétés chimiques de tous les métaux terreux, on considérait l'aluminium et ses congénères comme des substances éminemment oxydables et dépourvues de tout caractère métallique proprement dit. Or, c'était là une grave erreur. Ces divers métaux n'offraient entre eux, on peut le dire, d'autres caractères communs que celui d'être inconnus.

En 1854, M. Deville, professeur de chimie à l'Ecole normale, ayant soumis à une étude attentive l'aluminium que M. Wöhler n'avait fait qu'entrevoir, reconnut avec surprise que l'aluminium jouit de propriétés fort différentes de celles qu'on lui attribuait d'après M. Wöhler; ces propriétés sont si remarquables, qu'elles ont tout de suite donné l'idée la plus élevée de l'avenir réservé à ce métal nouveau. Voici, en effet, les propriétés que M. Deville a reconnues au métal qui fait partie de l'argile (1).

L'aluminium est d'un blanc éclatant, sa couleur est intermédiaire entre celles de l'argent et du platine. Il est plus léger que le verre ; sa densité est représentée par le chiffre 2,56. Sa ténacité est considérable. Il se travaille au marteau avec la plus grande facilité, et s'étire en fils d'une finesse extrême. Enfin il entre en fusion à une température inférieure à celle de la fusion de l'argent. Voilà déjà une série de caractères qui permettent de placer ce corps simple au rang des métaux qui trouvent dans les arts les plus nombreux emplois. Mais ses propriétés chimiques contribuent surtout à le rendre précieux.

L'aluminium est un métal complétement inaltérable à l'air. Il séjourne, sans se ternir, dans l'air sec ou chargé d'humidité, et tandis que nos métaux usuels, tels que l'étain, le plomb ou le zinc, fraîchement coupés, perdent promptement leur éclat quand on les expose à l'air humide, l'aluminium, dans les mêmes conditions, demeure aussi brillant que l'or, le platine ou l'argent. Il l'emporte même sur le dernier de ces métaux quant à sa résistance à l'action de l'air. Exposé, en effet, à l'action du gaz hydrogène sulfuré, l'argent est attaqué par ce gaz et noircit subitement; aussi, par une exposition prolongée à l'air atmosphérique, les objets d'argent finissent-ils par s'altérer, sous l'influence des faibles quantités d'hydrogène sulfuré qui se rencontrent accidentellement dans l'atmosphère. L'aluminium, au contraire, résiste parfaitement à l'action du gaz sulfhydrique ; sous ce rapport, il a donc sur l'argent une supériorité notable. Enfin l'aluminium oppose une résistance très prononcée à l'action des acides. L'acide azotique, l'acide sulfurique, employés à froid, n'exercent sur lui aucune action, et l'on peut conserver dans les acides azotique ou sulfurique des lames

(1) L'argile renferme de 20 à 25 pour 100 d'aluminium.

de ce métal sans qu'il éprouve ni dissolution ni altération. L'acide chlorhydrique seul l'attaque et le dissout.

Tout le monde comprend les avantages que doit présenter, au point de vue de ses applications, un métal blanc et inaltérable comme l'argent, qui ne noircit pas malgré son séjour prolongé dans l'air, qui est fusible à une température modérée, et peut, dès lors, se plier à toutes les formes désirables; qui se travaille au marteau avec facilité, qui s'étire en fils jouissant d'une ténacité remarquable, et qui présente enfin la propriété, singulière et inattendue, d'être plus léger que le verre. Ce métal nouveau est, sans aucun doute, appelé à prendre une place importante parmi les matières premières de l'industrie, et il sera donné à chacun de nous de voir l'aluminium, façonné sous mille formes, figurer, dans un temps plus ou moins prochain, entre les mains de tous.

On ne saurait donc considérer comme prématuré l'examen des applications que pourra recevoir ce métal nouveau. Il importe d'autant plus d'aborder cette question, qu'elle a donné lieu plus d'une fois à des interprétations inexactes.

On a dit, en effet, que l'aluminium pourrait entrer un jour dans nos alliages précieux, et remplacer l'or et l'argent dans les monnaies et les bijoux. Ce n'est point à une telle destination que l'aluminium pourrait être consacré. En effet, ce qui contribue surtout à donner à l'argent et à l'or les caractères de métal précieux, ce qui a décidé leur adoption sous ce rapport, c'est la facilité avec laquelle on les retire des alliages, des mélanges ou des combinaisons diverses où ils se trouvent engagés. Par des opérations chimiques fort simples, l'or et l'argent sont extraits sans peine de tous les composés qui les renferment. L'aluminium est malheureusement dépourvu de cette propriété; on ne pourrait, comme l'or et l'argent, le séparer, à l'état métallique, de ses divers composés. Au lieu d'aluminium, on en retirerait de l'alumine, c'est-à-dire la base de l'argile, matière sans valeur. Tel est le motif qui empêchera d'adopter l'aluminium comme auxiliaire, dans nos monnaies, de l'argent et de l'or. D'ailleurs un métal d'un gisement aussi commun, une substance faisant partie de l'argile que nous foulons à nos pieds, et dont la valeur serait variable par toutes sortes de circonstances, ne saurait être acceptée, dans aucun cas, comme signe représentatif des richesses.

L'aluminium sera donc exclusivement réservé aux besoins de l'industrie. On le consacrera à la confection de vases et d'instruments de toute nature dans lesquels la résistance à l'action de l'air et des agents chimiques est une condition nécessaire ; il rendra, dans ce genre d'applications, des services du premier ordre.

Un autre emploi important de l'aluminium, et qui constituera peut-être son rôle spécial, se trouvera dans l'ornementation et le décor extérieur. L'argent est, avec raison, très souvent rejeté comme objet d'ornement, en raison de sa prompte altération par les émanations sulfureuses, et l'on est contraint de se priver ainsi de l'éclat de la riche teinte de ce métal, dans beaucoup de cas où ils auraient produit les plus heureux effets : l'aluminium suppléera ici l'argent avec beaucoup d'avantages, il permettra de jouir à la fois de son inaltérabilité et de la pureté de ses teintes.

Il est bon, toutefois, quand on parle des applications que pourra recevoir le métal de l'argile, de distinguer entre ses applications immédiates et ses applications à venir. Par applications immédiates de l'aluminium, nous entendons celles qu'il pourrait recevoir au prix élevé auquel il se trouve aujourd'hui dans le commerce ; par applications à venir, celles qui lui sont réservées lorsque les progrès ultérieurs de la fabrication en auront notablement abaissé le prix.

Dans le premier cas, l'aluminium peut être dès aujourd'hui très utile par son inaltérabilité, sa ténacité et sa légèreté, pour construire ces instruments de précision dans lesquels le travail de l'artiste est tout, et le prix de la matière n'entre pour presque rien. Citons par exemple les balances de précision, l'horlogerie, les instruments d'astrononie et de géodésie. Par son innocuité complète sur nos organes, il devra encore jouer un grand rôle dans la confection des instruments de chirurgie.

Dans le second cas, c'est-à-dire lorsque le prix de l'aluminium permettra de le faire entrer en concurrence avec le cuivre et l'étain, comment hésiter un instant entre le nouveau métal et le cuivre? D'un côté, un métal oxydable, d'une odeur désagréable, dont tous les composés sont vénéneux ; de l'autre, un métal inaltérable, trois fois plus léger, sans odeur et sans la moindre influence nuisible sur l'économie.

Il ne faut pas d'ailleurs perdre de vue l'avantage capital que présentera, au point de vue de ses applications, la faible densité de l'aluminium. En admettant qu'à poids égal l'aluminium coûtât quatre fois plus cher que l'argent, il ne serait pourtant pas plus cher que ce métal, puisque, en raison de sa densité, un kilogramme d'aluminium occupe quatre fois plus de volume qu'un kilogramme d'argent. Il pourra donc servir à fabriquer quatre fois plus d'objets, sa ténacité, sa résistance étant supérieures même, à volume égal, à celles de l'argent.

Mais nous entendons quelques lecteurs faire tout bas une réflexion critique, et nous reprocher doucement de nous presser un peu de vendre ici la peau de cet ours métallique. Il est certain, en effet, que l'ours est encore sur ses pieds, car le procédé qui a été employé jusqu'à ce moment pour la préparation de l'aluminium n'est pas industriel. Ce procédé exige l'intervention du sodium, produit difficile à obtenir, et qui a fait, jusqu'ici, exclusivement partie du domaine des laboratoires. Mais est-il nécessaire d'ajouter que ce mode de préparation n'est que provisoire, et que de nouveaux procédés de préparation plus économiques seront probablement découverts dans un temps peu éloigné?

Bien que tout annonce que des perfectionnements ultérieurs pourront rendre économique la fabrication de l'aluminium, il est certain pourtant que ces perfectionnements ne sont pas encore réalisés à l'heure qu'il est. Pour faire connaître le procédé de préparation du nouveau métal, nous devons décrire l'opération telle qu'elle a été exécutée, en 1855, dans la manufacture de produits chimiques de M. de Sussex, à Javel, sous la direction de M. Deville et aux frais de l'Empereur.

L'aluminium s'obtient, avons-nous dit, en traitant le chlorure d'aluminium par le sodium. Ce dernier corps, aux affinités chimiques très énergiques, décompose le chlorure d'aluminium en formant du chlorure de sodium, et l'aluminium devient libre. La fabrication industrielle du nouveau métal comprend, d'après cela, les trois opérations suivantes :

1° Préparation économique du chlorure d'aluminium ;

2° Préparation économique du sodium ;

3° Décomposition du chlorure d'aluminium par le sodium.

De ces trois opérations, les deux premières ont seules reçu une solution satisfaisante; la troisième continue de présenter d'assez grandes difficultés. Voici d'ailleurs les résultats obtenus dans chacune d'elles.

Le chlorure d'aluminium se prépare en dirigeant un courant de chlore gazeux sur de l'alumine mélangée à du goudron. Cette alumine a été obtenue en décomposant par la chaleur l'alun ammoniacal qui, calciné, laisse pour résidu l'alumine pure, et susceptible, dès lors, de fournir l'aluminium à un grand état de pureté. Le traitement de l'alumine par le chlore se fait dans une de ces cornues de terre qui servent à la fabrication du gaz de l'éclairage. L'absorption du chlore est toujours complète et marche avec la plus grande régularité. Comme la cornue est fortement chauffée, et que le chlorure d'aluminium est volatil, ce composé distille à mesure qu'il prend naissance, et vient se condenser dans une chambre en maçonnerie, revêtue de faïence à l'intérieur. Ainsi obtenu, le chlorure d'aluminium constitue une matière compacte, d'une densité considérable et composée d'une agglomération de cristaux de couleur jaune.

Toutes les matières qui entrent dans la préparation du chlorure d'aluminium ne sont que d'une faible valeur, puisqu'elles se réduisent à du charbon, du chlore, du carbonate de soude, de la craie et de l'alun ammoniacal. Aussi le chlorure d'aluminium est-il obtenu à un prix assez bas. Ce prix diminuerait encore d'une manière notable, si, comme l'a fait remarquer M. Dumas, on choisissait, comme siége de la fabrication de ce produit, la ville de Marseille, où toutes les substances nécessaires à la préparation du chlorure d'aluminium sont d'une valeur presque nulle. La préparation de la soude artificielle, qui se fait à Marseille sur une échelle immense, donne naissance à des quantités énormes d'acide chlorhydrique, qui provient de la décomposition du sel marin (chlorure de sodium) par l'acide sulfurique. Cet acide chlorhydrique est perdu dans l'atmosphère ou jeté à la mer. On pourrait, en le recueillant, le faire servir à fournir le chlore qui est nécessaire à la préparation du chlorure d'aluminium. D'un autre côté, le carbonate de soude, qui sert également à la préparation du chlorure d'aluminium, est obtenu à Marseille en quantités immenses. Enfin, l'acide sulfurique ne se trouve nulle part à plus bas prix que dans cette ville; cet acide, employé à traiter directement les argiles communes par l'acide sulfurique, fournirait un sulfate d'alumine d'où l'alumine serait retirée par la calcination, revenant ainsi à un prix très minime.

La préparation du sodium est, de toutes les opérations qui se rapportent à l'extraction du nouveau métal, celle qui a offert jusqu'ici les plus remarquables résultats. Quand on a commencé à s'occuper de cette opération, le sodium ne s'obtenait que dans les laboratoires, en quantité toujours très faible, et seulement comme échantillon pour les cours et les collections de chimie. On le payait alors 800 francs ou 1000 francs le kilogramme. Grâce aux modifications que M. Deville a introduites dans l'extraction de ce métal, le sodium ne revient aujourd'hui qu'à 10 francs le kilogramme. Sa préparation marche avec une facilité et une régularité surprenantes; elle est aussi facile que celle du zinc, aussi régulière que celle du gaz de l'éclairage.

Le sodium ne présente, dans son maniement, aucune des difficultés ou des dangers auxquels on pouvait s'attendre, quand on réfléchit aux propriétés bien connues du potassium, son analogue. On sait que le potassium décompose l'eau à la température ordinaire, avec production de flamme par suite de l'inflammation du gaz hydrogène dégagé. En outre, dès qu'on élève sa température, il brûle au contact de l'air. Le sodium ne présente aucune de ces propriétés dangereuses, qui auraient apporté un obstacle insurmontable à sa préparation et à son emploi comme agent industriel. Il demeure, sans s'enflammer, au contact de l'air, en pleine fusion ; et s'il décompose l'eau comme le potassium, le gaz dégagé ne s'enflamme pas spontanément.

La préparation économique du sodium est un événement d'une haute importance. On peut annoncer avec certitude que la science, l'industrie et les arts qui s'y rattachent, tireront un grand parti des puissantes affinités chimiques dont ce métal est doué.

Nous arrivons à la troisième phase de la préparation de l'aluminium ; mais ici, comme nous l'avons déjà dit, les résultats obtenus ne sont pas à la hauteur des précédents. La décomposition du chlorure d'aluminium par le sodium ne peut encore être considérée comme une opération industrielle. Elle est toujours difficile et irrégulière ; enfin, le rendement laisse à désirer. Tel est donc l'obstacle le plus sérieux que l'on ait rencontré jusqu'à ce moment dans la préparation industrielle de l'aluminium, et qui explique le prix élevé auquel ce nouveau métal se vend en ce moment dans le commerce.

On a préparé plus récemment l'aluminium, en traitant la *cryolite* par le sodium. La *cryolite* est un minéral venant du Groënland, qui, jusqu'ici, avait été excessivement rare, mais que l'on trouve aujourd'hui dans le commerce en assez grande quantité. C'est un fluorure double d'aluminium et de sodium. Traité par le sodium dans un creuset de porcelaine, et porté au rouge, ce fluorure double se décompose ; le sodium remplace le métal terreux, il se fait du fluorure de sodium, et l'aluminium reste à l'état métallique. Ce nouveau mode de préparation de l'aluminium paraît appelé à fournir de bons résultats, mais on n'a pas jugé à propos de le substituer encore à celui que nous venons de décrire.

Quand on a parlé pour la première fois de l'aluminium, une certaine exagération, d'ailleurs inévitable, s'était mêlée aux appréciations concernant l'avenir de ce curieux produit. Mais depuis un an, cette question a été examinée à loisir, et l'on a pu la juger avec maturité. Dans le cahier d'avril 1856 des *Annales de chimie et de physique*, l'auteur de la découverte du nouvel aluminium, M. Deville, vient de publier un mémoire plein d'intérêt, où toutes les questions qui se rattachent à cet objet sont exposées avec beaucoup de soin et de réserve. Nous ne saurions mieux faire, pour exposer l'état réel de cette question au moment où nous écrivons ces dernières lignes, que de mettre sous les yeux du lecteur un extrait de la partie du mémoire de M. Deville concernant les applications futures de l'aluminium :

« Je ne doute pas aujourd'hui, dit M. Deville, que l'aluminium ne devienne tôt ou tard un métal usuel. Depuis que j'en ai manié des quantités considérables, j'ai pu vérifier l'exactitude de toutes les assertions rapportées dans le premier Mémoire que j'ai publié sur ce sujet. Bien plus, son inaltérabilité et son innocuité parfaites ont pu être expérimentées, et l'aluminium a subi ces épreuves mieux encore que je ne pouvais le prévoir. Ainsi, on peut fondre ce métal dans le nitre, chauffer les deux matières au contact jusqu'au rouge vif, température à laquelle le sel est en pleine décomposition, et, au milieu de ce dégagement d'oxygène, l'aluminium ne s'altère pas; il peut être également fondu dans le soufre, dans le sulfure de potassium, sans s'attaquer sensiblement (1). Résistant parfaitement bien à l'action de l'acide nitrique, de l'acide sulfhydrique, et en cela supérieur même à l'argent, il se rapproche de l'étain quand on le met au contact de l'acide chlorhydrique et des chlorures. Mais son innocuité absolue en permettra l'emploi dans une foule de cas où l'étain présente des inconvénients, à cause de la facilité extrême avec laquelle ce métal est dissous par les acides organiques. Du reste, on a peu étudié le degré de résistance qu'opposent à nos agents les plus communs les métaux que nous employons le plus fréquemment. Ainsi, lorsque l'on fait bouillir pendant quelques instants une solution de sel marin dans un creuset d'argent, on dissout de ce métal des quantités assez fortes pour que l'eau salée devienne alcaline et bleuisse fortement la teinture rouge de tournesol. Si l'on prend de l'étain laminé, du *paillon* d'étain, qu'on le fasse chauffer pendant quelques

(1) L'or ne résiste pas à ces deux agents d'oxydation et de sulfuration.

minutes dans une dissolution de sel marin acidulée avec de l'acide acétique, on pourra constater, en décantant la liqueur claire et en la traitant par l'hydrogène sulfuré, qu'il s'est dissout des quantités considérables d'étain. Tel sera l'effet constant d'un mélange de sel et de vinaigre sur les vases de cuisine. Mais l'étain n'ayant pas, il paraît, d'action notable sur l'économie, et la saveur de ses sels étant très peu prononcée, quoique désagréable, la présence de l'étain dans nos aliments passe inaperçue.

» Toutes les propriétés chimiques que j'ai attribuées à l'aluminium se trouvent en outre confirmées par les expériences que M. Wheatstone, à Londres, et M. Hulot, à Paris, ont tentées pour déterminer le rang électrique de ce métal.

» J'ai pu étudier, sur des échantillons volumineux, les propriétés physiques de l'aluminium, et j'ai constaté qu'on pouvait le laminer comme l'argent ou l'étain, et le tirer aussi fin que l'argent et le cuivre. Enfin, une propriété curieuse, qu'il manifeste avec d'autant plus d'intensité qu'il est plus pur, c'est une sonorité excessive qui fait qu'un lingot d'aluminium, suspendu à un fil et frappé d'un coup sec, produit le son d'une cloche de cristal. M. Lissajous, qui a constaté avec moi cette sonorité, en a profité pour construire en aluminium des diapasons qui vibrent très bien. Beaucoup d'usages spéciaux lui sont, en outre, réservés à coup sûr, à cause de son excessive légèreté : et depuis que l'aluminium est dans le commerce, plusieurs essais d'application ont été déjà tentés avec succès.

» Pourtant, ces qualités ne sont pas suffisantes pour faire préférer, dans la plupart des cas, l'aluminium aux métaux précieux à égalité de prix. La condition pour que ce métal devienne d'un emploi général est donc sa production à un prix notablement inférieur à celui de l'argent. Il est vrai qu'à cause de la différence de leurs densités, l'aluminium et l'argent ayant la même valeur, le premier serait, en réalité, quatre fois moins cher que le second, à volume égal ; et à volume égal l'aluminium possède une rigidité plus grande que l'argent.

» Le problème de la fabrication économique de l'aluminium me paraît de nature à être résolu, d'un jour à l'autre, par l'industrie, d'une manière satisfaisante, parce que les matériaux avec lesquels on peut le produire, même avec les procédés actuels, sont tous à bas prix. Ainsi, théoriquement, pour obtenir 2 équivalents ou 28 kilogrammes d'aluminium, il faut :

	fr.	c.
3 éq. de chlore, 108 kilogr., à 60 fr. les 100 kilogr. . .	64	80
1 éq. d'alumine, 52 kilogr., à 30 fr. les 100 kilogr. . .	15	60
3 éq. de carb. de soude, 159 kilogr., à 40 fr. les 100 kil.	63	60
2 éq. d'aluminium, 28 kilogr.	144	00

» Ce qui porte à 4 francs 15 centimes le prix des matières rigoureusement nécessaires à la production de 1 kilogramme d'aluminium. »

Les lignes qui précèdent exposent nettement l'état actuel de la question qui vient de nous occuper, M. Deville ne présente point l'aluminium comme destiné à remplacer l'or et l'argent dans leurs précieux usages. A ses yeux, l'aluminium tient un rang intermédiaire entre les métaux précieux et les métaux oxydables, tels que le cuivre et l'étain. Mais il est certain que, même réduit à ce rôle intermédiaire, l'aluminium serait encore une acquisition des plus précieuses pour l'industrie et l'économie domestique, et qu'il nous rendrait, dans une foule de cas, de très importants services. L'industrie européenne attend avec impatience la réalisation de la promesse que l'on a fait reluire à ses yeux, c'est-à-dire, la possession d'un métal inoxydable livré à bas prix. Si un tel résultat était obtenu, il produirait, dans toutes les branches de l'industrie et dans les usages économiques, une sorte de révolution. Espérons que les études auxquelles divers industriels et savants se livrent en ce moment sur cette matière importante ne tarderont pas à porter leurs fruits.

FIN.

TABLE DES MATIÈRES.

TABLE ALPHABÉTIQUE

DES NOMS CITÉS DANS CET OUVRAGE.

BIBLIOTHÈQUE
PARIS

www.ingramcontent.com/pod-product-compliance
Lightning Source LLC
LaVergne TN
LVHW010130230826
846091LV00001BA/201

9782019718640